Engineering Thermodynamics

例題でわかる
工業熱力学

平田 哲夫・田中 誠・熊野 寛之 共著

森北出版株式会社

第2版はしがき

初版は出版から十年が経った．その間，大学や高専などで講義用テキストとして多数ご採用いただき，いろいろとご意見を頂戴した．改訂版では，それらをふまえて，説明文や挿入図をさらに推敲して，より理解しやすい表現に見直した．巻末の蒸気表は1999年版に更新した．また，熱力学の原理を視覚的にもわかりやすくするため，フルカラー化した．さらなる改善点など，お気づきの点があればご指摘願いたい．

改訂版の企画・編集・出版ならびにフルカラー化にあたっては，森北出版の加藤義之氏に数々のご提案や多大なるご尽力をいただいた．ここに深甚なる謝意を表し，あらためて御礼申し上げる．

2019年8月

平田 哲夫

はしがき

熱力学は，機械系の技術者が熱機関や冷凍機などを設計するうえで欠かせない学問である．たとえば水力発電や風力発電は，流体の運動エネルギーを回転運動に変えて電力に変換するしくみであり，比較的理解しやすい動力発生方法といえる．しかし，熱機関により熱エネルギーを動力に変換する場合には，まず熱エネルギーを運動エネルギーに変換する必要があり，この場合，各種作動流体の状態変化を理解しなければならない．

筆者が大学において二十数年間「熱力学」の講義を行って感じることは，熱力学は抽象的であり，学生にとって大変わかりにくい学問であるということである．とくに，熱力学では他の科目に比べ計算問題ができない学生が多いという印象がある．そのため，熱力学の理論を使えるようになるためには，とにかく多くの演習問題を解くことが必要と考え，講義と演習を組み合わせた時間割に変更した．授業においても小テストと称して毎回30分程度の計算課題を与えた．その結果，学生の理解度と計算力が向上したという経験がある．

このような経験に基づき，本書では一つの理論を解説したときは同時にそれに関する例題を提示し，その解法を示すことによりその物理的意味をわかりやすく解説するようにした．また，より深く理解できるように，例題が本文の説明と融合した形で解説するようにした．さらに，抽象的な事象をできるだけ具体的に説明するために，図にはできるかぎりの説明を加え，視覚的にわかりやすいものとした．どの章からでも学習できるように，各章の中で説明が完結するようにした．そのため，他の章を参照することなく理解できるように，同様な説明を繰り返した箇所もある．本文としては記述するまでもないが知識として必要な事柄は，「Coffee Break」として記述した．

本書は，大学・高専の初学者あるいは独学で習得する技術者を念頭において執筆されたものである．高校卒業程度の知識があれば内容を理解できるように，平易に説明するように心掛けた．熱力学は非常に広範囲の内容を含む学問であり，限られた紙数に多くのことを詰め込むと説明が不十分にならざるをえない．まずは，基礎的な理論をしっかり理解することが大切と考え，熱機関や冷凍機などの熱的諸問題を理解できるための最小限度の内容とした．本書で不十分な点は他書を参考とされることをお願いしたい．

おわりに，本書の企画にあたっては森北出版の利根川和男氏に数多くのご助言をいただいた．また，編集・出版にあたっては加藤義之氏に多大なご尽力をいただいた．ここに心から感謝の意を表し，あらためて御礼申し上げる．

2008 年 1 月

平田 哲夫

目　次

アルファベット

c	速度，比熱	m/s，J/(kg·K)
c_p，C_p	定圧比熱	J/(kg·K)，J/(mol·K)
c_v	定容比熱	J/(kg·K)
F	ヘルムホルツの自由エネルギー	J
g	重力加速度	m/s^2
G	質量流量，ギブスの自由エネルギー	kg/s，J
h	比エンタルピー	J/kg
H	エンタルピー	J
m	質量	kg
n	ポリトロープ指数，モル数	−，mol
p	圧力	Pa
q	物質 1 kg あたりの熱量	J/kg
Q	熱量	J
r	相変化潜熱	J/kg
R	ガス定数(気体定数)	J/(kg·K)
s	比エントロピー	J/(kg·K)
S	エントロピー	J/K
t	温度	°C
T	絶対温度	K
u	比内部エネルギー	J/kg
U	内部エネルギー	J
v	比容積	m^3/kg
V	容積（体積）	m^3
w	物質 1 kg あたりの仕事	J/kg
W	仕事	J
x	乾き度，絶対湿度	−，kg/kg$'$
z	高さ	m

ギリシャ文字

α	等温圧縮率，圧力比(等容圧力比)	1/Pa，−
β	体膨張係数	1/K
γ	圧力係数	1/K
ε	成績係数，圧縮比	−，−
η	熱効率	−
φ	圧力比，相対湿度	−，−
κ	比熱比	−
λ	空気比(空気過剰率)	−
μ	ジュール-トムソン係数	K/Pa
ρ	密度	kg/m^3
σ	締切比(等圧膨張比)	−

上付き添字

$'$	飽和液の値
$''$	乾き飽和蒸気の値

下付き添字

1	高温熱源
2	低温熱源

熱力学で使う主な関係式

第1章　基礎的事項

- 絶対温度

$$T = t + 273.15$$

- 状態量

$$\int_1^2 dp = p_2 - p_1, \quad \int_1^2 dV = V_2 - V_1,$$

$$\int_1^2 dT = T_2 - T_1, \quad \cdots$$

- 状態量でないもの

$$\int_1^2 dQ = Q_{12}, \quad \int_1^2 dW = W_{12}$$

第2章　熱力学第一法則

- 第一法則の式（閉じた系）

$$dq = du + p\,dv$$

- 第一法則の式（開いた系）

$$dq = dh - v\,dp$$

第3章　理想気体

- 理想気体の状態式

$$pV = mRT$$

$$pv = RT$$

- 比エンタルピーの定義式

$$h = u + pv$$

- 定容比熱

$$c_v = \left(\frac{dq}{dT}\right)_v = \frac{du}{dT}$$

- 定圧比熱

$$c_p = \left(\frac{dq}{dT}\right)_p = \frac{dh}{dT}$$

- 比内部エネルギー

$$du = c_v\,dT$$

- 比エンタルピー

$$dh = c_p\,dT$$

- ガス定数と比熱の関係

$$c_p - c_v = R$$

- 比熱比と比熱の関係

$$\kappa = \frac{c_p}{c_v}$$

$$c_v = \frac{1}{\kappa - 1}R$$

$$c_p = \frac{\kappa}{\kappa - 1}R$$

- 閉じた系の仕事（絶対仕事）

$$W_{12} = \int_1^2 p\,dV$$

- 開いた系の仕事（工業仕事）

$$W_{t12} = \int_2^1 V\,dp = -\int_1^2 V\,dp$$

- 等温変化の状態式

$$pV = p_1V_1 = p_2V_2 = mRT = (\text{定数})$$

- 等圧変化の状態式

$$\frac{V}{T} = \frac{V_1}{T_1} = \frac{V_2}{T_2} = \frac{mR}{p} = (\text{定数})$$

- 等容変化の状態式

$$\frac{p}{T} = \frac{p_1}{T_1} = \frac{p_2}{T_2} = \frac{mR}{V} = (\text{定数})$$

- 可逆断熱変化の状態式

$$pV^\kappa = p_1V_1^\kappa = p_2V_2^\kappa = (\text{定数})$$

$$TV^{\kappa-1} = T_1V_1^{\kappa-1} = T_2V_2^{\kappa-1} = (\text{定数})$$

$$\frac{T}{p^{(\kappa-1)/\kappa}} = \frac{T_1}{p_1^{(\kappa-1)/\kappa}} = \frac{T_2}{p_2^{(\kappa-1)/\kappa}} = (\text{定数})$$

- ポリトロープ変化の状態式

$$pV^n = p_1 V_1^n = p_2 V_2^n = (\text{定数})$$

$$TV^{n-1} = T_1 V_1^{n-1} = T_2 V_2^{n-1} = (\text{定数})$$

$$\frac{T}{p^{(n-1)/n}} = \frac{T_1}{p_1^{(n-1)/n}} = \frac{T_2}{p_2^{(n-1)/n}} = (\text{定数})$$

- ポリトロープ比熱

$$c = c_v \frac{n-\kappa}{n-1}$$

- 絞り変化

$$h_1 = h_2$$

- 混合気体のガス定数

$$R = \frac{pV}{mT} = \sum_{i=1}^{n} \frac{m_i}{m} R_i$$

- 混合気体の定圧比熱

$$c_p = \sum_{i=1}^{n} \frac{m_i}{m} c_{pi}$$

- 混合気体の定容比熱

$$c_v = \sum_{i=1}^{n} \frac{m_i}{m} c_{vi}$$

- 絶対湿度

$$x = \frac{m_v}{m_a} = 0.622 \frac{\varphi p_s}{p - \varphi p_s}$$

- 相対湿度

$$\varphi = \frac{p_v}{p_s} = \frac{xp}{p_s(0.622 + x)}$$

第4章　熱力学第二法則

- 可逆カルノーサイクルの熱効率

$$\eta_C = 1 - \frac{Q_2}{Q_1} = 1 - \frac{T_2}{T_1}$$

- エントロピーの定義式

$$dQ = T\,dS$$

- 液体，固体のエントロピー

$$S_2 - S_1 = mc \ln \frac{T_2}{T_1}$$

- 相変化のエントロピー

$$S_2 - S_1 = \frac{mr_p}{T_p}$$

- 等温変化のエントロピー

$$S_2 - S_1 = mR \ln \frac{v_2}{v_1} = mR \ln \frac{p_1}{p_2} = \frac{Q_{12}}{T_1}$$

- 等容変化のエントロピー

$$S_2 - S_1 = mc_v \ln \frac{T_2}{T_1} = mc_v \ln \frac{p_2}{p_1}$$

- 等圧変化のエントロピー

$$S_2 - S_1 = mc_p \ln \frac{T_2}{T_1} = mc_p \ln \frac{v_2}{v_1}$$

- 可逆断熱変化のエントロピー

$$S_2 - S_1 = 0$$

第5章　有効エネルギー

- 周囲環境温度

$$T_0 = 25.0 + 273.15 \ [\mathrm{K}]$$

- 周囲環境圧力

$$p_0 = 0.101325 \ [\mathrm{MPa}]$$

- 有効エネルギー

$$dQ_a = dQ - T_0\,dS$$

- 無効エネルギー

$$dQ_0 = dQ - dQ_a = T_0\,dS$$

- 閉じた系の有効エネルギー

$$W_a = (U_1 - U_0) - T_0(S_1 - S_0) + p_0(V_1 - V_0)$$

- 開いた系の有効エネルギー

$$W_{t,a} = (H_1 - H_0) - T_0(S_1 - S_0) + \frac{1}{2} mc_1^2 + mgz_1$$

- ヘルムホルツの自由エネルギー

$$f = u - Ts$$

- ギブスの自由エネルギー

$$g = h - Ts$$

- エクセルギー効率

$$\eta_e = \frac{W_{t12}}{Q_{a12}} = \frac{\text{得られた仕事}}{\text{有効エネルギー}}$$

第 6 章　実在気体(蒸気)

- 湿り蒸気の乾き度

$$v = (1-x)v' + xv'' = v' + x(v'' - v')$$

$$h = (1-x)h' + xh'' = h' + x(h'' - h')$$

$$= h' + xr$$

$$s = (1-x)s' + xs'' = s' + x(s'' - s')$$

$$= s' + x\frac{r}{T_s}$$

- ファン・デル・ワールスの状態式

$$\left(p + \frac{a}{v^2}\right)(v - b) = RT$$

- ビーティー - ブリッジマンの状態式

$$pv = RT\left[1 + \frac{B}{v}\left(1 - \frac{b}{v}\right)\right]$$

$$\times\left(1 - \frac{c}{vT^3}\right) - \frac{A}{v}\left(1 - \frac{a}{v}\right)$$

第 7 章　熱力学の一般関係式

- マクスウェルの熱力学関係式

$$\left(\frac{\partial T}{\partial v}\right)_s = -\left(\frac{\partial p}{\partial s}\right)_v$$

$$\left(\frac{\partial T}{\partial p}\right)_s = \left(\frac{\partial v}{\partial s}\right)_p$$

$$\left(\frac{\partial p}{\partial T}\right)_v = \left(\frac{\partial s}{\partial v}\right)_T$$

$$\left(\frac{\partial v}{\partial T}\right)_p = -\left(\frac{\partial s}{\partial p}\right)_T$$

- 等温圧縮率

$$\alpha = -\frac{1}{v}\left(\frac{\partial v}{\partial p}\right)_T$$

- 体膨張係数

$$\beta = \frac{1}{v}\left(\frac{\partial v}{\partial T}\right)_p$$

- 圧力係数

$$\gamma = \frac{1}{p}\left(\frac{\partial p}{\partial T}\right)_v$$

- ジュール - トムソン係数

$$\mu = \left(\frac{\partial T}{\partial p}\right)_h = \frac{1}{c_p}\left[T\left(\frac{\partial v}{\partial T}\right)_p - v\right]$$

- クラペイロン - クラウジウスの式

$$\frac{dp}{dT} = \frac{s'' - s'}{v'' - v'} = \frac{r}{T_s(v'' - v')}$$

第 8 章　ガスサイクル

- 締切比(等圧膨張比)

$$\sigma = \frac{v_3}{v_2}$$

- 等容圧力比

$$\alpha = \frac{p_3}{p_2}$$

- 圧縮比

$$\varepsilon = \frac{v_1}{v_2}$$

第 9 章　蒸気タービンのサイクル

- ランキンサイクルの熱効率

$$\eta_R = \frac{w}{q_1} = \frac{w_T - w_p}{q_1}$$

第 10 章　冷凍サイクル

- 冷凍機の COP

$$\varepsilon_R = \frac{Q_2}{W}$$

- ヒートポンプの COP

$$\varepsilon_H = \frac{Q_1}{W} = 1 + \varepsilon_R$$

第 11 章　燃焼と化学反応

- 空気比(空気過剰率)

$$\lambda = \frac{A}{A_0}$$

- 標準反応エンタルピー

$$\Delta H_r^\circ = \sum j\Delta H_{f,\mathrm{prod}}^\circ - \sum k\Delta H_{f,\mathrm{reac}}^\circ$$

- 標準反応ギブス自由エネルギー

$$\Delta G_r^\circ = \sum j\Delta G_{f,\mathrm{prod}}^\circ - \sum k\Delta G_{f,\mathrm{reac}}^\circ$$

第1章 基礎的事項

一般に，力学は物体に作用する力，運動や変形などを扱う学問であり，用いる単位系は長さ，質量，時間の三つである．対して熱力学は，熱機関を用いて熱エネルギーを仕事(動力)に変換するための理論を学ぶ学問であるので，力学で用いる三つに加えて熱量または温度という物理量を取り扱う点が大きな特徴である．熱機関では熱エネルギーを仕事に変換するために作動流体が必要となり，その作動流体は膨張，圧縮などの変化を繰り返す．熱力学では，熱機関に出入りする熱量のつり合いを算定するための「領域」を設定し，それを「系」と名づけ，作動流体が系に出入りする場合とそうでない場合を区別する．

本章では，そのような系の概念や作動流体(物質)の圧力，温度，容積などの状態量についての基本概念を説明する．

1.1 熱力学を学ぶ意義

工業技術の発展とともに人々の生活は豊かになり，多くの電化製品が普及している．エアコンを始めとする家電製品や携帯電話，職場におけるパソコンや事務機器など，すべてのものは電力で動いている．この電力のほとんどは，火力発電所や原子力発電所で熱エネルギーを変換して得られたものである．また，乗用車，トラック，バス，船舶などは，ガソリンエンジンやディーゼルエンジンで化石燃料の熱エネルギーを動力に変換している．**工業熱力学**(engineering thermodynamics)は，このような熱エネルギーを動力に変換する際に必要となる知識であり，熱機関の設計においては習得しておかなければならない必須の学問である．さらに熱力学は，このような熱機関のみでなく，冷凍機などのように冷媒ガスを圧縮，膨張させて低温を得る装置を設計する際にも必要となる．

基本法則

工業熱力学は，おもに熱力学第一法則と熱力学第二法則に基づいている．

第一法則はエネルギー保存の法則であり，「熱は本質的に仕事と同じくエネルギーの一つの形であり，熱を仕事に変換することも，その逆も可能であること」を示している．また，第一法則の式は，受熱量(放熱量)と内部エネルギーやエンタルピー(2.4節参照)または絶対仕事や工業仕事との関係を表し，作動物質の状態変化を考察する際の基本式である．

第二法則はエネルギーの質的関係を示す法則であり，「熱エネルギーを仕事に変換する際には，仕事に変換できる有効な部分とそうでない部分があること，すなわち変換効率には上限があること」を示している．

熱エネルギーを機械的仕事に連続的に変換するには，巧妙な工夫が必要である．水力や風力を利用する場合は，図 1.1(a)，(b) に示すような水車や風車を用いて，流体の運動エネルギーを回転運動に容易に変換でき，発電機で電力を得ることができる．しかし，熱エネルギーの状態では発電機を回転させることは不可能であり，熱エネルギーを運動エネルギーに変換する必要がある．この場合，図 (c)，(d) に示すようなガソリンエンジンやガスタービンなどの熱機関を用いることになる．このとき必要となる物質が，作動流体である．この作動流体の加熱，冷却を繰り返すことにより，連続的にサイクルを形成して動力を生み出すのである．ここでサイクルとは，作動流体が膨張や圧縮などの変化をした後に，再び元の状態に戻る変化をいう (4.3.1 項参照)．

表 1.1 には，熱力学の知識が必要となる機器の例を示す．

（a）水車

（b）風車

（c）ガソリンエンジン(TOYOTA 製 3S-FE)
（[写真提供] トヨタ神戸自動車大学校）

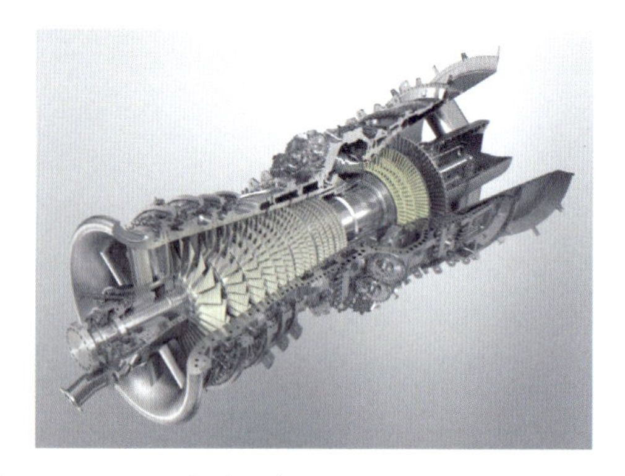

（d）ガスタービン
（[写真提供] 三菱日立パワーシステムズ株式会社）

図 1.1 仕事(動力)を生み出す機器

表 1.1　熱力学に関連する機器の例

設備・用途	機　器	分　類
火力・原子力発電所	蒸気タービン，ガスタービン	熱機関
航空機	ターボジェットエンジン，ターボファンジェットエンジン	
船舶	ディーゼルエンジン	
自動車	ガソリンエンジン，ディーゼルエンジン	
発電・冷凍	スターリングエンジン	熱機関，冷凍機
極低温，低温，冷房，暖房	圧縮機	冷凍機，ヒートポンプ

熱力学ではこれらのほかに，空気調和を行う際に必要となる湿り空気の性質や湿り空気線図についても学習する．また，燃料電池や燃焼における反応熱の計算，液体空気や液体ヘリウムなどを製造するために必要な，極低温を発生させる技術なども熱力学の分野である．このように，工業熱力学で取り扱う内容は広範囲にわたっており，機械系の技術者にとっては必須の学問となっている．

近年では，人類が使用するエネルギー総量が増加の一途をたどり，化石燃料の消費に伴う地球温暖化などの環境問題を引き起こしている．熱機関においては熱エネルギーから機械的仕事への変換効率を高める技術，また，冷凍機においては電力消費を低く抑える技術などを開発して環境問題に寄与するためにも，熱力学の知識は必要不可欠である．

1.2　閉じた系と開いた系

1.2.1　系

熱力学では，熱や物質の出入りおよびそのつり合いを考えることが，さまざまな法則や関係式を導くうえでの基本となっている．そのつり合いを考える対象を**系**(system)とよぶ．たとえば，図 1.2 に示すように，風船中のガスが加熱されたときの熱の出入りを考える場合は，風船そのものが系である．また，系でない部分は**周囲**(surroundings)または**外界**といい，系と周囲を分けているところを**境界**(boundary)という．境界は系の変形によって移動することもある．風船の例では，風船の表面が境界であり，その外側が周囲(または外界)である．風船中のガスが熱により膨張する場合は，境界は図 1.2 のように変化し大きくなる．

タービンやピストンエンジンへの加熱量，およびそれらが発生する機械的仕事などを算定する場合は，系を考えて境界を定め，その境界を出入りする熱力学的諸量のつり合いを考えることになる．

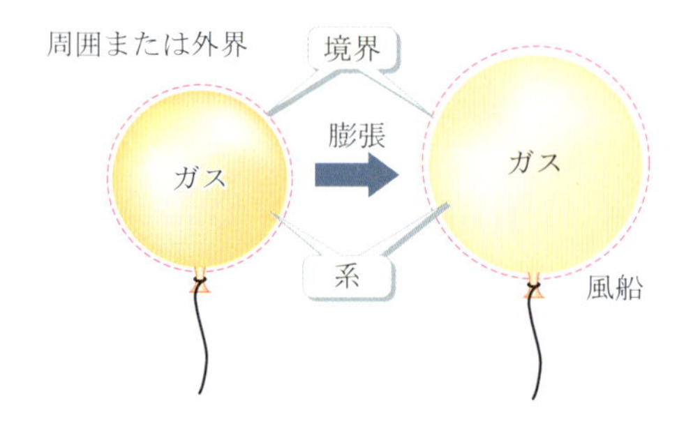

図 1.2　系と境界

1.2.2 閉じた系と開いた系

図 1.2 の風船の口金が緩んで中のガスが外界へ漏れているときは，境界を横切って物質の出入りがある．一般に，境界を通して物質の流入・流出がある系を**開いた系**(open system)とよび，そうでない場合を**閉じた系**(closed system)とよぶ．閉じた系では系内の物質の質量は一定であるが，開いた系では系内の質量が変化する．どちらの系も，熱量や機械的仕事などのエネルギーが境界を通して流入・流出することは可能である．

図 1.3 には，閉じた系の例として，ピストンエンジンにおける吸気弁と吐出弁の閉じた状態を示す．もし，外界から熱を加えられたとすると系内のガスは圧力が高まるため膨張し，シリンダーを押し出して機械的仕事を外界へ生み出す．このとき，系内ガスの容積は増大するが，質量は一定である．閉じた系は物質の出入りがないことから，静止系ともいう．

図 1.4 には，開いた系の例として，蒸気タービン，ガスタービンなどに代表されるタービンを示す．この場合の系は，タービン入口からタービン出口までとなる．入口から流入した高温高圧のガスは，タービン羽根に回転力を与え，軸を通して外部へ機械的仕事を生み出す．この回転力は発電機などへ伝達され，電力に変換される．ガス

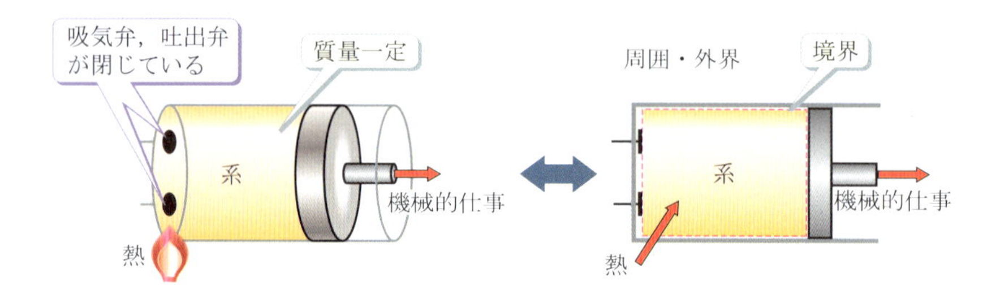

図 1.3　閉じた系の例

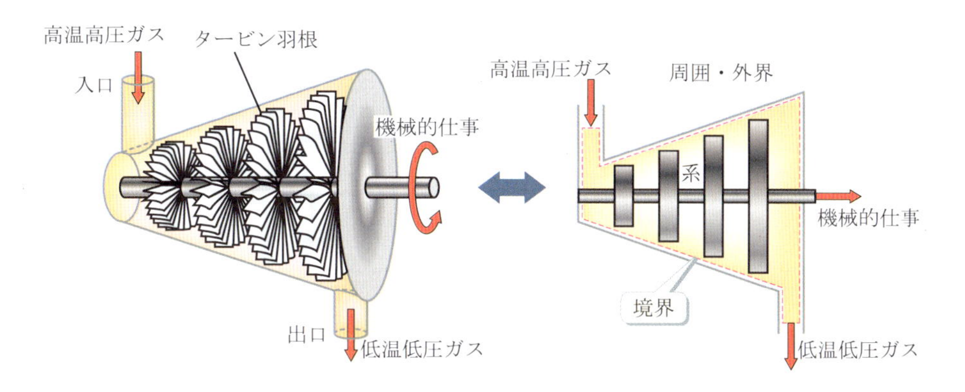

図 1.4　開いた系の例

は膨張するに従い徐々に低温低圧ガスに状態変化し，出口より排出される．開いた系は物質が定常的に流れていることから，流れ系ともいう．

1.3　熱と熱平衡

1.3.1　熱

図 1.5 は，水の加熱過程における温度計の読みをグラフにプロットしたものである．常温の水を加熱し始めると，加熱とともに温度計の読みが上昇することは，日常経験することである．このように，b → c（または c → b）では加熱（または冷却）により温度計に温度上昇（温度低下）として顕（あらわ）れる，これを**顕熱**（sensible heat）という．

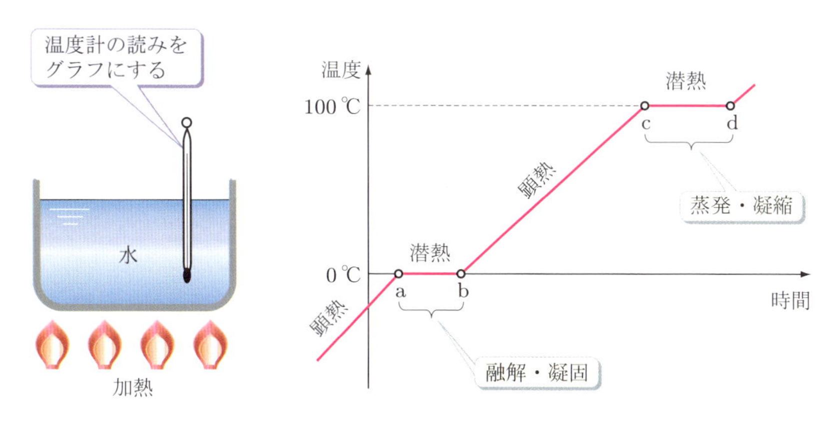

図 1.5　顕熱と潜熱

加熱を続けると水の温度は点 c に至り，蒸発を始める．大気圧(0.101325 MPa)においては水は 100°C で蒸発し，蒸発中は温度一定である．すなわち，蒸発中の c → d は加熱しているにもかかわらず，温度計に温度上昇として顕(あらわ)れない．このように，温度計に検出されない熱を，一般に，潜んでいる熱，すなわち**潜熱**(latent heat)という．c → d を蒸発潜熱，d→ c を凝縮潜熱という．

同様に，図 1.5 の a → b は氷の融解潜熱，b → a は水の凝固潜熱を表している．

ここで，氷を水で融解する場合の取り扱い方を考えてみる．

例題 1.1 **20°C の水 5 kg に 0°C の氷 1 kg を投入して，時間が十分経過したときの温度(熱平衡温度)を求めよ．ただし，水の比熱 $c = 4.186$ kJ/(kg·K)，氷の融解潜熱 $r_f = 334$ kJ/kg とし，水の容器は断熱されており，その熱容量は無視できるものとする．**

解答 まず，氷がすべて溶けるかどうかを判断する．すなわち，水の顕熱と氷の融解潜熱の大小関係を調べる．

20°C，5 kg の水が 0°C になるときの顕熱は，

$$m_w c \Delta t = 5 \times 4.186 \times (20 - 0) = 418.6 \quad \text{kJ}$$

である．一方，0°C，1 kg の氷が 0°C の水になるための融解潜熱は，

$$m_i r_f = 1 \times 334 = 334 \quad \text{kJ}$$

である．よって，水の顕熱が融解潜熱より大きいので，氷は全部溶ける．

熱平衡温度を t_m とすると，

$$m_w c(20 - t_m) = m_i r_f + m_i c(t_m - 0)$$

より，$t_m = 3.37$°C と求められる．

水と氷の質量が同じ場合，

$$\frac{r_f}{c} = \frac{334}{4.186} = 79.8 \quad \text{K}$$

となり，1 kg の氷で 1 kg の水の温度を 79.8 K (°C)下げる能力があることになる．このことから，顕熱に比べて潜熱がいかに大きいかがわかる．余剰の深夜電力で氷をつくり，その冷熱を昼間の冷房に利用する氷蓄熱システムでは，このようにエネルギー密度の高い潜熱を利用している．

なお，液体，気体，固体のことをそれぞれ液相，気相，固相ともいう．物質は蒸発・凝縮のほかに，温度条件により凝固・融解や昇華・蒸着(金属蒸気を他物質の表面に凝固付着させることをいい，適切な用語はない．昇華ということもある)などの変化をし，それらは潜熱の移動を伴う．これを総称して**相変化**(phase change)という．図 1.6 には，これらの相変化の関係を示す．潜熱は相変化の方向(たとえば，凝固 → 融解，または，融解 → 凝固)が変わっても，その値は変わらない．

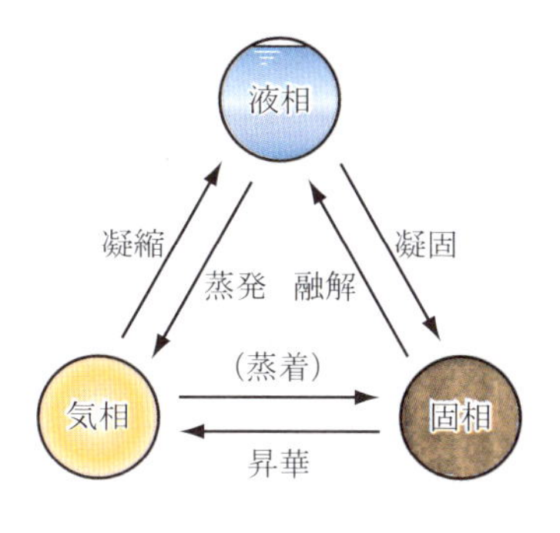

図 1.6　物質の相変化

1.3.2 熱平衡

体温を測定するとき，体温計を体にあてて数分間じっと待つ．これは，正確な体温を測定するためには，体温計の感温部が体と等しい温度になるまで待つ必要があるからである．一般に，温度の異なる二つの物体を接触させたとき，熱は温度の高い物体から低い物体へ流れ，時間が十分経過した後，両者の温度が等しくなることを経験的に知っている．このことを，**熱平衡**(thermal equilibrium)の状態に達したという．

図 1.7 に示すように，物体 A と物体 B が熱平衡の状態にあり，かつ，物体 A と物体 C が熱平衡の状態にあるとき，物体 B と物体 C も熱平衡の状態にあることが理解できる．このとき，物体 A，B，C はもちろん同一温度である．このような熱平衡の概念を熱力学的に表現したものを，**熱力学第ゼロ法則**(the zeroth law of thermodynamics)といい，次のように表現される．

「二つの物体がそれぞれ第三の物体と熱平衡の状態にあるとき，その二つの物体も熱平衡の状態にある．」

体温を測定するとき，体温計を体にあててじっと待っているのは，熱平衡状態を

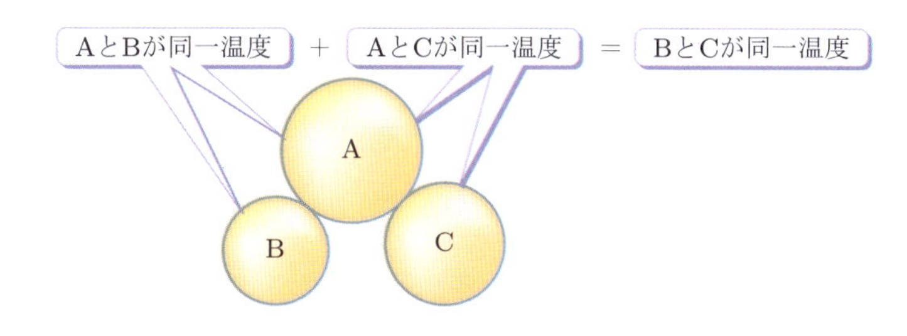

図 1.7　熱力学第ゼロ法則

待っていることにほかならない.

Coffee Break 熱平衡の状態になるにはどのくらいの時間がかかるの?

熱は,二つの物体の「温度差」が駆動力になって流れます.二つの物体の温度が徐々に近づいていくに従い,温度差も徐々に小さくなっていきます.そうすると,熱移動の駆動力も徐々に小さくなります.したがって,熱平衡状態になるためには理論的には無限の時間が必要になります.しかし,現実的にはさほど精度の高い温度測定を要求されることは少ないので,物体の質量や材質に応じて適切な時間を設定すればよいことになります.

1.4 単位と記号

1.4.1 国際単位系(SI)

熱力学では,国際的に標準化された単位系である SI (the international system of units)を用いる.熱力学でよく使用する単位を示すと,表 1.2 のようになる.

表 1.2 熱力学で使用する SI 単位の例

物理量	単 位	名 称
温 度	K (= °C+ 273.15)	ケルビン
圧 力	Pa	パスカル
熱量,仕事	J	ジュール
仕事率,動力	W (= J/s)	ワット
力	N	ニュートン
質 量	kg	キログラム
長 さ	m	メートル
時 間	s	秒
モル質量	mol	モル

温度 [K]

熱力学では,温度の単位として**絶対温度**(absolute temperature) T [K] を用いるので,注意しなければならない.絶対温度と摂氏温度 t [°C] との間には,

$$T = t + 273.15 \tag{1.1}$$

の関係がある.なお,物質が加熱されたときの顕熱の増加量など,温度差で算出されるものは,絶対温度でも摂氏温度でも値が変わらないので,例題 1.1 のように,数値の簡単な [°C] を用いて計算することが多い.

圧力 [Pa]

圧力の定義は $[\mathrm{N/m^2}]$ であり，これを [Pa]（パスカル）で表す．図 1.8 に示すように，一般に，工業的に用いられている圧力計は，大気圧を基準とする値（ゲージ圧力）を示すが，熱力学では，「ゲージ圧力＋大気圧」で表される**絶対圧力**（absolute pressure）を用いる．なお，大気圧以下の圧力を真空といい，真空のゲージ圧力を**真空度**（gage vacuum）という．これは大気圧とその圧力との差であり，[mmHg]（1 mmHg = 133.3 Pa）で表すことがある．

標準大気圧（1 気圧）は，101325 Pa である．

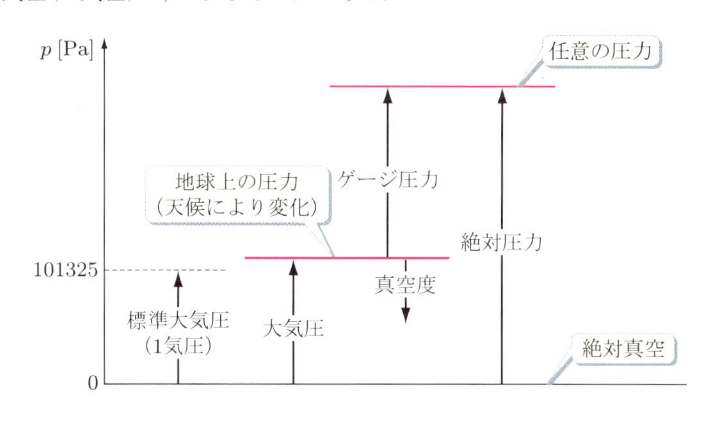

図 1.8　圧力の関係

熱量・仕事 [J]

物体に 1 N（ニュートン）の力を加えて 1 m 動いたときの仕事を 1 J（ジュール）といい，SI では仕事も熱量も同じくジュールの単位で表す．なお，1 N は質量 1 kg の物体を $1\ \mathrm{m/s^2}$ で加速するときの力である．

仕事率・動力 [W]

単位時間あたりにする仕事 [J/s] を，仕事率または動力とよび，[W]（ワット）で表す．

1.4.2　記　号

熱力学では，系に出入りする熱量や仕事または系内の温度，圧力，容積などの変化を考察することが多い．このとき，系全体の物質 m [kg] について考える場合と，系の物質 1 kg あたりについて考える場合とがある．

1 kg あたりについて考える場合は，その物理量に「比」を付けて表現し，比容積 v $[\mathrm{m^3/kg}]$，比内部エネルギー u [J/kg]，比エンタルピー h [J/kg] などと称し，**小文**

字の記号を使用する．一方，m [kg] について考える場合は，容積 V [m^3]，内部エネルギー U [J]，エンタルピー H [J] などのように**大文字**で表す．なお，温度 T [K] や圧力 p [Pa] は系の質量に関係ないので，「比」は付けない．

1.5 状態量と状態量でないもの

1.5.1 状態量

系の物質の**状態**(state)が平衡状態にあるとき，すなわち温度，圧力などのすべての物理量が変化しないときを熱力学的平衡状態という．平衡状態にある系に関しては，現在の状態の物理量を表すことができる．たとえば，系の物質の温度 T が，初期状態(温度 T_1)から終期状態(温度 T_2)へ変化したとき，終期の温度はその状態変化の過程(T_1 から T_2 への温度の変遷過程)にかかわらず，T_2 で表される．そして，このときの温度変化は，

$$\int_1^2 dT = T_2 - T_1 \tag{1.2}$$

と表すことができる．上式の積分は，明らかに変化の途中の経路には無関係であるので，状態 1，2 の値のみで決まる．これを数学的にいえば，dT は全微分であるという．このような物理量を**状態量**(quantity of state)という．状態量としては，温度 T [K]，圧力 p [Pa]，容積 V [m^3]，内部エネルギー U [J]，エンタルピー H [J]，エントロピー S [J/K] などがある．

これらのうち，温度，圧力，容積は基本となる状態量であり，そのうち二つの状態量が決まれば他の状態量も決まり，次式の関係となる．

$$V = V(p, T), \qquad p = p(V, T), \qquad T = T(p, V) \tag{1.3}$$

p，V，T の関係式をその物質の**状態方程式**または**状態式**(equation of state)という．

1.5.2 状態量でないもの

図 1.9 に示すように，ピストンが外力 F [N] に抗して右方へ dx 移動したときの仕事 dW は次式で表される．

$$dW = F\,dx \tag{1.4}$$

このときのシリンダー内の圧力を p [Pa] とすると，シリンダー断面積は A [m^2] であるから次式となる．

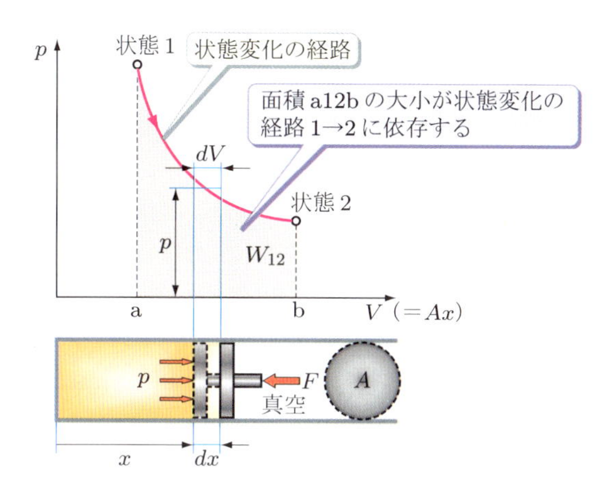

図 1.9　ピストンの移動と仕事

$$F = pA \tag{1.5}$$

また，

$$A\,dx = dV \tag{1.6}$$

であるから，式(1.5)，(1.6)を式(1.4)へ代入すると，$dW = p\,dV$ となる．これを初期状態 1 から終期状態 2 まで積分すると，このときの仕事は $\int_1^2 p\,dV$ で表される．

したがって，仕事の大きさは図 1.9 で表される面積 a12b で表され，初期状態 1 から終期状態 2 までの変化の経路に依存し，終期の状態量のみでは表現できない．このような物理量は状態量とはいわない．状態量ではない dW は全微分ではなく（7.1 節参照），変化の経路によってその値が変わってくるので，

$$\int_1^2 dW = W_{12} = \int_1^2 p\,dV \tag{1.7}$$

と表すのが適当である．状態量でないものとしては，ほかに熱量がある．

1.5.3 状態変化

物質が状態 1 から状態 2 へ変化することを状態変化といい，それぞれの状態を添字 1，2 を付けて表す．状態 1 から状態 2 へ変化した場合，その変化量は状態量と状態量でないものを区別し，以下のように使い分ける．

状態量　$\int_1^2 dp = p_2 - p_1,\quad \int_1^2 dV = V_2 - V_1,\quad \int_1^2 dT = T_2 - T_1,\ \cdots$

状態量でないもの　$\int_1^2 dQ = Q_{12}, \qquad \int_1^2 dW = W_{12}$

演習問題

1.1 5 kg の水に，500°C，0.5 kg の鉄片を投入し，熱平衡状態に達したとき，水の温度は 10°C であった．水の温度は何度上昇したか．ただし，鉄片の比熱を 0.473 kJ/(kg·K)，水の比熱を 4.186 kJ/(kg·K) とする．なお，水の容器は断熱されており，その熱容量は無視できるものとする．

1.2 30°C，6 kg の水に −10°C，3 kg の氷を投入し，熱平衡状態に達したとき，(a) 氷の融解量，(b) 平衡温度を求めよ．ただし，水の比熱を 4.186 kJ/(kg·K)，氷の比熱を 2.09 kJ/(kg·K)，氷の融解潜熱を 334 kJ/kg とする．なお，水の容器は断熱されており，その熱容量は無視できるものとする．

1.3 比熱 c の物質 1 kg に熱量 dq を加えたとき，温度が dT 上昇した．その関係式を，(a) 微分形で表せ．また，(b) 物質の状態(温度)が状態 1 から状態 2 まで変化したとき，それを積分して表せ．

第2章 熱力学第一法則

自然界には，運動エネルギー，位置エネルギーをはじめ，電気エネルギー，化学エネルギーおよび顕熱・潜熱と関係する熱エネルギーなど，各種形態のエネルギーがある．これらのエネルギーは，形態は異なるものの，その本質はまったく同じものであり，相互に変換が可能である．また，自然界のエネルギーの総量は一定で，そのことはエネルギー保存の法則として知られている．熱力学第一法則は，エネルギー保存則を熱現象に応用したものであり，熱と仕事の関係を表している．

本章では，閉じた系および開いた系の熱力学第一法則について学ぶ．

2.1 熱と仕事

本節では，熱力学の基本法則である熱力学第一法則を導くため，熱やエネルギーおよび仕事について解説し，熱力学第一法則はどのようにして検証されたかを説明する．

2.1.1 熱

われわれがこれから学ぶ熱力学は，熱と仕事の相互変換にかかわる問題を扱うものである．18世紀には，熱は物体間で移動できる重さのない物質である**熱素**(caloric)として考えられていた．しかし，生成も消滅もなく熱素が移動しているというだけでは，摩擦による熱の発生などは説明できず，このため熱は仕事によって生成される**エネルギー**(energy)の一形態と考えるようになった．エネルギーの語源は，「仕事」を意味するギリシャ語に由来するといわれる．エネルギーとは，物体または系がもっている仕事をなしうる能力を総称していい，「仕事をする能力」または「物を動かすもの」と定義できる．熱は温度の高い系から低い系へ移動するエネルギーの形態であり，温度差によってエネルギー移動が生じる．

2.1.2 仕　事

仕事とは，力に関係した物理的な意味の仕事を指し，力学的に伝達されるエネルギーである．仕事 W は，力 F と移動距離 dx によって次式のように定義される．

$$W = \int_1^2 F\,dx \tag{2.1}$$

たとえば，図2.1 (a)に示すように，平面上の物体に力 F を加えて，力が摩擦抵抗以上であれば物体は移動する．物体が x_1 から x_2 まで移動したときの仕事は，F が一定の場合，次のようになる．

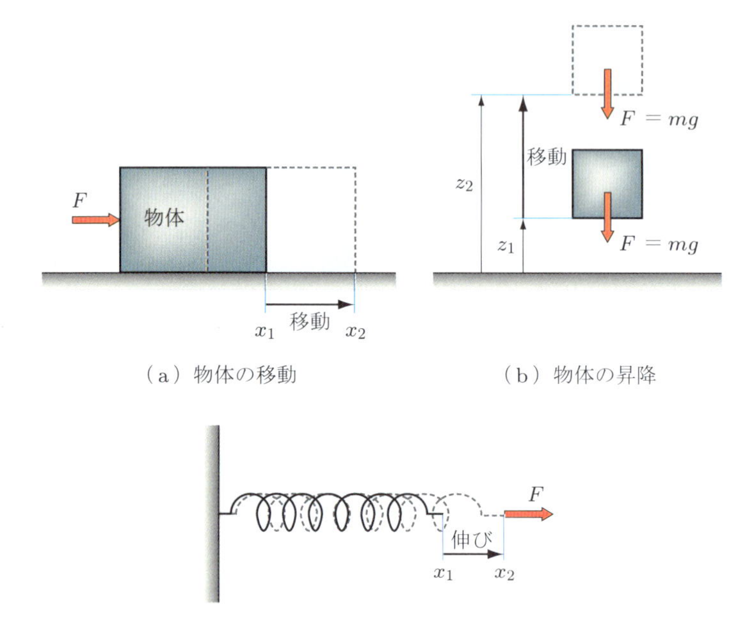

（a）物体の移動

（b）物体の昇降

（c）ばねの変位

図 **2.1**　各種仕事

$$W = F\int_1^2 dx = F(x_2 - x_1) \tag{2.2}$$

図 2.1 (b)に示すように，物体を垂直に高さ z_1 から z_2 に持ち上げる場合の仕事も同様に扱える．ただし，ここで力 F は重力であり，質量 m については $F = mg$ の関係を用いると，

$$W = F\int_1^2 dz = F(z_2 - z_1) = mg(z_2 - z_1) \tag{2.3}$$

と示される．

また，図 2.1 (c)に示すようなばねの変位による仕事も同様に考え，力とばねの変位がフックの法則 $F = kx$ に従うとすれば，ばねが x_1 から x_2 まで変位したときの仕事は，

$$W = \int_1^2 F\,dx = k\int_1^2 x\,dx = \frac{k}{2}(x_2^2 - x_1^2) \tag{2.4}$$

として得ることができる．ただし，k はばね定数である．

さらに，加速度による仕事について考えてみる．加速度を α とすると，質量 m の物体に作用する力は，ニュートンの法則 $F = m\alpha$ に従う．ここで，物体の速度を c と

すると加速度は，

$$\alpha = \frac{dc}{dt} = \frac{dc}{dx}\frac{dx}{dt} = c\frac{dc}{dx} \tag{2.5}$$

と示されるので，加速前後の速度をそれぞれ c_1，c_2 とすると加速仕事は，

$$W = \int_1^2 F\,dx = m\int_1^2 \alpha\,dx = m\int_1^2 c\frac{dc}{dx}\,dx = m\int_1^2 c\,dc = \frac{m}{2}(c_2^2 - c_1^2) \tag{2.6}$$

と示される．

2.1.3 熱力学第一法則

自然界には熱エネルギー，運動エネルギー，位置エネルギー，化学エネルギー，電気エネルギーなど，種々の形態のエネルギーがあり，これらの相互の変換が可能であることが知られている．たとえば，自動車においては，石油やLPG（液化石油ガス）などの化石燃料がもつ化学エネルギーが燃焼によって熱に変換され，この熱をピストンの往復運動に変えて仕事を得ている．また，一部は発電機により電気エネルギーにも変えている．このようなエネルギーの変換過程では，初期の形態のエネルギー量が，すべて次の形態のエネルギー量になるとは限らない．たとえば，熱機関で熱を仕事に変える場合でも，機関内で発生した熱の一部だけが仕事になるだけで，残りは排気や摩擦熱などになっている．しかし，エネルギーの変換過程で逃げた熱などを含めて考えると，初期のエネルギーと終期のエネルギーの量は等しい．これを**エネルギー保存則**（law of conservation of energy）という．エネルギー保存則は次のように表現される．

「一つの系のエネルギーの総量は，外界とエネルギー交換がなければ変化しない．外界と交換があれば，その量だけ増加または減少する．」

ジュールの実験

熱が本質的には仕事と同じエネルギーの一種であることが，19 世紀の**マイヤー**（Mayer）や**ジュール**（Joule）の研究によって明らかになった．19 世紀中期のジュールの論文では，図 2.2 に示すように，水を入れた容器内部に羽根車を設置し，容器外部のおもりを落下させて重力仕事により羽根車を回転させ，すべてが静止した後の温度上昇を計測し，力学仕事と熱との関係を明確にした．このときの仕事は，質量 m のおもりが z の距離だけ動く間に失う位置エネルギー mgz（g は重力加速度）により与えられるようにしてある．ジュールはこの方法で，おもりの質量や落下距離をいろいろ変えて実験して，おもりの落下による仕事と容器内の水の温度上昇による熱量を測定した．これにより，考えている系の外部から加えられた力学的仕事と，系内で

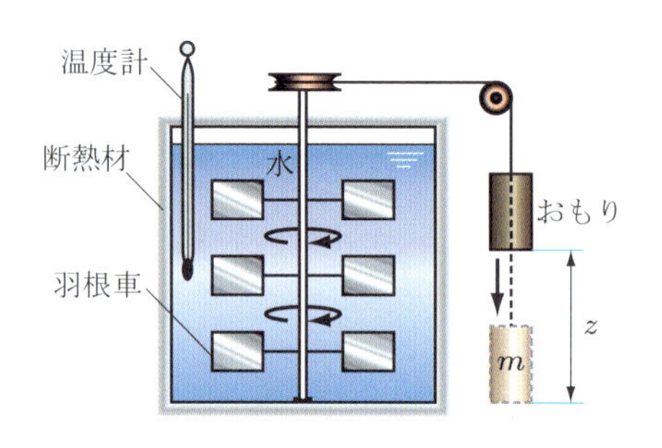

図 2.2　ジュールの実験

発生した熱量とが比例するという結果を得た．すなわち，熱と仕事の量的関係を求め，熱と仕事は本質的にはエネルギーとして等しいものであることを示した．これが**熱力学第一法則**(the first law of thermodynamics)の直接の検証である．熱力学第一法則は次のように表現される．

「熱と仕事とは，本質的に同じエネルギーの一つの形態で，仕事を熱に変えることも，その逆に熱を仕事に変えることもできる．」

エネルギー保存則からもわかるように，外界からエネルギーの供給なしに継続して仕事をする機械は存在しない．もしそのような機械が存在すれば，それを第一種永久機関という．熱力学第一法則は，そのような機械の存在を否定したものである．

Coffee Break　熱と仕事の量的関係

19 世紀の欧州では，単位としてポンド，フィートなどが使用されており，ジュールの実験では，1 ポンドの水の温度を華氏 1°だけ上昇させる熱量が，838 ポンドのおもりを 1 フィート持ち上げられることに相当する，という結果が出ました．これから求められた換算式が，1 kcal = 426.8 kgf·m です．1960 年代までの学生は，この換算に手間取ったものです．しかし，現在は SI を用いているため，1 J = 1 N·m となり，計算しやすくなっています．

2.2　絶対仕事(閉じた系の仕事)

閉じた系，たとえば前章で述べた，吸気弁と吐出弁が閉じた状態のピストンエンジンを考える．この場合，外界からシリンダーに熱を加えると系内のガスは膨張し，その結果ピストンを押し出して機械的仕事を外界へ行う．このような膨張による仕事を**絶対仕事**(absolute work)という．図 2.3 に示すように，断面積 A [m^2] のシリンダーとピストンおよび作動物質から構成される系を考える．ピストンが移動する際の

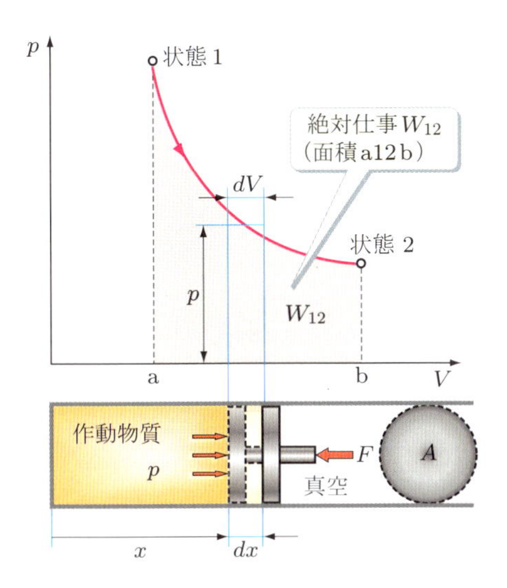

図 2.3　ピストン移動と p-V 線図

ピストンとシリンダー間の摩擦はなく周囲は真空とする．膨張によりピストンが dx 右方に移動すると，その間の仕事 dW [J] は次式で表される．

$$dW = F\,dx \tag{2.7}$$

ここで，シリンダー内作動圧力 p [Pa] を考えると，外力 F と圧力とはつり合っているから，

$$F = pA \tag{2.8}$$

となる．ここで，ピストンの移動による容積の増加は，断面積と移動距離から，

$$dV = A\,dx \tag{2.9}$$

となるから，式(2.7)は，

$$dW = F\,dx = pA\,dx = p\,dV \tag{2.10}$$

と示される．なお，状態 1 から状態 2 まで変化したときの外部にした仕事は，

$$\int_1^2 dW = W_{12} = \int_1^2 p\,dV \tag{2.11}$$

となる．ここで，仕事は状態量ではないため W_{12} として表現する．絶対仕事は，図 2.3 に示した p-V 線図の面積 a12b で表される．

一般に，シリンダーの周囲は真空ではなく，大気圧(p_0)がある．この場合は，大気圧を考慮した仕事を以下のように表現する．

$$W = \int_1^2 (p - p_0)\,dV = W_{12} - p_0(V_2 - V_1) \tag{2.12}$$

なお，シリンダー内ガスの収縮の場合も同様に大気圧の影響を受ける．このため，ピストンが元の位置に戻る１サイクルでの仕事では，それらが互いに相殺するため，周囲の気圧を考慮しなくてもよいことになる．

2.3 閉じた系の熱力学第一法則

系が保有する総エネルギーから，運動エネルギーと位置エネルギーを差し引いた残りの熱エネルギーを**内部エネルギー**(internal energy) といい，U [J] で表す．これは，静止中で外力を受けていないときに物質がもっているエネルギーといえる．加熱されて温度が上昇すると，この熱による分子運動が活発になり，物質の内部エネルギーが増加することになる．

いま，物質の出入りのない閉じた系について考える．系が外界から熱を受けると，その熱は「系内の物質の温度上昇」と「受熱に伴う体積膨張による仕事」に費やされる．閉じた系では，とくに運動エネルギーと位置エネルギーは変化がなく，考慮しなくてもよいから，系が外界から受けた熱を dQ とし，外界にした仕事を dW とすると，熱力学第一法則より次の関係が得られる．

$$dQ = dU + dW \tag{2.13}$$

なお，内部エネルギーは系の初期状態と終期状態のみで決定され，途中の過程に無関係であるため状態量として扱う．温度 T，圧力 p，容積 V，内部エネルギー U などの状態量と，熱量 Q，仕事 W など状態量でないものの微分形を厳密には区別して表現する必要があるが，本書では簡単化のためにそれぞれ dT，dp，dV，dU，dQ，dW として表現する．これらの積分形は，状態量については $T_2 - T_1$，$p_2 - p_1$，$V_2 - V_1$，$U_2 - U_1$ とし，状態量でないものについては Q_{12}，W_{12} のように表現して区別する．

また，本書では熱量，仕事ともその値は正(プラス)として扱う．系の境界を出入りする場合は符号をつけて区分し，外部への放熱量，外部からの圧縮仕事はそれぞれ負(マイナス)として表示する．

積分形での表示

いま，式(2.13)の微小変化に対し，変化の過程で系が平衡状態を保持しつつ変化する，準静的変化(3.3.3 項参照)を考える．すなわち，ピストンがきわめてゆっくり移動すると，系内の圧力や温度はどの位置においても均一とみなせる．熱力学では，一般にこのような準静的変化に基づいて初期状態と終期状態との関係を検討する．この場合，式(2.13)の積分は次式で表される．

$$Q_{12} = U_2 - U_1 + W_{12} = U_2 - U_1 + \int_1^2 p\,dV \tag{2.14}$$

ここに，仕事の項 W_{12} については式(2.11)を用いている．

これら式(2.13)と式(2.14)が，閉じた系の熱力学第一法則を示している．とくに，外界と系の間で熱の出入りがない断熱変化では，$Q_{12} = 0$ であるから，

$$W_{12} = \int_1^2 p\,dV = U_1 - U_2 \tag{2.15}$$

となり，断熱変化における仕事は内部エネルギーの変化で表現される．たとえば，外部へ仕事を行う断熱膨張変化では，$W_{12} > 0$ であり $U_1 > U_2$ となるので，変化後の内部エネルギーが減少し，温度は低下することになる．

なお，単位質量あたりについて考えると，物体の質量が m [kg] の場合は，

$$Q = mq, \quad U = mu, \quad W = mw, \quad V = mv \tag{2.16}$$

であるから，

$$dq = du + dw = du + p\,dv \tag{2.17}$$

となり，積分形で表すと，

$$q_{12} = u_2 - u_1 + w_{12} = u_2 - u_1 + \int_1^2 p\,dv \tag{2.18}$$

となる．ここで，第 1 章で述べたように，u および v を比内部エネルギーおよび比容積とよぶ．比内部エネルギーの量は定容比熱と温度によって決定される．

なお，閉じた系では，加熱量や仕事は初期状態 1 からある時間経過して終期状態 2 になる際の状態変化に基づいて議論するが，これは熱機関では一般に 1 サイクルにおける仕事を焦点としているためである．このため，仕事率(動力) [J/s または W] を求めるには，単位時間あたりのサイクル数などで除する必要がある．

2.4 工業仕事(開いた系の仕事)

ガスタービンや水車，風車のように開いた系では，作動流体が系に流入し，外部へ仕事をした後，系から流出する．このときの仕事を**工業仕事**(technical work)という．作動流体が系に流入するには，入口において流体を押し込む仕事が必要となる．作動流体が系に流入するとき，すなわち，物質が空間のある場所を占めるためには，物質自身の内部エネルギーがその場所に持ち込まれるだけでなく，それに伴って，その圧

力の場に体積を排除する仕事が持ち込まれなければならない．この仕事を流動仕事，または排除仕事とよぶ．これは，物質が現在の場所を保有するために周囲にした仕事，あるいは空間の場所を確保するために周囲に与えるべきエネルギーである．

次に，この流動仕事と内部エネルギーを合わせたエンタルピーについて説明する．

エンタルピーの定義

図 2.4 に開いた系の流動仕事を示す．いま，圧力 p の流体が断面積 A の管内で定常流れをする場合を考える．流体がする仕事(流動仕事)をわかりやすくするために，流体の圧力と等しい力 F $(= pA)$が左方に加えられている仮想ピストンを考え，仮想ピストンは流体と同一速度で管内を流れていくものとする．流体の流れにより仮想ピストンが断面 1 から距離 x 離れた断面 2 まで移動したとき，流体がした仕事 W_f は，力 F が作用している仮想ピストンを距離 x だけ移動させたエネルギーに等しいから，次式となる．

$$W_f = Fx = pAx = pV \tag{2.19}$$

ここに，断面 1〜2 間の容積は $V = Ax$ である．式(2.19)は開いた系における流体の流動仕事を表している．流体は内部エネルギー U を保有しているから，流体の運動エネルギーや位置エネルギーが省略できる場合(省略できない場合は次節で述べる)，断面 1〜2 間の総エネルギー E は，式(2.19)の流動仕事に内部エネルギーを加え，

$$E = U + W_f = U + pV \tag{2.20}$$

となる．ここで，式(2.20)の右辺で示した内部エネルギーと流動仕事との和を

$$H = U + pV \tag{2.21}$$

と表す．開いた系における流動過程では，U と pV とはつねに結びついて現れるから，これらの和を一つの量として**エンタルピー**(enthalpy)と定義する．エンタルピー

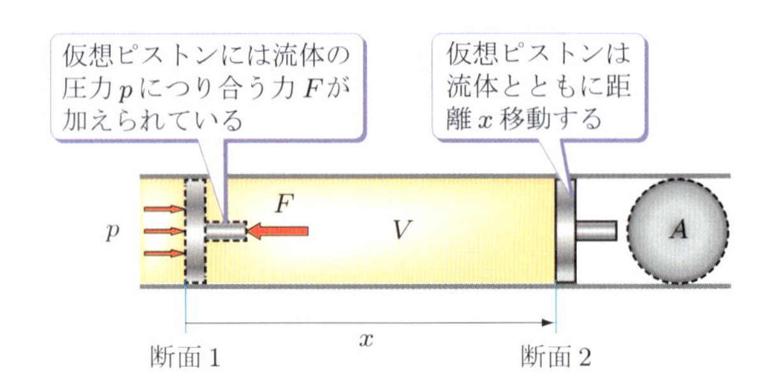

図 2.4 開いた系の流動仕事

は U，p，V で定義されており，これらはすべて状態量であるからエンタルピーも状態量である．また，単位質量あたりのエンタルピーを比エンタルピーといい，

$$h = u + pv \tag{2.22}$$

と表す．エンタルピーの量は定圧比熱と温度によって決定される．

工業仕事

前節で述べたように，閉じた系では外界に対する絶対仕事は，

$$dW = p\,dV = dQ - dU \tag{2.23}$$

で表される．開いた系における仕事を取り扱う場合，閉じた系と異なることは，上述したように，流体の出入りにおいて，流動仕事を考慮しなければならないことである．絶対仕事 W から流動仕事 W_f を差し引いたものを工業仕事 W_t という．この工業仕事が開いた系において外界にする仕事である．すなわち，工業仕事は式(2.23)の左辺において絶対仕事から流動仕事を差し引き，

$$dW_t = dW - dW_f = dW - d(pV) = p\,dV - d(pV) = -V\,dp \tag{2.24}$$

となる．一方，式(2.23)右辺からも流動仕事を差し引かなければならないから，

$$dQ - dU - dW_f = dQ - dU - d(pV) = dQ - dH \tag{2.25}$$

となる．したがって，工業仕事は式(2.24)と式(2.25)により，

$$dW_t = -V\,dp = dQ - dH \tag{2.26}$$

として示される．すなわち，閉じた系では，外界にする仕事(絶対仕事)は内部エネルギーの変化量に関係し，$p\,dV$ で示されたが，開いた系が外界にする仕事(工業仕事)は，絶対仕事から流動仕事を差し引いたものであり，エンタルピーの変化量に関係し，$-V\,dp$ として示される．閉じた系の絶対仕事は式(2.11)に示されているが，開いた系における状態 1 から状態 2 への工業仕事は次式で示される．

$$W_{t12} = -\int_1^2 V\,dp = \int_2^1 V\,dp \tag{2.27}$$

図 2.5 に，状態 1 から状態 2 へ状態変化した際の工業仕事 W_{t12} を示す．開いた系における工業仕事は面積 a12b に相当する．図 2.3 の閉じた系における絶対仕事と異なることに注意が必要である．

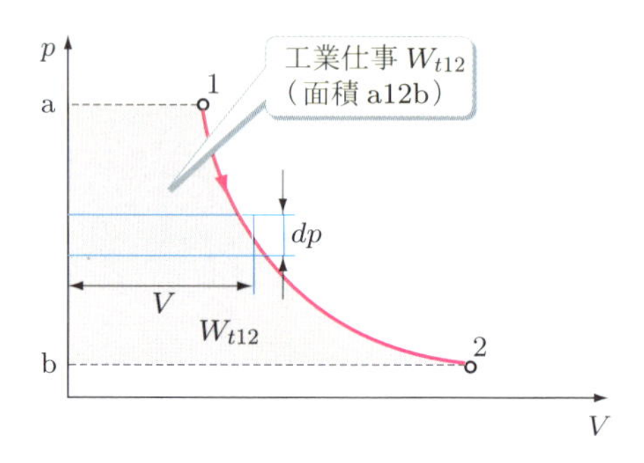

図 2.5　工業仕事

Coffee Break　エンタルピーとエントロピー

エンタルピーの語源はギリシャ語の「暖まる」であるといわれています．20 世紀の初頭にカマリング・オネス（Kamerlingh Onnes）により命名されたもので，比較的新しい言葉です．第 4 章で述べる不可逆現象を表す物理量のエントロピーと類似していますが，それらの意味はまったく異なるので，使用を間違えないでください．

2.5　開いた系の熱力学第一法則

図 2.6 は，ガスタービンや蒸気タービンなどを用いて熱エネルギーを仕事に変換する装置を模式的に表したものである．これにより，開いた系の熱力学第一法則を導いてみる．

開いた系に圧力 p_1，容積 V_1，質量 m の作動流体が流入し，そのときの作動流体の速度を c_1 とし，入口の中心高さを z_1 とする．この作動流体は，内部エネルギーのほ

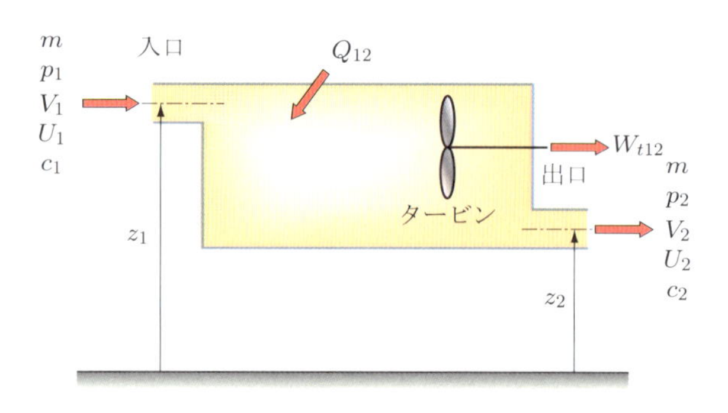

図 2.6　開いた系の熱力学第一法則

かに，力学エネルギー（運動エネルギーと位置エネルギー）を伴って系内に流入する．すなわち，入口で系内へ流入する総エネルギーは，前節で述べた流動仕事も含めて次式となる．

$$E_1 = U_1 + W_{f1} + \frac{1}{2}mc_1^2 + mgz_1 = H_1 + \frac{1}{2}mc_1^2 + mgz_1 \tag{2.28}$$

また，出口における総エネルギーは同様に，

$$E_2 = U_2 + W_{f2} + \frac{1}{2}mc_2^2 + mgz_2 = H_2 + \frac{1}{2}mc_2^2 + mgz_2 \tag{2.29}$$

となる．ここに，系が外界から受ける熱量を Q_{12}，系から外界に取り出される工業仕事を W_{t12} とすると，系が外界との間にやり取りするエネルギーのつり合いは，次式で表される．

$$E_1 + Q_{12} = E_2 + W_{t12} \tag{2.30}$$

式(2.30)を式(2.28)と式(2.29)を用いて書き換えると，

$$H_1 + \frac{1}{2}mc_1^2 + mgz_1 + Q_{12} = H_2 + \frac{1}{2}mc_2^2 + mgz_2 + W_{t12} \tag{2.31}$$

となる．一般的に，位置エネルギーは，他のエネルギーに比べて値が小さく省略することができる．この場合，開いた系における熱力学第一法則は，以下のように表せる．

$$Q_{12} = H_2 - H_1 + \frac{1}{2}m(c_2^2 - c_1^2) + W_{t12} \tag{2.32}$$

作動流体単位質量あたりでは，上式は次式となる．

$$q_{12} = h_2 - h_1 + \frac{1}{2}(c_2^2 - c_1^2) + w_{t12} \tag{2.33}$$

ここで，系の出入口間での作動流体の速度差が少ないか，速度が低速の場合は運動エネルギーの項は省略でき，次のように表示できる．

$$Q_{12} = H_2 - H_1 + W_{t12} \tag{2.34}$$

$$q_{12} = h_2 - h_1 + w_{t12} \tag{2.35}$$

微分形では次のように表される．

$$dq = dh - v\,dp \tag{2.36}$$

式(2.36)の開いた系における熱力学第一法則は，式(2.17)に示した閉じた系における第一法則の式 $dq = du + p\,dv$ の内部エネルギーがエンタルピーに，また絶対仕事が工業仕事に相当することがわかる．

　ここで，運動エネルギーの大きさについて考えてみる．

例題 2.1　空気の流速が **10 m/s** と **100 m/s** における単位質量あたりの運動エネルギーを求めよ．

解答　単位質量あたりの運動エネルギーは$c^2/2$であるから，

$u = 10$ m/s における運動エネルギーは 50 J/kg
$u = 100$ m/s における運動エネルギーは 5000 J/kg

となる．なお，比エンタルピーは$h_2 - h_1 = c_p \Delta T$より求められるので(3.2節参照)，温度差が10°Cあるときの比エンタルピー変化量は，空気の定圧比熱を1.0 kJ/(kg·K)とすると，10000 J/kgとなる．このように，低速流れでは運動エネルギーがすべて熱に変わったとしても，比エンタルピー変化量に比べてきわめて小さく無視できることがわかる．

一般的に，タービンなどで熱エネルギーを仕事に変換する場合は，定常的に流動している物質の質量流量$\dot{m}$ [kg/s]を用いて，単位時間あたりの熱量や仕事を表す．この場合，式(2.34)は次式に書き換えられる．

$$\dot{Q}_{12} = \dot{m}(h_2 - h_1) + \dot{W}_{t12} \tag{2.37}$$

ここで，$\dot{Q}_{12}$および$\dot{W}_{t12}$は，それぞれ単位時間あたりの熱量および仕事率(動力)であり，単位は[J/s]または[W]である．

演習問題

2.1 質量15 kgの物体を8 m引き上げるために必要な仕事を求めよ．

2.2 時速60 kmで走行していた質量1200 kgの車が，ブレーキをかけて停車した．質量5 kg，比熱0.9 kJ/(kg·K)のブレーキディスクの上昇温度を求めよ．ただし，車の運動エネルギーはすべてブレーキの摩擦によって熱になるものとする．

2.3 気体が外部から100 kJの熱を受け，70 kJの仕事を外部に対して行った．内部エネルギーの変化量を求めよ．

2.4 圧力0.6 MPa，容積1.5 m^3の空気が圧力一定のもとで，4.3 m^3まで膨張した．空気が外部に対して行った仕事を求めよ．

2.5 圧力0.4 MPa，容積5.5 m^3のガスが圧力一定のもとで，0.5 m^3まで圧縮され，その際6500 kJの熱が除去された．内部エネルギーの減少量を求めよ．

2.6 シリンダーの中に0.3 kgのガスが封入されている．ピストンにより圧縮した際20 kJの仕事が必要であった．また，このとき12 kJの熱を周囲に放出した．ガスの比内部エネルギーの変化量を求めよ．

2.7 圧力0.1 MPa，比容積0.80 m^3/kgの空気を0.25 kg/sの流量で圧縮機に吸入し，圧力0.7 MPa，比容積0.16 m^3/kgまで圧縮した．圧縮の際，比内部エネルギーが80 kJ/kg増加し，外部に50 kJ/sの放熱があった．圧縮機の動力[kW]を求めよ．

第3章 理想気体

熱機関で熱を仕事に変換するとき，あるいは冷凍機で仕事を与えて高温と低温を得るとき，作動ガスとしてさまざまな気体が用いられる．たとえば，内燃機関に用いられる空気，燃焼ガス，火力・原子力発電所で蒸気タービンを駆動する水蒸気，冷凍機に用いられるアンモニアや炭化水素系の冷媒蒸気など，多くの種類を挙げることができる．

蒸気の状態からかなり離れた高温の状態にあるとき，作動ガスは，理想気体として扱うことができ，比較的簡単な状態式で作動ガスの状態変化を計算できる．蒸気タービンで用いる水蒸気や冷凍機の冷媒蒸気は理想気体としては取り扱えないが，空気や燃焼ガスは近似的に理想気体として扱うことができる．

本章では，理想気体の状態式と状態変化について説明する．また，混合気体の状態量や湿り空気の状態変化についても学ぶ．

3.1 理想気体の状態式

実際の気体では，気体を構成している分子に分子間力がはたらき，分子間には頻繁に衝突が起こっている．これに対して**理想気体**(ideal gas)とは，気体を構成する分子に分子間力がはたらかない状態をいい，分子は大きさがなく，衝突時には完全弾性反射をするものと仮定する．

第6章や第10章で取り扱う水蒸気や冷媒蒸気は，常温の範囲において飽和蒸気の状態に近いため，分子間力がはたらき，理想気体とみなすことはできない．このような気体を**実在気体**(real gas)，または**蒸気**(vapor)という．一方，気体が蒸気の状態よりも低圧で高温の状態にあるとき，たとえば，空気，燃焼ガス，水素など多くの気体は，通常の圧力・温度範囲において理想気体とみなすことができる．

3.1.1 理想気体の定義

理想気体とは，以下に述べるボイルの法則とシャルルの法則に従う気体をいい，仮想の気体である．

ボイルの法則(Boyle's law)：温度一定の変化においては，圧力は容積に反比例して変化する．

$$pV = (\text{一定}) \tag{3.1}$$

シャルルの法則(Charle's law)：圧力一定の変化においては，容積は温度に比例して変化する．

$$\frac{V}{T} = (\text{一定}) \tag{3.2}$$

空気，燃焼ガス，水素など多くの気体は，近似的に式(3.1)，(3.2)によく従う．

3.1.2 理想気体の状態式

質量 m [kg] の理想気体の状態式は，圧力 p [Pa]，温度 T [K]，容積 V [m^3] の状態量で表すと次式となる．

$$pV = mRT \tag{3.3}$$

また，質量 1 kg あたりについては次式で表される．

$$pv = RT \tag{3.4}$$

ここに，v $(= 1/\rho = V/m)$ は気体の比容積 [m^3/kg] である（ρ は密度 [kg/m^3]）．また，R は**ガス定数**(gas constant) [J/(kg·K)] であり，表 3.1 に示すように，気体の種類によって異なる値をとる．

質量 m [kg] の気体を**モル数**(number of moles) n [mol] で表せば，次式となる．

$$n = \frac{m}{M} \tag{3.5}$$

ここに，M は気体の分子量 [kg/mol] である．式(3.5)を式(3.3)に代入すると次式が得られる．

$$pV = nMRT \tag{3.6}$$

ここで，**一般ガス定数**(universal gas constant) R_0 を次式で定義する．

表 3.1 気体の物性値(0°C，0.1013 MPa における値) [1]

気 体	分子式	分子量 M [kg/kmol]	ガス定数 R [kJ/(kg·K)]	密度 ρ [kg/m^3]	定圧比熱 c_p [kJ/(kg·K)]	定容比熱 c_v [kJ/(kg·K)]	比熱比 κ [−]
水 素	H_2	2.0157	4.1249	0.08987	14.200	10.0754	1.409
ヘリウム	He	4.0026	2.0772	0.1785	5.238	3.160	1.66
メタン	CH_4	16.0313	0.5187	0.7168	2.1562	1.6376	1.317
アンモニア	NH_3	17.0265	0.4883	0.7713	2.0557	1.5674	1.312
水蒸気	H_2O	18.0152	0.4616	−	1.861	1.398	1.33
一酸化炭素	CO	27.9949	0.2970	1.2500	1.0403	0.7433	1.400
窒 素	N_2	28.0061	0.2969	1.2505	1.0389	0.7421	1.400
空 気	−	28.95	0.2872	1.2928	1.005	0.7171	1.400
酸 素	O_2	31.9898	0.2598	1.4289	0.9150	0.6551	1.397
アルゴン	Ar	39.948	0.2081	1.7834	0.520	0.31	1.66
二酸化炭素	CO_2	43.9898	0.1890	1.9768	0.8169	0.6279	1.301

$$R_0 = MR = 8.3145 \quad \mathrm{J/(mol \cdot K)} \tag{3.7}$$

式(3.6)，(3.7)より，理想気体の状態式を一般ガス定数を用いて表すと次式となる．

$$pV = nR_0T \tag{3.8}$$

化学などでは 1 mol あたりの状態変化を扱うので，一般ガス定数を用いた式(3.8)を使用することが多い．

計算問題を解くときに，[J]，[kJ] や [Pa]，[MPa] などの単位を間違えないように十分注意する必要がある．

ここで，理想気体の状態式を用いて空気の温度を求めてみる．

例題 3.1 **1 kg の空気が，容積 $V = 2$ m³ の密閉容器に圧力 $p = 0.13$ MPa で充填されているとき，空気の温度を求めよ．ただし，空気は理想気体と仮定する．**

解答 空気のガス定数は表3.1より，$R = 0.2872$ kJ/(kg·K) であるから，式(3.3)に値を代入すると，

$$T = \frac{pV}{mR} = \frac{0.13 \times 10^6 \times 2}{1 \times 0.2872 \times 10^3} = 905.3 \quad \mathrm{K}$$

となる．ここで，圧力 p の単位は [Pa]，ガス定数の熱量の単位は [kJ] ではなく [J] を用いて計算することに注意しなければならない．また，熱力学で使用する温度の単位は，いうまでもなく [K] である．

一方，式(3.5)，(3.8)を用いる場合も単位に注意して計算すると，

$$T = \frac{pVM}{mR_0} = \frac{0.13 \times 10^6 \times 2 \times 28.95 \times 10^{-3}}{1 \times 8.3145} = 905.3 \quad \mathrm{K}$$

となり，同じ結果が得られる．

3.2 比熱，内部エネルギーおよびエンタルピー

ジュール(Joule)は，図 3.1 の装置を用いて気体の自由膨張，すなわち，熱や仕事の出入りがない状態で気体を膨張させる実験を行った．保温材で断熱された水槽に二つの容器 A，B を設置し，容器 A には気体(理想気体として扱える範囲の空気)を入れ，容器 B は真空にしておく．ここでバルブを開くと，気体は B に流入し，瞬間的に A の温度は低下し，B の温度は上昇する．ジュールは，時間が十分経過して熱平衡状態になった後の水の温度を実験前と比較した結果，その温度には変化がないことを示した．

図 3.1 の系は，外部と熱や仕事の出入りがないから，閉じた系の熱力学第一法則の式(2.13)を使って，$dQ = 0$ および $dW = 0$ を代入すると，$dU = 0$ となる．すなわち，自由膨張においては内部エネルギーの変化はないことになる．一般に，状態量は

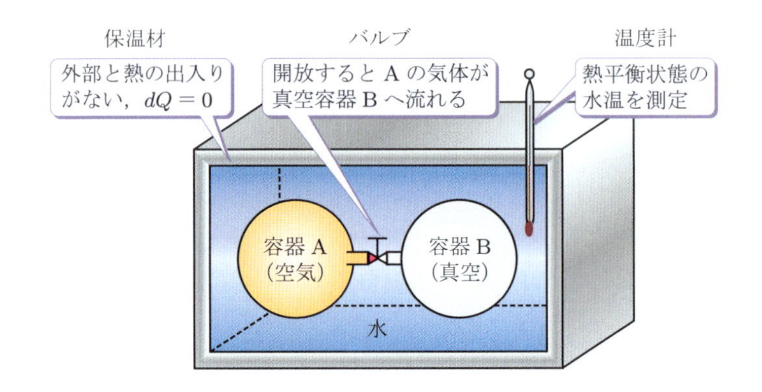

図 3.1　ジュールの自由膨張の実験

二つが決まれば他の一つが決まるから，比内部エネルギーを温度と比容積の関数で表すと次式となる．

$$u = u(T, v) \tag{3.9}$$

上式を微分し，自由膨張では内部エネルギーの変化がないことを考慮すると，次式のように表すことができる．

$$du = \left(\frac{\partial u}{\partial T}\right)_v dT + \left(\frac{\partial u}{\partial v}\right)_T dv = 0 \tag{3.10}$$

ここに，添え字 v，T はそれぞれの値を一定として微分することを意味している．

ジュールの実験によると，温度変化がないので $dT = 0$，膨張過程であるので $dv \neq 0$ となるから，式(3.10)を満たす条件として次式が得られる．

$$\left(\frac{\partial u}{\partial v}\right)_T = 0 \tag{3.11}$$

式(3.11)の意味は，「理想気体の内部エネルギーは比容積と無関係であって，温度のみの関数である」ということである．したがって，理想気体の内部エネルギーは，

$$u = u(T) \tag{3.12}$$

と表される．また，エンタルピーも次式のように温度のみの関数となる．

$$h = u + pv = u(T) + RT = h(T) \tag{3.13}$$

理想気体には，ボイルの法則やシャルルの法則に従うほかに，式(3.12)，(3.13)の性質がある．

定容比熱と定圧比熱

比熱(specific heat) c [J/(kg·K)] は，その定義から 1 kg の物質に dq [J] の熱を加えたときに温度が dT [K] 上昇したとすると，次式で与えられる．

$$c = \frac{dq}{dT} \tag{3.14}$$

式(3.14)右辺の分子 dq は状態量ではないから，変化の経路に依存する値である．したがって，比熱 c も変化の経路に依存する値となる．**定容比熱**(specific heat at constant volume) c_v は容積一定の変化における比熱であり，**定圧比熱**(specific heat at constant pressure) c_p は圧力一定の変化における比熱である．

容積一定のもとでの変化は $dv = 0$ であるから，閉じた系の熱力学第一法則は $dq = du$ となる．また，圧力一定のもとでの変化は $dp = 0$ であるから，開いた系の熱力学第一法則は $dq = dh$ となる．したがって，式(3.14)は次のように表せる．

$$c_v = \left(\frac{\partial q}{\partial T}\right)_v = \frac{du}{dT} \tag{3.15}$$

$$c_p = \left(\frac{\partial q}{\partial T}\right)_p = \frac{dh}{dT} \tag{3.16}$$

ここに，添え字の v，p は変化の過程で容積と圧力がそれぞれ一定であることを示している．比熱一定の理想気体を**狭義の理想気体**といい，比熱が温度の関数である場合を**半理想気体**という．工業に利用される実在のガス，たとえば空気や燃焼ガスなどは，比較的広い温度範囲にわたって状態変化する場合には，比熱を一定とすることには無理があり，半理想気体として取り扱う．ここでは，比熱を一定とする狭義の理想気体について考える．

比熱とガス定数

式(3.15)，(3.16)により，比熱と比内部エネルギー，比エンタルピーの関係がそれぞれ求められたので，閉じた系と開いた系における第一法則の式はそれぞれ次式で表現できる．

$$dq = c_v\,dT + dw \tag{3.17}$$

$$dq = c_p\,dT + dw_t \tag{3.18}$$

ここで，理想気体の比内部エネルギーや比エンタルピーの変化量と温度変化の関係式は，

$$du = c_v\,dT \tag{3.19}$$

$$dh = c_p\,dT \tag{3.20}$$

であるから，理想気体が状態 1 から状態 2 まで変化する場合には，上式を積分して次のように表せる．

$$u_2 - u_1 = c_v(T_2 - T_1) \tag{3.21}$$

$$h_2 - h_1 = c_p(T_2 - T_1) \tag{3.22}$$

式(3.13)の比エンタルピーの定義式は，$h = u + RT$ と表せるから，温度 T で微分して式(3.15)，(3.16)を代入すると次式となる．

$$c_p - c_v = R \tag{3.23}$$

また，定圧比熱と定容比熱の比を**比熱比**(specific heat ratio)といい κ で表す．

$$\kappa = \frac{c_p}{c_v} \tag{3.24}$$

式(3.23)，(3.24)から次の関係が得られる．

$$c_v = \frac{1}{\kappa - 1}R \tag{3.25}$$

$$c_p = \frac{\kappa}{\kappa - 1}R \tag{3.26}$$

種々の気体に対する比熱比の値を計算すると，表 3.1 に示したような値となる．この値は原子数が同じであればほぼ同じとなり，次のような値に近い．

単原子気体	$\kappa = 1.66 = 5/3$
2 原子気体	$\kappa = 1.40 = 7/5$
3 原子以上の多原子気体	$\kappa = 1.33 = 4/3$

熱力学では比熱比 κ のほかに，圧縮比 ε や締切比 σ など（第 8 章参照）さまざまな状態量の比を用いるが，それらの定義は，値が 1 より大きくなるように定めている．

Coffee Break 理想気体とは？

理想気体は，ボイルの法則とシャルルの法則に従う気体で，

- $\boldsymbol{pV = mRT}$（または $\boldsymbol{pv = RT}$）

の状態式で表される仮想の気体です．理想気体の性質としては，

- 内部エネルギーは温度のみの関数である

ということがいえます．また，比熱の取り扱い方により，以下のように分けることができます．

- 比熱を一定とする狭義の理想気体
- 比熱を温度の関数とする半理想気体

本書では比熱を一定とする狭義の理想気体を考えています．

3.3 理想気体の状態変化

第2章において，熱力学第一法則の式は，閉じた系，開いた系に対してそれぞれ次式で表された．

閉じた系　$dq = du + dw$

開いた系　$dq = dh + dw_t$

ここで，右辺の内部エネルギー，エンタルピー，仕事などの物理量は，このままでは計算できない．これらの物理量を計算するためには，温度 T，圧力 p，容積 V などの状態量の関数として表す必要がある．ここまでは，式(3.17)，(3.18)のように内部エネルギーとエンタルピーを比熱と温度で表したが，ここからは，絶対仕事 w と工業仕事 w_t を温度 T，圧力 p，容積 V の関数として表す方法を学ぶ．

内燃機関など熱エネルギーを動力に変換する装置では，シリンダー内のガスは状態変化を連続的に繰り返し動力を発生する．図3.2には，その代表的な例である4サイクルガソリンエンジンを示す．自動車などのエンジンはピストンとシリンダーから構成され，シリンダー内のガスは，吸入，圧縮，膨張，排気の過程を繰り返し，サイクルを形成する．エンジンの設計においては，シリンダー内のガスへの加熱量(系に出入りする熱量)や仕事(発生動力)などを計算することが必要になる．ここでは，熱機関の設計においてその考え方の基本となる理想気体の五つの状態変化，すなわち，等温変化，等圧変化，等容変化，可逆断熱変化，ポリトロープ変化について説明する．いずれの変化においても，その状態変化における温度，圧力，比容積の変化を知るこ

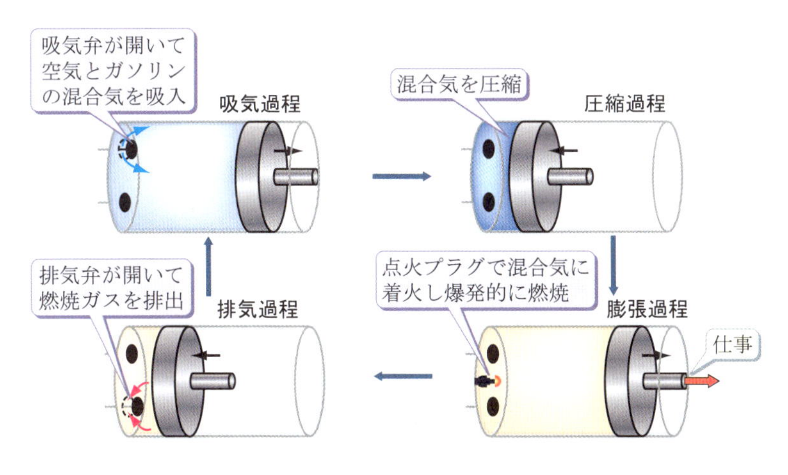

図 3.2　4サイクルガソリンエンジンのシリンダー内のガスの状態変化

とが必要であるが，熱機関においては加熱量（または放熱量）や発生した仕事（または加えた仕事）を求めることが重要である．

3.3.1 仕事の求め方

第2章で学習したように，閉じた系と開いた系とでは仕事の求め方が異なる．図3.3に示すように，物質が状態1から状態2へ変化したとき，閉じた系では p-V 線図の下側の面積，開いた系では左側の面積となり，それぞれ次式で求められる．

$$\text{閉じた系（絶対仕事）}\quad W_{12} = \int_1^2 p\,dV \tag{3.27}$$

$$\text{開いた系（工業仕事）}\quad W_{t12} = \int_2^1 V\,dp = -\int_1^2 V\,dp \tag{3.28}$$

状態変化の際の仕事を求めるときは，まず，式(3.27)または(3.28)から計算を始めることが基本となる．

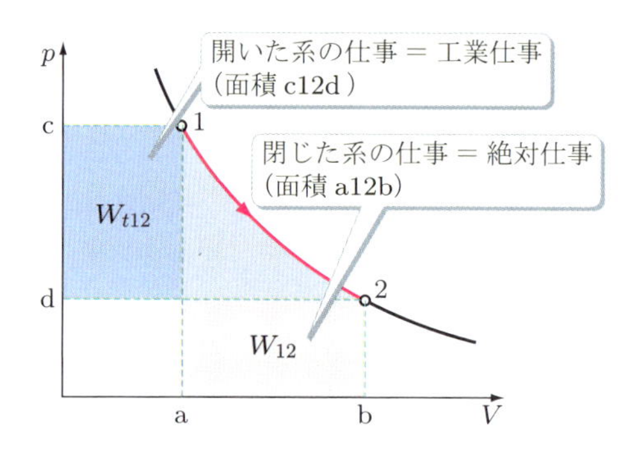

図 3.3　閉じた系と開いた系の仕事

3.3.2 系を出入りする熱量（受熱量，放熱量）の求め方

熱量は，式(3.27)，(3.28)より仕事が求められれば，次のように第一法則の式から求めることができる．

$$\text{閉じた系}\quad Q_{12} = U_2 - U_1 + W_{12} = mc_v(T_2 - T_1) + \int_1^2 p\,dV \tag{3.29}$$

$$\text{開いた系}\quad Q_{12} = H_2 - H_1 + W_{t12} = mc_p(T_2 - T_1) - \int_1^2 V\,dp \tag{3.30}$$

式(3.29)，(3.30)は普遍的に成立するので，任意の状態変化に対して，上記のいずれの式から求めても熱量は同じ値となる．

3.3.3 可逆変化と不可逆変化

系の中の物質が「平衡を保ちながら，静かに状態変化が生じる過程」を**準静的変化**(quasi static process) といい，可逆変化とは系の状態変化が平衡状態で行われる変化，すなわち準静的変化の場合をいう．ここでいう平衡状態とは，力学的，熱的，化学的に平衡状態であることを意味し，この三つの平衡を熱力学的平衡ともいう．

図 3.4 には，準静的変化のような可逆変化ではなく，不可逆変化の例を示す．シリンダー内のガスが有限速さで圧縮される場合を考えてみる．最初，ピストンが静止していてガス圧力 p_0 がどこでも一定で平衡な状態から，ピストンを微小距離だけ左に動かすと，その瞬間にピストン近傍の圧力は p_0 よりも大きくなる．その後，圧力の平均化が起こり，時間が十分経過すると，シリンダー内の圧力は平衡状態となる．このように，シリンダー内に圧力差が生じるような過程は平衡状態とはいえず，不可逆変化となる．図 3.4 の系で可逆変化をさせようとすれば，ピストンを動かしたときの圧力差が無限小となるような方法，すなわち，ピストンの移動速さを無限にゆっくり動かさなければならない．

工業的あるいは自然界の現象はすべて有限であり，また流体の流れなどにおいては，流体摩擦や渦などが発生するため準静的とはいえず，実際の現象はすべて不可逆変化となる．

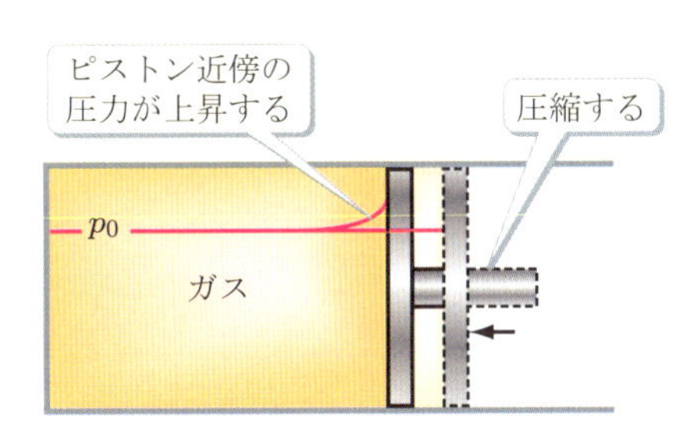

図 3.4　不可逆変化

3.4 理想気体の可逆変化

熱機関の作動流体は，圧縮や膨張などをし，サイクルを形成して熱を仕事に変換する．このとき，サイクルを形成する各過程の変化は，以下に述べる 5 種類の状態変化のうちのいずれかで表される．本節では，可逆変化におけるそれらの基本的な変化を学ぶ．

3.4.1 等温変化

一定温度のもとでの状態変化，すなわち等温変化では，理想気体の状態式において $T=$ (一定)であり，mR は定数であることを考慮すると，

$$pV = mRT = (\text{定数}) \tag{3.31}$$

となる．この状態変化は，図 3.5 に示すように p-V 線図上で双曲線として表され，シリンダー内のガスが Q_{12} の受熱量を得て，一定温度($T=T_1=T_2$)を保ちながら膨張し，外部に仕事 W_{12} をする場合に相当する．

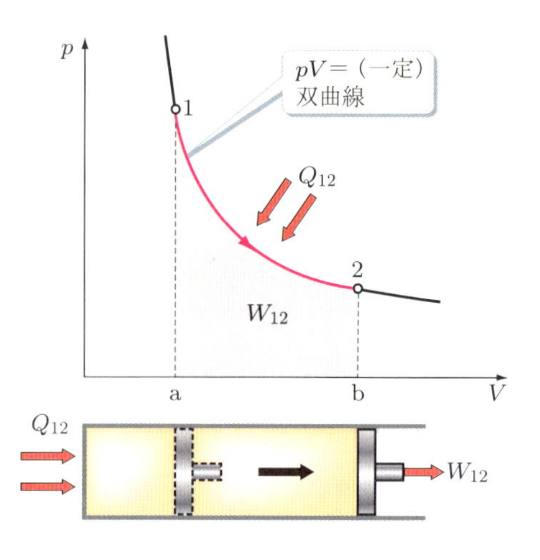

図 3.5　等温変化

したがって，状態 1 から状態 2 への変化において，次式の関係となる．

$$pV = p_1V_1 = p_2V_2 = mRT = (\text{定数}) \tag{3.32}$$

このとき，外部にする絶対仕事 W_{12} は面積 a12b で表されるから，式(3.27) に式(3.32) の関係を代入すると，

$$\begin{aligned} W_{12} &= \int_1^2 p\,dV = p_1V_1\int_1^2 \frac{dV}{V} = p_1V_1 \ln\frac{V_2}{V_1} \\ &= p_1V_1 \ln\frac{p_1}{p_2} = mRT_1 \ln\frac{p_1}{p_2} = \cdots \end{aligned} \tag{3.33}$$

となる．上式右辺の「$\cdots$」は，式(3.31)，(3.32)を用いることにより，さまざまな形の式で表されることを意味している．

また，工業仕事は式(3.28)より，

$$W_{t12} = -\int_1^2 V\,dp = -p_1 V_1 \int_1^2 \frac{dp}{p} = p_1 V_1 \ln \frac{p_1}{p_2} = \cdots \tag{3.34}$$

となり，この場合 $W_{12} = W_{t12}$ となる．

この変化の際の受熱量 Q_{12} は，等温変化では $T_1 = T_2$ であるから，$U_2 - U_1 = mc_v(T_2 - T_1) = 0$ を考慮すると，第一法則の式(3.29)より，

$$Q_{12} = W_{12} \tag{3.35}$$

となる．すなわち，等温膨張中に加えられた熱量は，すべて外部にする仕事に変換されることがわかる．

状態変化の計算問題は，変化前後の状態を図にしてみると理解しやすい．ここで，空気の等温変化の例を計算してみる．

例題 3.2 **0.3 m³** の容器に充填されている **2 kg** の空気が，**1 MPa** から **5 × 10⁴ Pa** まで等温膨張したとき，(a) 終期の容積，(b) 初期の温度，(c) 外部にした絶対仕事，(d) 加えられた熱量，を求めよ．

解答 状態変化の問題では，「初期状態」や「終期状態」などを計算することが多く，どの値が未知数なのか問題文ではわかりにくいとき，以下のように未知数を整理するとよい．

初期状態	→ 等温変化	終期状態
$p_1 = 1 \times 10^6$ Pa	空気，$m = 2$ kg	$p_2 = 5 \times 10^4$ Pa
$V_1 = 0.3$ m^3		$V_2 =$
$T_1 =$		$T_2 = T_1$

(a) 式(3.32)より，$V_2 = \dfrac{p_1}{p_2} V_1 = \dfrac{1 \times 10^6}{5 \times 10^4} \times 0.3 = 6.0 \quad \text{m}^3$.

(b) 空気のガス定数は表3.1より $R = 0.2872$ kJ/(kg·K) であるから，理想気体の状態式より，

$$T_1 = \frac{p_1 V_1}{mR} = \frac{1 \times 10^6 \times 0.3}{2 \times 0.2872 \times 10^3} = 522.3 \quad \text{K}$$

となる．ここで，ガス定数の単位は [J/(kg·K)] を用いることに注意しなければならない．

(c) 式(3.33)より，$W_{12} = p_1 V_1 \ln \dfrac{p_1}{p_2} = 1 \times 10^6 \times 0.3 \times \ln \dfrac{1 \times 10^6}{5 \times 10^4} = 898.7 \times 10^3 \quad \text{J}$.

(d) 式(3.35)より，$Q_{12} = W_{12} = 898.7$ kJ.

熱力学の計算において用いる単位は，圧力は [Pa]，容積は [m^3]，温度は [K]，熱量（ガス定数，比熱などに含まれる熱量も）は [J] であることを絶対に忘れないこと．

3.4.2 等圧変化

一定圧力のもとでの状態変化，すなわち等圧変化では，理想気体の状態式において $p=$（一定）であるから，p-V 線図に示すと，図 3.6 のように水平線で表される．この状態変化は，シリンダー内のガスが Q_{12} の受熱量を得て，一定圧力を保ちながら膨張する場合に相当する．

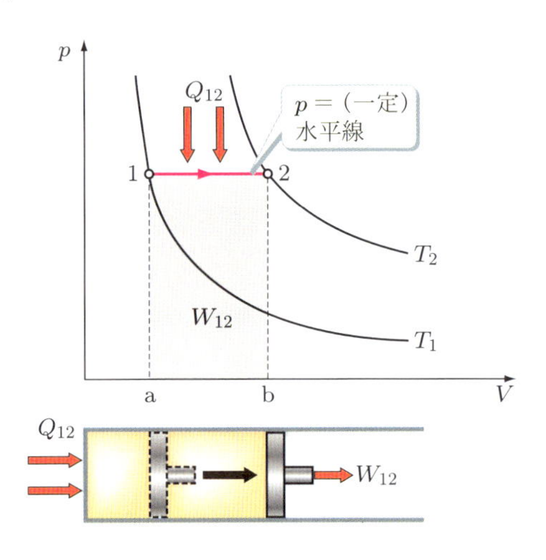

図 3.6　等圧変化

この場合，理想気体の状態式において mR は定数であることを考慮すると，状態 1 から状態 2 への変化において次式のように表せる．

$$\frac{V}{T}=\frac{V_1}{T_1}=\frac{V_2}{T_2}=\frac{mR}{p}=(\text{定数}) \tag{3.36}$$

外部にする絶対仕事 W_{12} は面積 a12b で表されるから，式(3.27)において $p=p_1=p_2=$（一定）を考慮し，式(3.36)の関係を用いると次式となる．

$$\begin{aligned}W_{12}&=\int_1^2 p\,dV=p_1\int_1^2 dV=p_1(V_2-V_1)\\&=p_1\left(\frac{T_2}{T_1}V_1-V_1\right)=mR(T_2-T_1)=\cdots\end{aligned} \tag{3.37}$$

なお，この変化における工業仕事は，図 3.6 において $1\to2$ の過程の左側の面積が零であるから，

$$W_{t12}=0 \tag{3.38}$$

であることがわかる．

受熱量 Q_{12} は，第一法則の式(3.29)に式(3.37)を代入し，比熱の関係式(3.23)を用いると次式となる．

$$Q_{12} = mc_v(T_2 - T_1) + mR(T_2 - T_1) = mc_p(T_2 - T_1) \tag{3.39}$$

なお，開いた系の熱量を求める式(3.30)を用いると，$W_{t12} = 0$ であるから上式の結果が簡単に求められる．

ここで，等圧変化の例を，単位に注意しながら計算してみる．

例題 3.3 **20°C，0.3 MPa の 2 原子気体 0.5 m^3 が等圧のもとで，25 kJ の絶対仕事をしたとき，(a) 変化後の温度，(b) 受熱量，を求めよ．ただし，2 原子気体は理想気体と仮定する．**

解答 (a) 理想気体の状態式より，

$$mR = \frac{p_1 V_1}{T_1} = \frac{0.3 \times 10^6 \times 0.5}{293.15} = 511.7 \quad \mathrm{J/K}$$

となる．式(3.37)より $W_{12} = mR(T_2 - T_1)$ であるから，つぎのようになる．

$$T_2 = T_1 + \frac{W_{12}}{mR} = 293.15 + \frac{25 \times 10^3}{511.7} = 342.0 \quad \mathrm{K}\ (-68.85^\circ\mathrm{C})$$

(b) 比熱の関係式 $R = c_p - c_v$，$\kappa = c_p/c_v$ より c_v を消去すると，$c_p = R\kappa/(\kappa - 1)$ となる．2 原子気体は 3.2 節より $\kappa = 1.40$ であるから，受熱量は式(3.39)より，

$$Q_{12} = mc_p(T_2 - T_1) = \frac{mR\kappa}{\kappa - 1}(T_2 - T_1)$$

$$= \frac{511.7 \times 1.40}{1.40 - 1} \times (342.0 - 293.15) = 87.49 \quad \mathrm{kJ}$$

が得られる．

図 3.6 からもわかるように，等圧変化においては，ガスは受熱して温度が上昇し，外部へ仕事をすることになる．

3.4.3 等容変化

一定容積のもとでの状態変化，すなわち等容変化では，理想気体の状態式において $V =$ (一定) であるから，p-V 線図に示すと図 3.7 のように垂直線で表される．この状態変化は，シリンダー内のガスが容積一定のまま Q_{12} の受熱量を得る場合に相当する．したがって，シリンダー内の圧力が上昇することとなる．

このとき，理想気体の状態式において mR は定数であるから，状態 1 から状態 2 への変化において次式のように表せる．

$$\frac{p}{T} = \frac{p_1}{T_1} = \frac{p_2}{T_2} = \frac{mR}{V} = (\text{定数}) \tag{3.40}$$

外部にする絶対仕事 W_{12} は，図 3.7 において $1 \to 2$ の過程の下側の面積が零であるから次式となる．

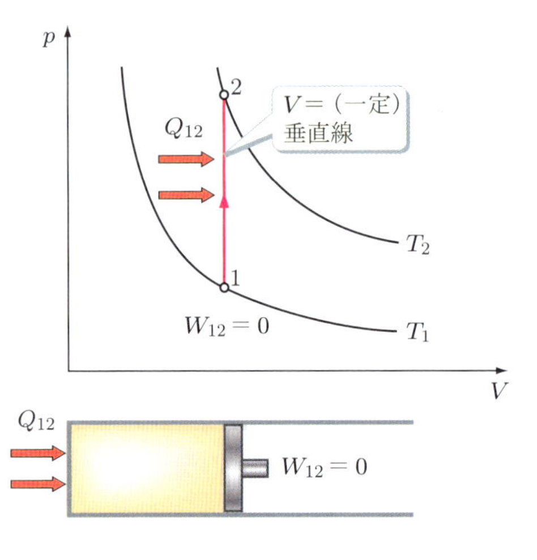

図 **3.7**　等容変化

$$W_{12} = 0 \tag{3.41}$$

工業仕事は，式(3.28)において $V = V_1 = V_2 =$（一定）を考慮すると，次のように求められる．

$$W_{t12} = -\int_1^2 V\,dp = -V_1 \int_1^2 dp = V_1(p_1 - p_2) \tag{3.42}$$

受熱量 Q_{12} は，第一法則の式(3.29)に式(3.41)を代入すると次式となる．

$$Q_{12} = U_2 - U_1 = mc_v(T_2 - T_1) \tag{3.43}$$

容積一定のもとで加熱すると容器内の圧力が上昇する．ここで，容器内の気体が加熱されると，どの程度の圧力上昇になるか計算してみる．

例題 3.4　**容積 1 m^3 の圧力容器に 10^5 Pa，25°C の空気が封入されている．容器内の空気が（a）100°C に加熱されたとき，（b）1000°C に加熱されたとき，容器内の圧力はそれぞれいくらになるか．**

解答　式(3.40)より，（a）100°C のとき，

$$p_2 = \frac{T_2}{T_1}p_1 = \frac{273.15 + 100}{273.15 + 25} \times 1 \times 10^5 = 1.252 \times 10^5 \quad \text{Pa}$$

（b）1000°C のとき，

$$p_2 = \frac{T_2}{T_1}p_1 = \frac{273.15 + 1000}{273.15 + 25} \times 1 \times 10^5 = 4.270 \times 10^5 \quad \text{Pa}$$

となる．

100°C のときは，人の感覚としてはかなり熱く加熱されたと感じ，圧力上昇も大きいと予想されがちであるが，熱力学で用いる温度の尺度は絶対温度であるため，さほどの圧力上昇とはならないことがわかる．1000°C のときはかなり高圧になるため，ガスボンベなどが火炎

にさらされると危険な状態になることがわかる.

3.4.4 可逆断熱変化

可逆断熱変化とは，摩擦などによる内部発生熱がなく，また，変化の過程で外部に対して熱の授受をまったく行わない状態変化をいい，等エントロピー変化ともいう．したがって，$dQ = 0$ であり，第一法則の式(3.29)を微分形で表すと次式となる．

$$dQ = mc_v \, dT + p \, dV = 0 \tag{3.44}$$

可逆断熱変化の場合，上式において p，V，T はすべて変数であるので，理想気体の状態式 $pV = mRT$ の関係を用いて温度 T を消去する．$pV = mRT$ を微分すると次式が得られる．

$$dT = \frac{p}{mR} \, dV + \frac{V}{mR} \, dp \tag{3.45}$$

上式を式(3.44)に代入して整理すると，次式となる．

$$\kappa \frac{dV}{V} + \frac{dp}{p} = 0 \tag{3.46}$$

ここに，κ は式(3.24)で与えられる比熱比である．上式を積分すると次式が得られる．

$$pV^{\kappa} = p_1 V_1^{\kappa} = p_2 V_2^{\kappa} = (\text{定数}) \tag{3.47}$$

同様に，圧力 p と容積 V を消去すると，それぞれ次式となる．

$$TV^{\kappa-1} = T_1 V_1^{\kappa-1} = T_2 V_2^{\kappa-1} = (\text{定数}) \tag{3.48}$$

$$\frac{T}{p^{(\kappa-1)/\kappa}} = \frac{T_1}{p_1^{(\kappa-1)/\kappa}} = \frac{T_2}{p_2^{(\kappa-1)/\kappa}} = (\text{定数}) \tag{3.49}$$

式(3.47)〜(3.49)は，いずれも可逆断熱変化における状態変化を表す関係式である．

式(3.47)で表される変化を p-V 線図に示すと，$\kappa > 1$ であることより，図 3.8 のように，等温変化の双曲線よりも勾配が急な曲線で表される．この状態変化は，シリンダー内のガスが外部との熱授受なしに膨張する場合に相当し，ガスの温度は膨張に伴い低下する．

外部にする絶対仕事 W_{12} は面積 a12b で表され，式(3.27)に式(3.47)の関係を代入し，式(3.48)，(3.49)の関係を用いると次式のように求められる．

$$W_{12} = \int_1^2 p \, dV = p_1 V_1^{\kappa} \int_1^2 \frac{dV}{V^{\kappa}} = \frac{p_1 V_1}{\kappa - 1} \left[1 - \left(\frac{V_1}{V_2} \right)^{\kappa-1} \right]$$

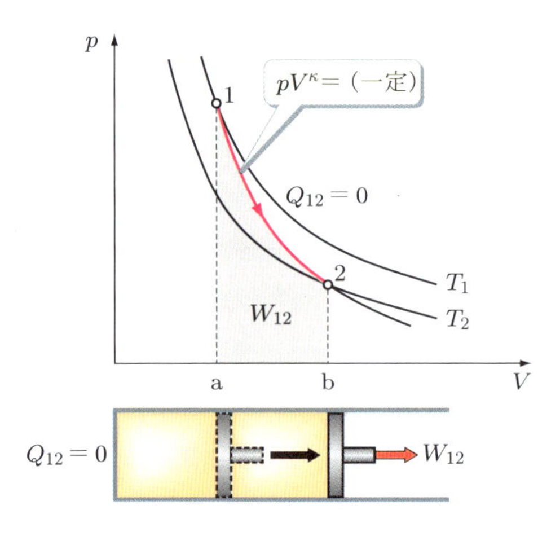

図 3.8 可逆断熱変化

$$= \frac{p_1 V_1}{\kappa - 1}\left[1 - \left(\frac{p_2}{p_1}\right)^{(\kappa-1)/\kappa}\right] = \frac{1}{\kappa - 1}(p_1 V_1 - p_2 V_2)$$

$$= \frac{mR}{\kappa - 1}(T_1 - T_2) = mc_v(T_1 - T_2) = \cdots = U_1 - U_2 \tag{3.50}$$

工業仕事は式(3.28)より,

$$W_{t12} = -\int_1^2 V dp = -p_1^{1/\kappa} V_1 \int_1^2 \frac{dp}{p^{1/\kappa}}$$

$$= \frac{\kappa}{\kappa - 1} p_1 V_1 \left[1 - \left(\frac{p_2}{p_1}\right)^{(\kappa-1)/\kappa}\right] = \frac{\kappa}{\kappa - 1} p_1 V_1 \left[1 - \left(\frac{V_1}{V_2}\right)^{\kappa-1}\right]$$

$$= \frac{\kappa}{\kappa - 1} mR(T_1 - T_2) = mc_p(T_1 - T_2) = \cdots = H_1 - H_2 = \kappa W_{12} \tag{3.51}$$

となり，絶対仕事の κ 倍となる．なお，断熱変化であることから第一法則の式を用いて，$W_{12} = U_1 - U_2$，$W_{t12} = H_1 - H_2$ のように簡単に求めることもできる．

受熱量 Q_{12} はいうまでもなく，

$$Q_{12} = 0 \tag{3.52}$$

である．

ガス定数や比熱比などが不明な場合は，計算で求めることが必要である．ここで，可逆断熱変化の例を用いて計算してみる．

例題 3.5 $c_p = 0.520$ kJ/(kg·K)，$c_v = 0.310$ kJ/(kg·K) の理想気体 0.1 kg が，断熱されたシリンダー内で膨張する．初期の圧力 6×10^5 Pa，初期の容積 0.02 m^3 であり，終期の容積が 0.08 m^3 のとき，(a) 外部にした絶対仕事，(b) 温度低下，を求めよ．

解答 気体の種類が与えられていないので，表 3.1 を使用できない．よって，ガス定数や比熱比の関係式を用いて計算する．

(a) 式(3.24)より $\kappa = \dfrac{c_p}{c_v} = \dfrac{0.520 \times 10^3}{0.310 \times 10^3} = 1.677$ であるから，式(3.50)を用いると，

$$W_{12} = \frac{p_1 V_1}{\kappa - 1}\left[1 - \left(\frac{V_1}{V_2}\right)^{\kappa-1}\right] = \frac{6 \times 10^5 \times 0.02}{1.677 - 1} \times \left[1 - \left(\frac{0.02}{0.08}\right)^{0.677}\right]$$
$$= 1.079 \times 10^4 \quad \mathrm{J}$$

(b) 式(3.23)より $R = c_p - c_v = 0.520 - 0.310 = 0.210$ kJ/(kg·K) であるから，理想気体の状態式より，

$$T_1 = \frac{p_1 V_1}{mR} = \frac{6 \times 10^5 \times 0.02}{0.1 \times 0.21 \times 10^3} = 571.4 \quad \mathrm{K}$$

また，式(3.48)より，

$$T_2 = T_1 \left(\frac{V_1}{V_2}\right)^{\kappa-1} = 571.4 \times \left(\frac{0.02}{0.08}\right)^{0.677} = 223.5 \quad \mathrm{K}$$

となる．よって，$T_1 - T_2 = 571.4 - 223.5 = 347.9$ K となる．

可逆断熱変化では計算に比熱比 κ の値が必要になるので，表 3.1 を用いて調べるか，定圧比熱と定容比熱から求めてもよい．

3.4.5 ポリトロープ変化

内燃機関や圧縮機で実際に生じるガスの状態変化においては，一般に，外部との完全な断熱ができないため，多少なりとも熱の出入りが伴う．このため可逆断熱変化と類似な変化を考え，それをポリトロープ変化と名づけ，次式の形に表す．

$$pV^n = p_1 V_1^n = p_2 V_2^n = (\text{定数}) \tag{3.53}$$

ここで，定数 n をポリトロープ指数という．また，可逆断熱変化の式(3.48)，(3.49)の κ を n に置き換えることにより，次式のように表せる．

$$TV^{n-1} = T_1 V_1^{n-1} = T_2 V_2^{n-1} = (\text{定数}) \tag{3.54}$$

$$\frac{T}{p^{(n-1)/n}} = \frac{T_1}{p_1^{(n-1)/n}} = \frac{T_2}{p_2^{(n-1)/n}} = (\text{定数}) \tag{3.55}$$

式(3.53)において，$n = 0, 1, \kappa, \infty$ と変化させると以下の結果となり，図 3.9 に示すようにこれまで述べてきた状態変化をすべて表すことができる．

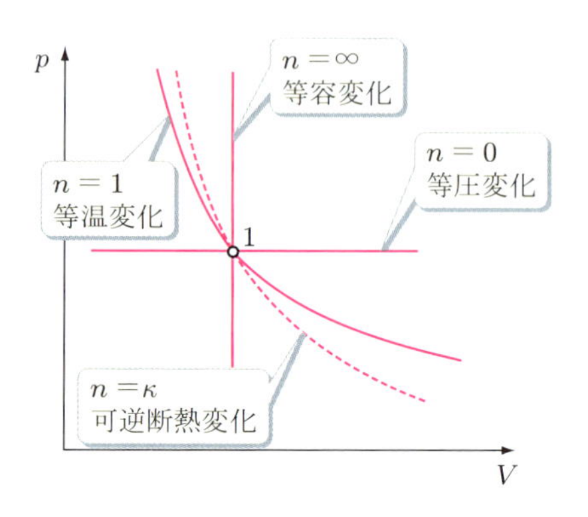

図 3.9　ポリトロープ変化

$$
\begin{aligned}
n&=0 &&: pV^0 = (\text{定数}) \to p = (\text{定数}) && \text{等圧変化}\\
n&=1 &&: pV = (\text{定数}) && \text{等温変化}\\
n&=\kappa &&: pV^\kappa = (\text{定数}) && \text{可逆断熱変化}\\
n&=\infty &&: pV^\infty = (\text{定数}) \to p^{1/\infty}V = (\text{定数})^{1/\infty} &&\\
& && \qquad\qquad\to V = (\text{定数}) && \text{等容変化}
\end{aligned}
$$

n をその他の値にとると，図 3.9 の点 1 を初期状態とするとき，その点からいろいろな方向に向いた曲線で表される状態変化を表示できる．このため，この変化に対してポリトロープ変化（多方向変化）という名称が用いられている．内燃機関や圧縮機の実際の設計においては，経験的に積み重ねたデータより，n の値を適切に決めて用いることになる．

絶対仕事 W_{12} は，式 (3.50) と同様に次式で表される．

$$
\begin{aligned}
W_{12} &= \int_1^2 p\,dV = p_1V_1^n\int_1^2 \frac{dV}{V^n} = \frac{p_1V_1}{n-1}\left[1-\left(\frac{V_1}{V_2}\right)^{n-1}\right]\\
&= \frac{p_1V_1}{n-1}\left[1-\left(\frac{p_2}{p_1}\right)^{(n-1)/n}\right] = \frac{1}{n-1}(p_1V_1 - p_2V_2)\\
&= \frac{mR}{n-1}(T_1 - T_2) = \cdots
\end{aligned}
\tag{3.56}
$$

ここに，$n \neq 1$ である．工業仕事も同様に次式となる．

$$
W_{t12} = nW_{12} \tag{3.57}
$$

ポリトロープ変化の受熱量 Q_{12} は，第一法則の式 (3.29) に式 (3.56) を代入すると，

$$
Q_{12} = mc_v(T_2 - T_1) + \frac{mR}{n-1}(T_1 - T_2) = mc_v\frac{n-\kappa}{n-1}(T_2 - T_1)
$$

$$= mc(T_2 - T_1) \tag{3.58}$$

ここに，$n \neq 1$ である．また，c はポリトロープ変化の際に用いられる比熱でポリトロープ比熱といい，次式で与えられる．

$$c = c_v \frac{n - \kappa}{n - 1} \tag{3.59}$$

熱力学では，系から外界に放熱しているのか，逆に，外界から系に受熱しているのかを見極めることが重要である．仕事についても同様である．

ここで，ポリトロープ変化の例を用いて考えてみる．

例題 3.6 圧力 **0.1 MPa**，温度 **25°C** の空気 **10 kg** を，$\boldsymbol{n = 1.2}$ のポリトロープ変化により圧力 **0.5 MPa** まで圧縮するとき，(a) 空気がする絶対仕事，(b) 空気の受熱量，を求めよ．

解答 (a) 表 3.1 より $R = 0.2872$ kJ/(kg·K) である．式(3.56)に $p_1V_1 = mRT_1$ の関係を用いると，

$$W_{12} = \frac{mRT_1}{n-1}\left[1 - \left(\frac{p_2}{p_1}\right)^{(n-1)/n}\right]$$

$$= \frac{10 \times 0.2872 \times 10^3 \times 298.15}{1.2 - 1} \times \left[1 - \left(\frac{0.5 \times 10^6}{0.1 \times 10^6}\right)^{0.2/1.2}\right]$$

$$= -1.32 \times 10^6 \quad \text{J}$$

となる．絶対仕事が負になるということは，空気が外部から仕事をされたことを意味している．

(b) まず，終期の温度 T_2 を求める．式(3.55)より，

$$T_2 = T_1\left(\frac{p_2}{p_1}\right)^{(n-1)/n} = 298.15 \times \left(\frac{0.5 \times 10^6}{0.1 \times 10^6}\right)^{0.2/1.2} = 389.9 \quad \text{K}$$

であるから，第一法則の式より，

$$Q_{12} = mc_v(T_2 - T_1) + W_{12}$$

$$= 10 \times 0.7171 \times 10^3 \times (389.9 - 298.15) - 1.32 \times 10^6 = -6.62 \times 10^5 \quad \text{J}$$

となる．受熱量が負ということは，この圧縮過程において 6.62×10^5 J を放熱したことを意味している．

このように，仕事や熱量の符号は作用した方向を表している．

3.5 理想気体の不可逆変化

実在気体の状態変化はすべて不可逆変化となることは，3.3.3 項で述べた．本節では，理想気体が不可逆変化するときの取り扱い方を学ぶ．

3.5.1 不可逆断熱変化

不可逆断熱変化は，系と外界との間に熱交換は行われないが，物質が熱的・力学的に非平衡状態で行われる変化である．たとえば，タービンや圧縮機内の作動流体は，高速度で流れるため，外部との間で熱交換を行う時間がきわめて短く，ほとんど熱交換がないため断熱変化といえる．しかし，高速度のため流体摩擦や渦などが発生して作動流体の仕事を消費し，その分だけ熱となって流体自身に加えられるため，不可逆変化となる．

このような状態変化は，近似的にポリトロープ変化の式(3.53)～(3.55)で表せることが経験的に知られている．すなわち，適当なポリトロープ指数 n を選ぶことにより，ポリトロープ変化として取り扱うことができる．

3.5.2 絞り変化

絞り(throttling)とは，図 3.10 に示すように，弁やコックなど流路の一部が狭くなっている部分を気体が通過するときに起こる現象をいう．絞りの部分では流路が狭くなっているので，その場所においては気体の速度は上がり，圧力は下がる．また，絞りの部分では，速度エネルギーの一部が消費されて流体摩擦や渦が発生する．そのため，絞りを過ぎた後で速度エネルギーが圧力のエネルギーに還元されるとき，流体摩擦や渦の発生に消費された分だけ，絞り前に比べて圧力が下がる．したがって，流体摩擦や渦の発生のために流れ方向に圧力降下($p_1 > p_2$)を生じ，不可逆変化となる．流れ方向を逆にしても，圧力は上昇しないで依然として流れ方向に下降するから，不可逆変化であるともいえる．

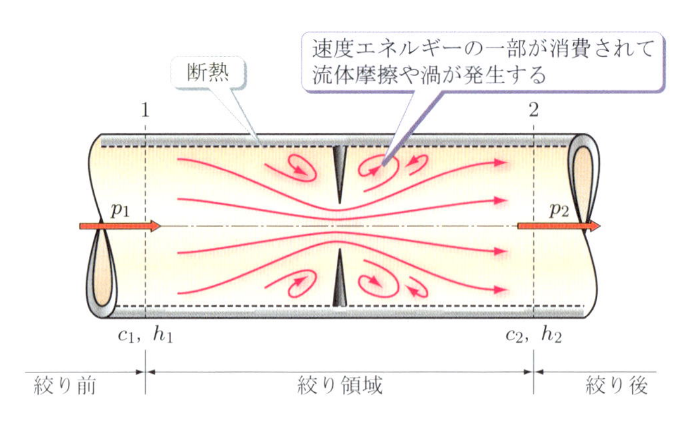

図 3.10 流体の絞り変化

流路が十分に保温されており，外部との間に熱交換がないとすると，気体の定常流れでは，式(2.31)より，絞りの前後の状態をそれぞれ1，2とすると，次式となる．

$$h_1 + \frac{c_1^2}{2} = h_2 + \frac{c_2^2}{2} \tag{3.60}$$

ここに，c_1，c_2 は気体の速度である．気体の速度が小さいとき(およそ $c < 40$ m/s)，運動エネルギーの項はエンタルピーの項に比べて無視できるので，

$$h_1 = h_2 \tag{3.61}$$

となる．すなわち，絞りの前後ではエンタルピー h が一定という関係が得られる．これは摩擦や渦の発生に費やされた流体のエネルギーが，熱の形になって流体に戻ってくることを意味している．

理想気体のエンタルピーは，温度だけの関数であるから，

$$T_1 = T_2 \tag{3.62}$$

となり，絞りの前後では温度が変わらない．しかし，第6章で取り扱う飽和蒸気や過熱蒸気では，絞りによってかなり温度低下が生じる．

一般に，工業上の機械では絞りを伴うものが多くあり，また，冷凍機や空気の液化装置などにおいては，この絞りの作用を利用して低温を得ている．

Coffee Break 実在気体の絞りでは温度はどうなる？

理想気体では，絞りの前後でエンタルピーが変わらない，すなわち温度が変わらないという関係がありますが，実在の気体では温度が変わります．

実在気体では，絞り前の気体の温度により，絞り後の温度が，絞り前より上がる場合と下がる場合とがあります．この効果をジュール-トムソン効果といいます(7.4節参照)．絞り後の温度が絞り前の温度と同じになるような条件の温度を，逆転温度といいます．逆転温度は圧力で変わりますが，空気で約 **487°C**，水素では約 **−72°C** になります．絞り前の温度が逆転温度以下の場合は，絞り後の温度は低下することになります．

空気の液化などにおいては極低温に冷却する必要がありますが，絞りはそのような冷却装置としても用いられます．

3.6 混合気体

工業的に取り扱う多くの気体は，空気や燃焼ガスのように何種類かの気体の混合物である．また，われわれの生活空間にある湿り気を含んだ空気も水蒸気と空気の混合気体である．このような混合気体も，近似的に理想気体の混合物として取り扱うこと

ができる．

理想気体の混合物については，次の**ダルトンの法則**(Dalton's law)が成立する．

「**理想気体の混合物においては，各成分気体は互いに干渉することなく，あたかもその容器内に単独に存在するかのように振る舞う．**」

混合気体を各成分気体の混合物として考えると，両者の温度 T は等しい値である．このとき p，V，T において，温度以外のもう一つの状態量の何を等しくとるかにより，二通りの考え方ができる．すなわち，p と T が等しい場合と，V と T が等しい場合である．

図 3.11 には，空気調和の理論でよく用いられる V と T が等しい場合の混合気体の考え方を示す．各成分気体 1〜n は，混合気体と同じ大きさ V の容器内に同一温度 T で単独に存在すると考える．このとき p_n は，各成分気体の圧力すなわち分圧を表す．この場合，理想気体の状態式から次式となる．

$$p_n V = m_n R_n T \tag{3.63}$$

$$m = \sum_{i=1}^{n} m_i \tag{3.64}$$

$$p = \sum_{i=1}^{n} p_i \tag{3.65}$$

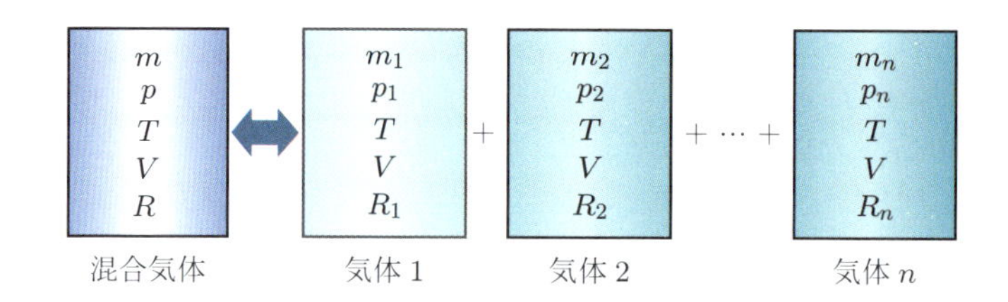

図 3.11 混合気体と各成分気体の関係

3.6.1 混合気体のガス定数

混合気体のガス定数は次のように求められる．まず，式(3.63)，(3.65)より，

$$p = \sum_{i=1}^{n} p_i = \sum_{i=1}^{n} \frac{m_i R_i T}{V} = \frac{mT}{V} \sum_{i=1}^{n} \frac{m_i}{m} R_i \tag{3.66}$$

である．式(3.66)を理想気体の状態式 $pV = mRT$ に代入すると，混合気体のガス定数が次式で求められる．

$$R = \frac{pV}{mT} = \sum_{i=1}^{n} \frac{m_i}{m} R_i \tag{3.67}$$

3.6.2 混合気体の比熱

混合気体の熱容量は各成分気体の熱容量の和に等しいから，次式となる．

$$mc = \sum_{i=1}^{n} m_i c_i \tag{3.68}$$

上式より，混合気体の定圧比熱と定容比熱がそれぞれ次式で求められる．

$$c_p = \sum_{i=1}^{n} \frac{m_i}{m} c_{pi}, \qquad c_v = \sum_{i=1}^{n} \frac{m_i}{m} c_{vi} \tag{3.69}$$

3.6.3 混合気体の内部エネルギーとエンタルピー

混合気体の温度は混合前後で変わらないから，混合気体 1 kg の内部エネルギーおよびエンタルピーは，混合前でも混合後でも同じであり，前項と同様に考えると次式となる．

$$u = \sum_{i=1}^{n} \frac{m_i}{m} u_i \tag{3.70}$$

$$h = \sum_{i=1}^{n} \frac{m_i}{m} h_i \tag{3.71}$$

ここで，混合気体である空気について，上式の計算により求めた値と表 3.1 の値を比較して確かめてみる．

例題 3.7 空気は質量割合で，おおよそ窒素 **76%**，酸素 **23%**，アルゴン **1%** からなっている．空気のガス定数および定圧比熱を求めよ．

解答 空気のガス定数は，表 3.1 の物性値を式(3.67)に代入すると，

$$R = 0.76 \times 0.2969 + 0.23 \times 0.2598 + 0.01 \times 0.2081 = 0.2875 \quad \text{kJ/(kg·K)}$$

と計算できる．定圧比熱は式(3.69)を用いて同様に計算すると，

$$c_p = 0.76 \times 1.0389 + 0.23 \times 0.915 + 0.01 \times 0.52 = 1.0052 \quad \text{kJ/(kg·K)}$$

となる．いずれも，表 3.1 の空気の値とほぼ同じ値となることがわかる．

空気調和で取り扱う湿り空気も，乾き空気と水蒸気の混合気体と考えて同様に計算することができる．

3.7 湿り空気

日常生活において，空気の状態を肌で感じることはよくあることである．たとえば，梅雨のシーズンは湿度が高く，じめじめし，冬は空気が乾燥する．自然界の空気は，完全に乾燥しているわけではなく，いくらかの水蒸気を含んでいる．水蒸気を含んだ空気を**湿り空気**(humid air)といい，水蒸気を含まない空気を**乾き空気**(dry air)という．われわれが快適な環境で生活するためには，室内の水蒸気量をコントロールする**空気調和**(air conditioning)の技術が必要となってくる．本節では，そのために必要な湿り空気の状態変化について，基礎的事項を学ぶ．

3.7.1 絶対湿度と相対湿度

図 3.12 に湿り空気の状態量の関係を示す．容積 V [m^3]，温度 T [K] の室内に，質量 m_v [kg] の水蒸気と質量 m_a [kg] の乾き空気とが混合した質量 m [kg] の湿り空気を考える．このとき，水蒸気と乾き空気の質量比を**絶対湿度**(absolute humidity) x といい，次式で定義される．

$$x = \frac{m_v}{m_a} \quad [\mathrm{kg/kg'}] \tag{3.72}$$

ここで，絶対湿度 x は乾き空気 1 kg あたり，すなわち湿り空気 $(1+x)$ [kg] あたりの絶対湿度であり，この場合，単位を x [kg/kg$'$] と表示する．

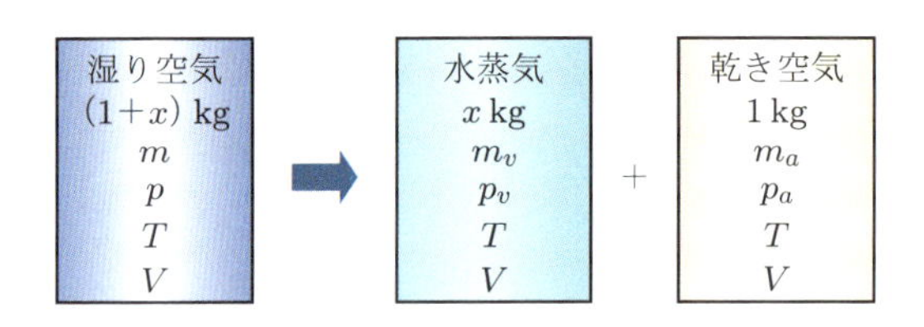

図 3.12 湿り空気

湿り空気の全圧を p，水蒸気の分圧を p_v，乾き空気の分圧を p_a とすると，ダルトンの分圧の法則より次式が成り立つ．

$$p = p_v + p_a \tag{3.73}$$

水蒸気は空気中に無制限に混合できるわけではなく，空気中の水蒸気量を徐々に増していくと，それ以上空気中に水蒸気が存在できない状態，すなわち飽和状態となる．これを**飽和空気**(saturated air)とよび，そのときの水蒸気の分圧 p_s を飽和蒸気圧力という．

一方，**相対湿度**(relative humidity) φ は，湿り空気中の水蒸気の分圧 p_v とその温度における飽和蒸気圧力 p_s の比で定義され，次式で表される．

$$\varphi = \frac{p_v}{p_s} \tag{3.74}$$

式(3.74)より，湿り空気の水蒸気分圧 p_v が飽和蒸気圧力 p_s まで上昇すると $\varphi = 1$ となり，相対湿度は 100%となる．この状態の湿り空気の温度を**露点温度**(dew point temperature)という．湿り空気の温度が露点以下になると，空気中に含まれることができなくなった水蒸気は凝縮して霧や露になる．また，冷たい飲み物が入っているグラスなどの表面には水滴となって現れる．

空気と水蒸気の混合気体は一般的には理想気体として扱うことはできないが，水蒸気分圧は大気圧よりもかなり低く，また常温の温度であるため理想気体として扱うことが可能である．したがって，乾き空気と水蒸気についてそれぞれ次のように表せる．

$$m = m_a + m_v \tag{3.75}$$

$$p_a V = m_a R_a T \tag{3.76}$$

$$p_v V = m_v R_v T \tag{3.77}$$

ここに，R_a，R_v はそれぞれ乾き空気と水蒸気のガス定数であり，表 3.1 より，

$$R_a = 287.2 \quad \mathrm{J/(kg{\cdot}K)} \tag{3.78}$$

$$R_v = 461.6 \quad \mathrm{J/(kg{\cdot}K)} \tag{3.79}$$

である．式(3.72)～(3.79)より，絶対湿度と相対湿度の計算式がそれぞれ次のように得られる．

$$x = \frac{m_v}{m_a} = 0.622\frac{p_v}{p - p_v} = 0.622\frac{\varphi p_s}{p - \varphi p_s} \tag{3.80}$$

$$\varphi = \frac{p_v}{p_s} = \frac{xp}{p_s(0.622 + x)} \tag{3.81}$$

ここで，飽和蒸気圧力 p_s は，温度が決まれば巻末の付表 1 より求めることができる．

3.7.2 湿り空気の比容積とエンタルピー

湿り空気の比容積は，式(3.76)と式(3.77)を加えて，乾き空気の質量 m_a で除することにより，次式のように求められる．

$$v = \frac{V}{m_a} = (R_a + xR_v)\frac{T}{p} = 461.6 \times (0.622 + x)\frac{T}{p} \quad [\mathrm{m^3/kg'}] \quad (3.82)$$

ここで，比容積 v $[\mathrm{m^3/kg'}]$ は乾き空気 1 kg あたり，すなわち湿り空気 $(1 + x)$ [kg] あたりの湿り空気の容積である．

湿り空気のエンタルピーは，乾き空気と水蒸気のエンタルピーの和で表される．0°C における乾き空気と水蒸気の比エンタルピーを基準として，乾き空気 1 kg あたり，すなわち湿り空気 $(1 + x)$ [kg] あたりの温度 t [°C] における湿り空気の比エンタルピー h $[\mathrm{kJ/kg'}]$ は次式となる．

$$h = c_{pa}t + (r_0 + c_{pv}t)x = 1.005t + (2501 + 1.861t)x \quad [\mathrm{kJ/kg'}] \quad (3.83)$$

ここに，c_{pa}，c_{pv} はそれぞれ乾き空気と水蒸気の定圧比熱，r_0 は 0°C における水の蒸発潜熱であり，表 3.1 および巻末の蒸気表（付表 1）より次の値となる（蒸気表の見方は 6.2.1 項参照）．

$$c_{pa} = 1.005 \quad \mathrm{kJ/(kg{\cdot}K)}$$
$$c_{pv} = 1.861 \quad \mathrm{kJ/(kg{\cdot}K)}$$
$$r_0 = 2501 \quad \mathrm{kJ/kg}$$

3.7.3 湿り空気線図

前項で述べた計算式を用いれば，湿り空気の物理量を求めることができるが，**湿り空気線図**（psychrometric chart）を使うことにより，冷却あるいは加熱したときの状態変化を線図上で求めることができ，また，視覚的に理解することができる．湿り空気線図では，全圧 p が一定のとき，乾球温度，湿球温度，露点温度，絶対湿度，比エンタルピー，比容積などのうち二つの物理量が決まれば，他のすべての物理量を求めることができる．図 3.13 は，全圧 $p = 101.325$ kPa における湿り空気の状態量を，乾球温度 t と絶対湿度 x を座標軸にとって示したものである．また図 3.13 は，比エンタルピー h と絶対湿度 x とが斜交座標系で表されており，h-x 線図ともよばれる．

なお，図中の単位記号において，たとえば比容積は v $[\mathrm{m^3/kg(DA)}]$ と表示されているが，DA は乾き空気（dry air）の意味であり，本書で用いている表示 $v[\mathrm{m^3/kg'}]$ と同じ単位である．

図 3.14 は，この湿り空気線図の概要を示したものである．図中の点 A における湿り空気の状態は，右への水平線により絶対湿度 x が求められ，左上方への直線で比エンタルピー h，下方への垂直線で乾球温度 t が求められる．また，破線により湿球温度 t' が求められ，下に凸の曲線で相対湿度 φ が，左斜めの一点鎖線で比容積 v が求めら

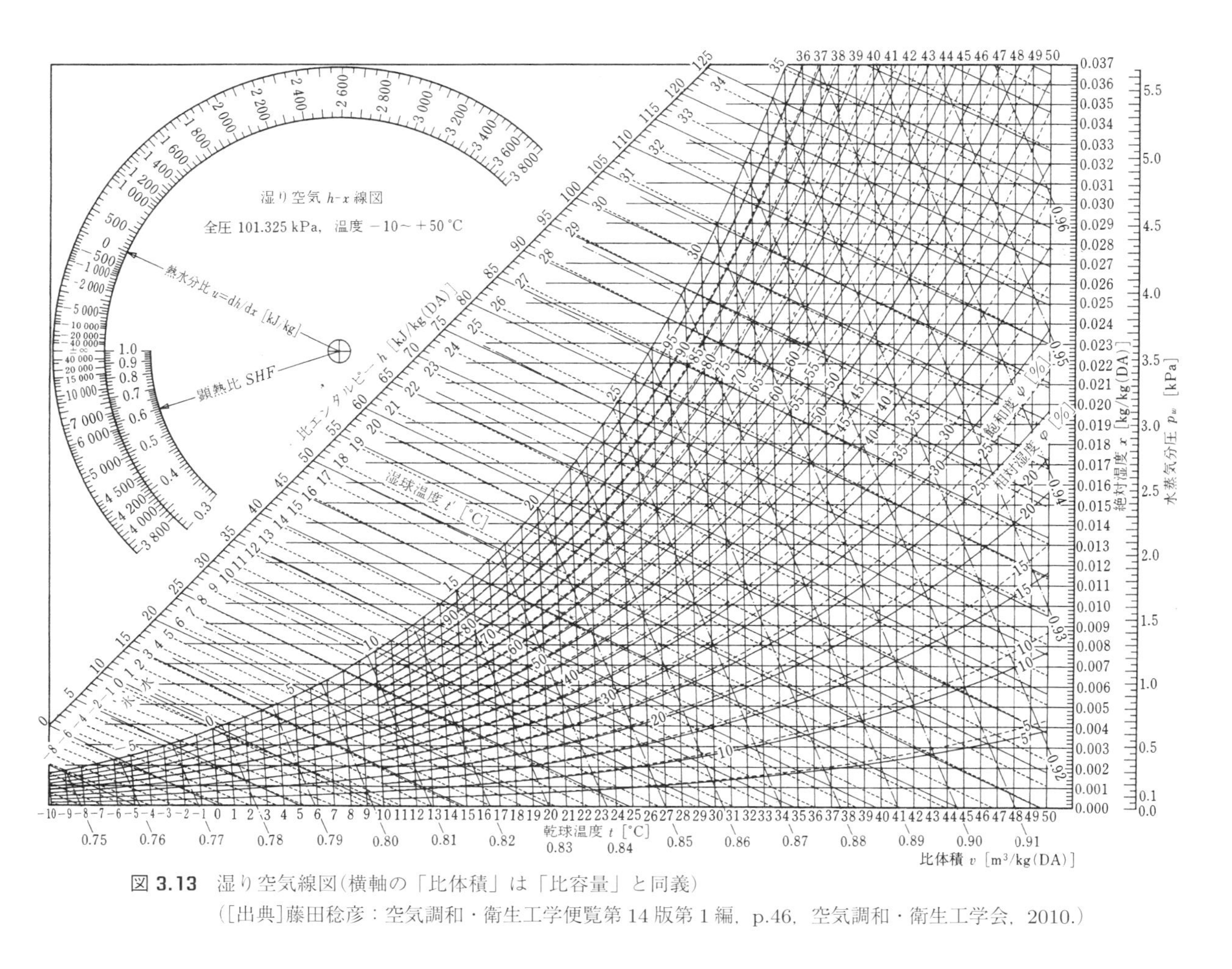

図 3.13 湿り空気線図（横軸の「比体積」は「比容量」と同義）

（［出典］藤田稔彦：空気調和・衛生工学便覧第 14 版第 1 編，p.46，空気調和・衛生工学会，2010.）

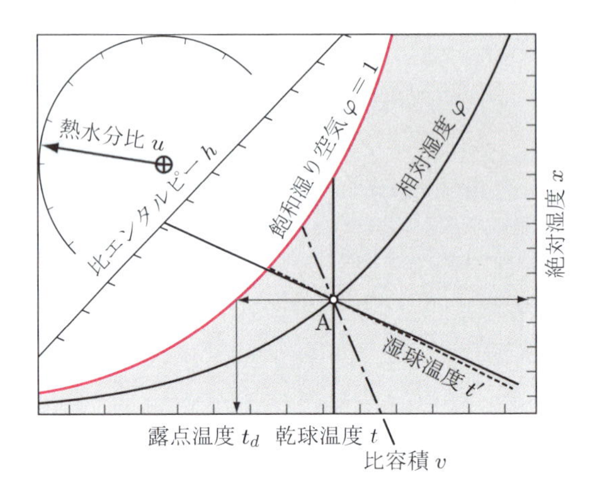

図 3.14 湿り空気線図の骨子

れる．図中央の赤の曲線が相対湿度 100% ($\varphi=1$) を示す飽和湿り空気線であり，点 A から左方への水平線との交点により，露点温度 t_d を読み取ることができる．図の左上の円座標は，湿り空気を加湿するときの加熱量と水分増加量との比を表しており，加湿時の状態変化の方向を示している．

湿り空気の加熱と冷却（減湿）

図 3.15 は，湿り空気を加熱した場合と冷却した場合の状態変化を示している．図 (a) は初期状態 1 の空気を加熱した場合であり，空気中の水分量 x_1 は変化しないので，状態変化は水平線 $1 \to 2$ で表される．このときの加熱量は，比エンタルピーの変化 $(h_2 - h_1)$ で求められる．図 (b) は初期状態 1 の空気を冷却した場合であり，状態

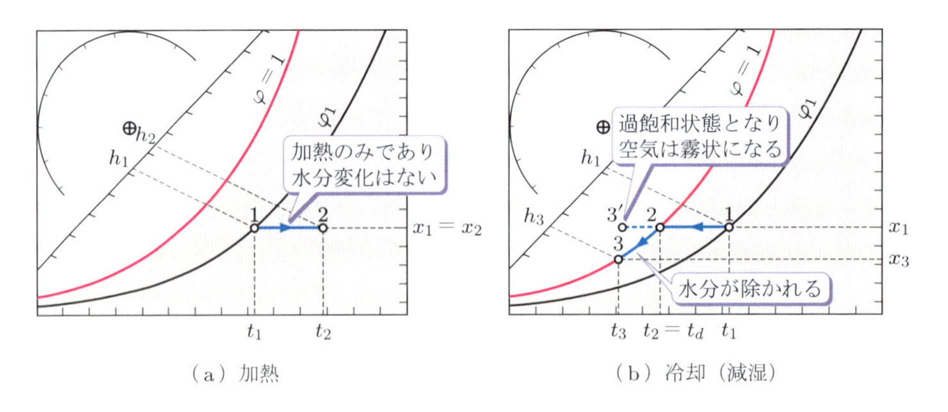

図 3.15 加熱と冷却の状態変化

2 になると空気は飽和湿り空気になるため露点温度 $t_2 = t_d$ となり，空気中の水分が凝縮し始める．さらに冷却を続けると，飽和湿り空気線に沿って変化し，状態 3 になる．このとき，凝縮量は$(x_1 - x_3)$となり，この分だけ空気中の水分が取り除かれる．また，冷却熱量は比エンタルピーの変化$(h_1 - h_3)$で求められる．

一般的に，除湿膜などの化学的な方法を除いて，空気中から水分を取り除く操作としては，湿り空気を冷却する方法がもっともよく用いられる．エアコンなどで除湿する場合は，このような状態変化の過程を利用している．なお，状態 1 の空気をゆっくり冷却すると，飽和湿り空気線(状態 2)に達しても水蒸気は凝縮せず，過飽和の状態 $3'$ になることがある．このときの空気は霧状となり，日常生活において湿度の高い朝方などに観測される．

湿り空気の加湿

冬季に気温が下がると空気が乾燥する．これは，図 3.13 からわかるように乾球温度 t が下がると，空気中に含むことができる水分量 x が低下するためである．そのため，適度な加湿を行うことが必要となる場合がある．一般に，空気中に水分を加えると，水分は空気から蒸発潜熱を奪って蒸発するため，気温が低下する．そのため，同時に加熱することが必要となる．

いま，図 3.16 に示すように，初期状態 1 の湿り空気の湿度を調整することを考える．乾き空気 1 kg あたりに水分 m_v [kg/kg$'$] を加え，同時に q [J/kg$'$] の熱量を加えたとすれば，次式となる．

$$x_2 = x_1 + m_v \tag{3.84}$$

$$h_2 = h_1 + q + m_v r_0 \tag{3.85}$$

したがって，空気の状態変化は図 3.16 の 1 → 2 のように表される．湿り空気の比

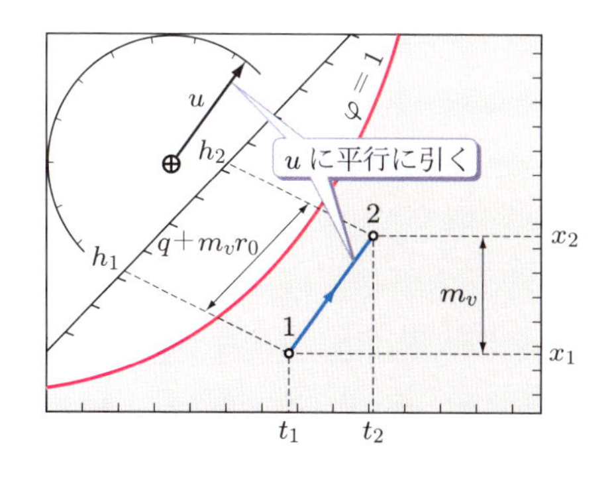

図 3.16 加湿の状態変化

エンタルピーの増加量と水分の増加量の比を**熱水分比**(enthalpy humidity difference ratio)といい，式(3.84)，(3.85)より次式となる．

$$u=\frac{dh}{dx}=\frac{h_2-h_1}{x_2-x_1}=\frac{q+m_v r_0}{m_v} \tag{3.86}$$

熱水分比がわかっている場合は，湿り空気線図に円座標で示されている u の値と ⊕ 印とを結ぶ傾斜線に平行に直線を引くことにより，空気の状態変化 1 → 2 の方向を知ることができる．

なお，加えた水分に対して加熱量の割合が大きければ，状態 2 の相対湿度が状態 1 の相対湿度より小さくなる場合もあり，加湿はするが相対湿度は減少するということも起こりうる．

ここで，次の例題により空気中の水分量を計算してみる．

例題 3.8 室内容積 $V = 3\ \mathrm{m} \times 10\ \mathrm{m} \times 13\ \mathrm{m}$ の会議室がある．温度 20°C，圧力 0.1013 MPa において相対湿度が 60%のとき，室内に存在する水分量を計算により求めよ．

解答 巻末の付表 1 より，20°C における飽和水蒸気圧力は，$p_s = 0.0023392$ MPa と読める．式(3.80)より，

$$x=0.622\times\frac{\varphi p_s}{p-\varphi p_s}=0.622\times\frac{0.6\times0.0023392}{0.1013-0.6\times0.0023392}=0.00874\quad \mathrm{kg/kg'}$$

空気の密度は，表 3.1 より $\rho_a = 1.2928\ \mathrm{kg/m^3}$ $(= 1.2928\ \mathrm{kg'/m^3})$ であるから，式(3.72)より，室内の水分量は $m_v = xm_a = x\rho_a V = 0.00874 \times 1.2928 \times 390 = 4.41$ kg となる．

なお，絶対湿度 x は，図 3.13 より直接読み取ることができるので確かめてみてほしい．

演習問題

3.1 30°C，10 MPa の酸素が 0.03 m^3 の耐熱容器に封入されている．0°C，0.1013 MPa での容積を求めよ．

3.2 0°C，0.1013 MPa において密度が 0.7168 kg/m^3 の気体がある．この気体のガス定数を求めよ．

3.3 容積 0.3 m^3 のボンベに 2 kg の気体が入っている．圧力が 1.5 MPa，比内部エネルギーが 230 kJ/kg であるとき，比エンタルピーを求めよ．

3.4 2 kg の空気が，状態 1（温度 10°C，圧力 0.5 MPa）から状態 2（温度 60°C，圧力 1.6 MPa）へ変化した．空気を理想気体と考えるとき，(a) エンタルピー変化，(b) 容積変化，を求めよ．ただし，空気の比熱は一定とする．

3.5 圧力 0.2 MPa，容積 5 m^3 の空気を可逆断熱的に 0.5 m^3 まで圧縮するとき，(a)

空気の内部エネルギーの変化，(b) エンタルピーの変化，を求めよ．

3.6 3 kg の酸素が，$pV^{1.25}=$ (一定) に従って，圧力 8×10^4 Pa，温度 20°C の初期状態から 150°C まで圧縮されるとき，(a) この状態変化は何変化か，(b) 終期の圧力，(c) 初期の容積，(d)終期の容積，(e) 内部エネルギーの増加，を求めよ．ただし，酸素は理想気体と考え，また，比熱は一定とする．

3.7 30°C，0.1013 MPa の空気の露点温度が 24°C であった．空気の絶対湿度および相対湿度をそれぞれ計算と湿り空気線図より求めよ．

参考文献

[1] 谷下市松：工業熱力学　基礎編，裳華房，1987.

第4章 熱力学第二法則

熱と仕事は本質的には同じエネルギーの一種であり，その一方から他方へ変換可能であることは，第２章の熱力学第一法則により明らかとなった．しかし，仕事を熱に変換することは，容易でかつ完全に変換できるが，逆に熱を仕事に変換することは，一定の制約を受け，完全には変換できないことが，経験上明らかになっている．また自然界では，高温度から低温度への伝熱や摩擦による仕事の熱への変換など，現象は一方向のみに進んでいる．熱力学第一法則はエネルギー保存則を表すのに対して，熱力学第二法則は自然界における不可逆性の存在を示す法則である．

本章では，熱を仕事に変換するサイクルとして，もっとも効率のよい条件であるカルノーサイクルを理解し，さらに不可逆現象を表す物理量であるエントロピーについて学ぶ．

4.1 可逆変化と不可逆変化

温度の異なる二つの物体を接触させると，高温物体の温度は低下し，低温物体の温度は上昇する．時間が十分経過すると，両物体の温度は等しくなり，温度の変化は終了して平衡状態となる．このとき高温物体は熱を流出し，低温物体は高温物体が流出した熱を受け取ることになる．平衡状態に達した後の物体は，自ら一方が高温状態に，また，他方が低温状態に移行することはない．このことは経験上明らかである．

このように，自然界で起こっている現象は，つねにその条件に応じた平衡状態に向かって変化が進行し，平衡状態に達するとその変化は終了する．また，平衡状態に達した後は，自ら逆の変化へ移行することはできない．ある系が状態変化したとき，その変化に関係した系が元の状態に戻ることができることを**可逆変化**(reversible change)という．また，可逆的でない変化を**不可逆変化**(irreversible change)という．自然界ではすべての変化は不可逆変化である．

4.2 熱力学第二法則の表現

熱力学第一法則は，熱も仕事もエネルギーの一形態で相互に変換が可能であり，その総量はつねに保存されることを示すものであった．すなわち，熱と仕事のエネルギーとしての量的な関係を明らかにしたものである．この場合，仕事から熱への変換は完全に実行され，変換割合は100%である．これに対し，熱から仕事への変換は一定の制約を受けるため，この際の変換割合は必ずしも100%ではない．**熱力学第二法則** (the second law of thermodynamics)は，熱から仕事へ変換する際の熱の質的状態を表現したものであり，各種の表現が用いられている．**クラウジウス**(Clausius)の表現は以下のとおりである．

「**熱はそれ自身では低温部分から高温部分に向かって流れることはない．**」

すなわち，クラウジウスの表現は熱移動の一方向性を表現している．たとえば，ものを冷やすために用いられる冷凍機は，低温部分より高温部分へ熱を移動させることができるが，これは熱がそれ自身で行うのではなく，圧縮機の助けをかりて仕事を熱に変え，それにより発生した高温部分から周囲の環境の低温部分への熱移動を利用している．

また，**トムソン**(Tomson，後の Kelvin)は次のように表現している．

「**一様な温度の熱源から取った熱をすべて仕事に変換できる機械は存在しない．**」

さらに，**プランク**(Plank)の表現は以下のとおりである．

「**摩擦により熱が発生する現象は不可逆である．**」

すなわち，トムソンとプランクの表現は熱から仕事への変換に対する制約を述べている．

高温熱源の熱を100%の効率で仕事に変換する熱機関を，第二種永久機関とよぶ．もし，地球上の大気または海水を高温熱源とした熱機関が実現すると，無尽蔵の熱エネルギーを利用できることになる．しかし，われわれは経験上このような熱機関は存在しないことを理解している．

それでは，熱を仕事に変換するとき，もっとも効率のよい変換とは何か．また，それはどのように表現することができるのか．熱移動や摩擦のような自然現象は，一方向のみに進行する不可逆現象である．それでは，不可逆現象を表す物理量はあるのか．これらの問いに対し，前者の変換方法についてはカルノーサイクルが，後者の物理量についてはエントロピーが解答となる．

Coffee Break　熱を仕事に変換するしくみは？

水力発電所では，図**4.1**(a)に示すように位置エネルギーの差を利用して水を流し，水車を回転して発電します．一方，エンジンなどの熱機関では，作動流体が高温の熱(高温熱源)と低温の熱(低温熱源)との間で熱の授受をして熱機関を運転します．このときの熱の授受は，第**3**章で学んだ等温変化や等圧変化などを利用して行い，高温熱源からの受熱の一部を仕事(動力)に変換し，残りの熱は低温熱源へ放熱されます．水車では，低い場所がないと水が流れず水車が回転しないのと同様に，熱機関では，低温熱源がないと熱機関を運転することができません．すなわち，図(b)に示すように高温熱源からの受熱量をすべて仕事に変換することはできず，その一部は必ず低温熱源へ捨てることになります．

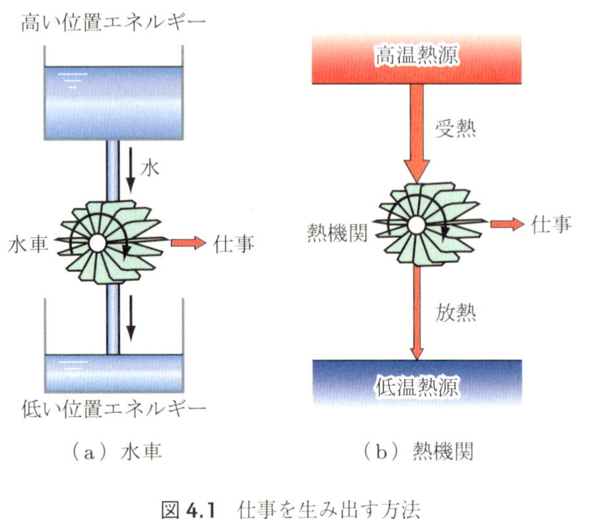

図 4.1 仕事を生み出す方法

4.3 カルノーサイクル

各種熱機関の性質を評価する際，熱効率が重要な指針となる．本節では，一般熱機関の熱効率の定義と，理想サイクルであるカルノーサイクルの熱効率などについて学ぶ．

4.3.1 一般サイクルの熱効率

熱を仕事に変換する方法の一つとして，第3章で述べたように，等温膨張や断熱膨張のような，気体の膨張を利用することが挙げられる．気体を爆発させ，その膨張過程を利用することで1回限りの瞬時の仕事を得ることはできる．しかし，連続的に仕事を得るには，無限に大きな気体の貯蔵庫を用意する以外に実現不可能である．連続的に仕事を得る手段の一つとして，熱を仕事に変換した後の膨張した気体を再び圧縮し，初期状態に戻すことが考えられる．これは身近にも自動車用エンジンで見ることができる．気体が膨張や圧縮などのいくつかの変化を連続的に行った後に，再び元の状態に戻るような一連の変化を**サイクル**(cycle)という．

エンジンのシリンダー内でのピストン移動による気体の膨張や圧縮などの変化を表現する手法として，圧力と容積を代表値とする p-V 線図が一般的に用いられる．図4.2に示す p-V 線図において，右回りの閉曲線 1-a-2-b-1 が一般の熱機関のサイクルを表している．この図を用いて，一般の熱機関の熱と仕事との関係を明らかにしよう．

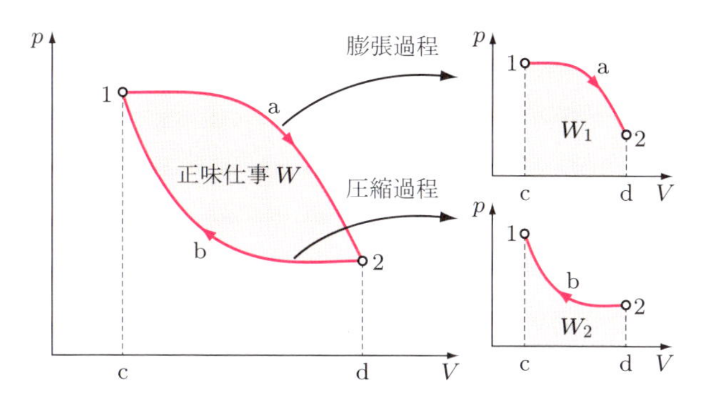

図 4.2　熱機関のサイクル

なお，**熱機関**とは，高温熱源から作動流体が受熱し，外部へ連続的に仕事をして，残りの熱を低温熱源へ放熱する装置である．

熱効率の定義

図 4.2 に示したように，閉曲線 1-a-2-b-1 のサイクルを二つの変化 1-a-2 と 2-b-1 に分けて考える．1-a-2 で示す曲線部は気体の膨張を表し，この間に気体が外部に対して行う仕事 W_1 は，1-a-2 で示す曲線部の下側面積 c1a2d に等しい．一方，2-b-1 で示す曲線部は気体の圧縮を表しており，この間に外部からなされる仕事 W_2 は，2-b-1 で示す曲線部の下側面積 c1b2d に等しい．したがって，1 サイクルの間に外部にする正味仕事 W はこの二つの面積の差，すなわち閉曲線 1-a-2-b-1 の囲む面積に等しい．これを，

$$W = W_1 - W_2 = \oint p\,dV \tag{4.1}$$

と表す．なお，$\oint p\,dV$ は 1 サイクルにおける積分を表し，周回積分という．

ここで，作動流体がなす仕事は，圧力や容積などの状態変化の経路によって異なる．第 2 章の式(2.13)に対応する 1 サイクル間のエネルギー一般式は，

$$\oint dQ = \oint dU + \oint p\,dV = \oint dU + W \tag{4.2}$$

として与えられる．ここで，作動流体は 1 サイクル変化した後に再び初期状態に戻るため，状態量である内部エネルギー $\oint dU$ は変化しない．したがって，式(4.2)の右辺第 1 項は零となり，結局，

$$\oint dQ = W \tag{4.3}$$

という関係を得る．ここで，$\oint dQ$ は1サイクル間の受熱量と放熱量を表す．受熱量を Q_1，放熱量を Q_2 とすれば，式(4.3)は，

$$Q_1 - Q_2 = W \quad \text{または} \quad W = Q_1 - Q_2 \tag{4.4}$$

となり，外部への正味仕事は受熱量と放熱量の差に等しい．

すなわち，図 4.3 (a)に示すように，熱機関では高温熱源より熱を得た作動流体が，膨張による状態変化により，熱エネルギーの一部を仕事に変え，残りの熱を低温熱源へと放熱しており，高温熱源の熱は部分的にのみ仕事に利用されるに過ぎない．これを熱フロー図で表すと図(b)となる．ここで，受熱量に対する仕事の割合を**熱効率**(thermal efficiency)といい，次のように定義される．

$$\eta = \frac{W}{Q_1} = \frac{Q_1 - Q_2}{Q_1} = 1 - \frac{Q_2}{Q_1} \tag{4.5}$$

η はつねに1より小さい値であるが，この値が大きいほど熱機関の性能がよいことになる．

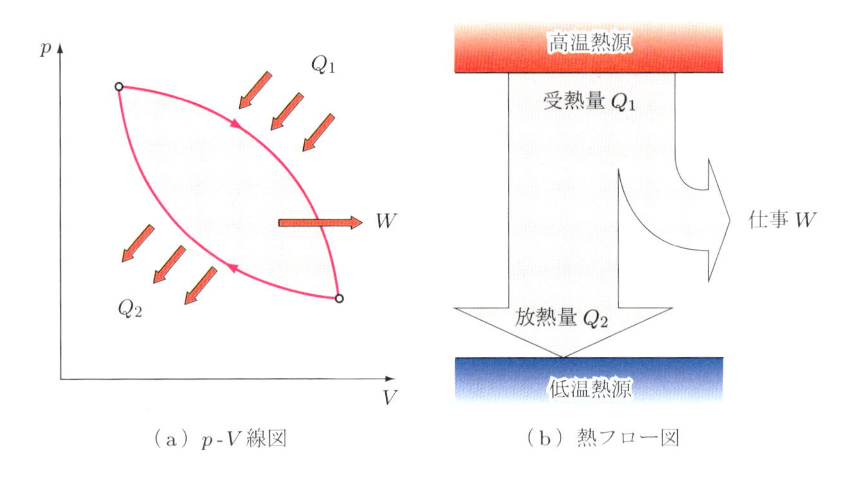

(a) p-V 線図　　(b) 熱フロー図

図 **4.3** 熱と仕事との関係

成績係数の定義

図 4.4 (a)に示すように，熱機関は時計回りのサイクルで表されるが，**冷凍機**や**ヒートポンプ**は，図(b)のように，これとは逆の反時計回りのサイクルで表される．これらは，低温熱源から高温熱源に熱を移動させるため，このとき外部から与えられる仕事 W が必要となる．一般にこの仕事は，コンプレッサー(圧縮機)を駆動するモータの動力に相当する．冷凍機は低温熱源から汲み上げる熱量 Q_2 を，ヒートポンプは高温熱源に汲み上げた熱量 Q_1 を利用する．それぞれの熱量に対する仕事の割合を**成績**

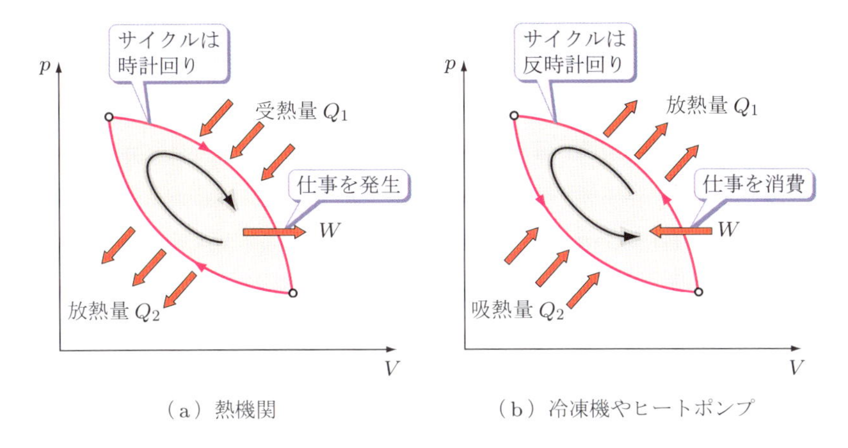

（a）熱機関　（b）冷凍機やヒートポンプ

図 **4.4** サイクルの動作方向

係数(coefficient of performance)またはそれらの頭文字をとり COP とよぶ．冷凍機の成績係数は，与えた仕事と低温熱源から汲み上げた熱量との割合により，次のように示される．

$$冷凍機 \quad \varepsilon_R = \frac{Q_2}{W} = \frac{Q_2}{Q_1 - Q_2} \tag{4.6}$$

また，ヒートポンプの成績係数は，与えた仕事と高温熱源に汲み上げた熱量との割合により，次式で示される．

$$ヒートポンプ \quad \varepsilon_H = \frac{Q_1}{W} = \frac{Q_1}{Q_1 - Q_2} = 1 + \frac{Q_2}{Q_1 - Q_2} \tag{4.7}$$

一般に，どちらの成績係数とも 1 よりも大きな値となり，これらの値が大きいほど性能がよいことになる．また，ε_R と ε_H との間には，式(4.6)，(4.7)より次の関係があることがわかる．

$$\varepsilon_H = 1 + \varepsilon_R \tag{4.8}$$

Coffee Break 冷凍機とヒートポンプの違いは？

冷凍機は，低温熱源から熱を汲み上げるしくみを利用するものであり，低温熱源に温度の高いものを置いたとしてもその熱は吸収され，冷却されます．すなわち，冷蔵庫や冷凍庫などに利用されます．一方，ヒートポンプは，高温熱源に汲み上げた熱を利用するもので，その熱は温度が高いため暖房や給湯などに利用されます．冷凍機やヒートポンプの運転には，作動流体(冷媒)の循環のために圧縮機が用いられますが，同一機器であってもどちらの熱を利用するかによって，冷凍機またはヒートポンプとよばれます．

4.3.2 カルノーサイクルの熱効率

熱機関はサイクルを繰り返し，受け取った熱を仕事に変換する装置である．また，熱はただ高温物体から低温物体へ移動するだけで，何も仕事をしない場合もある．このため，どのようなサイクルがもっとも効率よく熱を仕事に変換できるかが課題となる．19 世紀，**カルノー**(Carnot)は熱効率が最大になるサイクルについて理論的に研究し，次に示す可逆サイクルが熱効率最大となることを示した．これを**カルノーサイクル**(Carnot cycle)とよぶ．

サイクルの構成

カルノーは理想的な可逆熱機関サイクルとして，「受熱量をすべて仕事に変換できる等温変化」および「サイクルを形成させるための膨張・圧縮過程を外部との熱の出入り(損失)がない断熱変化」を用いた．すなわち，等温変化と断熱変化により構成されるサイクルを採用した．この熱機関では，ピストンはシリンダーとの間に隙間がなく，摩擦なしに動くものとし，また，外部との熱授受はシリンダーの頭部を通じてのみ行う．可逆サイクルの作動方法として，ピストンが無限にゆっくり移動し，シリンダー内の温度，圧力などが均一である準静的過程により行うものと仮定する．

このような可逆機関を，一定温度 T_1 の高温熱源と一定温度 T_2 の低温熱源によりはたらかせる．このサイクルの作動方法を図 4.5 (a)に示し，それに対応する p-V 線図を図(b)に示す．両図の状態の番号はそれぞれ対応している．p-V 線図において，カルノーサイクルは，二つの可逆等温変化と二つの可逆断熱変化で構成され，次の四つの過程からなる．

① **等温膨張**(温度 T_1，状態 $1 \to 2$)：状態 1 からシリンダー頭部を温度 T_1 の高温熱源に接触させ，状態 2 まで等温膨張させる．このとき，内部エネルギーの変化はないから，気体が高温熱源より受ける熱 Q_1 はすべて仕事に利用され，シリンダー内の気体が外界にする仕事 W_{12} は，式(3.33)と同様に求められ，次のようになる．

$$Q_1 = W_{12} = \int_1^2 p\,dV = m\int_1^2 RT_1\frac{dV}{V} = mRT_1 \ln\frac{V_2}{V_1} \tag{4.9}$$

② **断熱膨張**(状態 $2 \to 3$)：状態 2 においてシリンダー頭部より高温熱源を離し，熱的に絶縁したまま状態 3 まで断熱膨張させる．このとき，気体は内部エネルギーを消費して外界に仕事 W_{23} をなし，気体の温度は T_1 から T_2 $(= T_3)$ まで下がる．

$$W_{23} = mc_v(T_1 - T_2) = \frac{mR}{\kappa - 1}(T_1 - T_2) \tag{4.10}$$

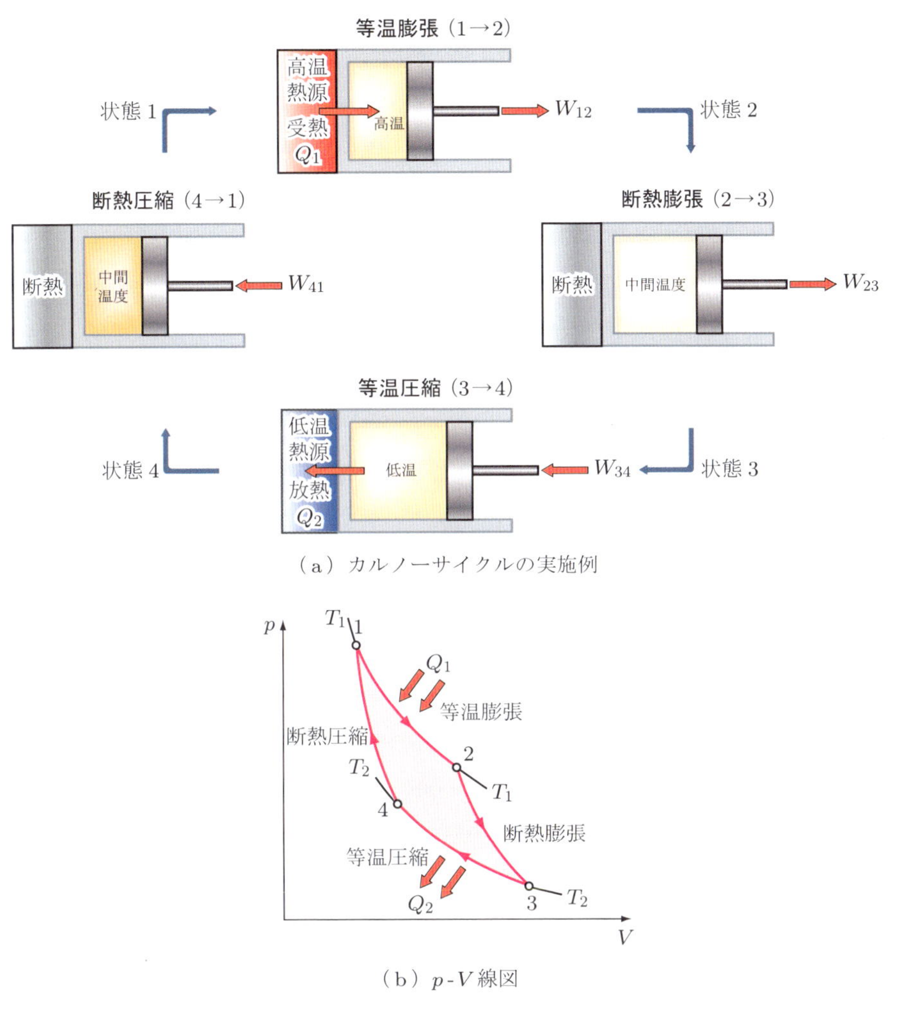

図 **4.5** カルノーサイクル

③ **等温圧縮**(温度 T_2, 状態 3 → 4)：状態 3 においてシリンダー頭部を温度 T_2 の低温熱源に接触し，気体を状態 4 まで等温圧縮する．このとき，気体は外界より仕事 W_{34} を受け，低温熱源に熱 Q_2 を放出する．等温膨張の場合と同様に，仕事 W_{34} と放熱量 Q_2 は次のようになる．

$$Q_2 = W_{34} = mRT_2 \ln \frac{V_3}{V_4} \tag{4.11}$$

④ **断熱圧縮**(状態 4 → 1)：再び，シリンダー頭部を熱的に絶縁し，状態 4 より気体を断熱圧縮し，圧縮後の状態がちょうど状態 1 に戻るようにする．このとき，

気体は外界より仕事 W_{41} を受け，断熱膨張の場合とは逆に，内部エネルギーの増加につれて温度は T_2 から T_1 へ上昇する．

$$W_{41} = \frac{mR}{\kappa - 1}(T_1 - T_2) \tag{4.12}$$

ここで，1サイクルを完了する．

熱効率

カルノーサイクルの熱効率は，一般サイクルの熱効率と同様に，受熱量に対する仕事の割合で定義され，式(4.5)を用いることにより

$$\eta_C = 1 - \frac{Q_2}{Q_1} = 1 - \frac{mRT_2 \ln(V_3/V_4)}{mRT_1 \ln(V_2/V_1)} \tag{4.13}$$

のように示すことができる．ここで，状態 $2 \to 3$ と状態 $4 \to 1$ はいずれも可逆断熱変化であるので，式(3.48)から次のように表せる．

$$\frac{T_1}{T_2} = \left(\frac{V_3}{V_2}\right)^{\kappa-1} = \left(\frac{V_4}{V_1}\right)^{\kappa-1} \tag{4.14}$$

したがって，

$$\frac{V_2}{V_1} = \frac{V_3}{V_4} \tag{4.15}$$

の関係があるので，式(4.15)を式(4.13)に代入することにより，カルノーサイクルによる熱効率は次式となる．

$$\eta_C = 1 - \frac{Q_2}{Q_1} = 1 - \frac{T_2}{T_1} \tag{4.16}$$

一般の熱機関の熱効率は，作動流体の受熱量と放熱量の割合で示されるのに対し，カルノーサイクルの熱効率は，高温熱源と低温熱源の温度比のみにより表すことができる．また，受熱量と放熱量の比が高温熱源と低温熱源の温度比に等しいという，次式の重要な関係式が成立する．

$$\frac{Q_2}{Q_1} = \frac{T_2}{T_1} \tag{4.17}$$

等温変化と断熱変化の二つの過程で構成された可逆カルノーサイクルの熱効率は，同一温度の高温熱源と低温熱源の間に作用するすべてのサイクルの中で，最大の値となるという重要な意味をもっている．この証明については次節で述べる．

成績係数

上記の可逆機関を逆方向に動作させると，シリンダー内の理想気体の行うサイクルは反時計回りとなり，逆カルノーサイクルとなる．この逆カルノーサイクルでは，外部より仕事 W を受けて，温度 T_2 の低温熱源より Q_2 の熱を吸収し，温度 T_1 の高温

熱源にQ_1を放出することになる．逆カルノーサイクルにおける成績係数は，式(4.6)および(4.7)に式(4.17)の関係を代入して求められる．したがって，冷凍機の成績係数ε_Rは，

$$\varepsilon_R = \frac{Q_2}{W} = \frac{Q_2}{Q_1 - Q_2} = \frac{T_2}{T_1 - T_2} \tag{4.18}$$

と示され，ヒートポンプの成績係数ε_Hは次式で示される．

$$\varepsilon_H = \frac{Q_1}{W} = \frac{Q_1}{Q_1 - Q_2} = \frac{T_1}{T_1 - T_2} = 1 + \frac{T_2}{T_1 - T_2} = 1 + \varepsilon_R \tag{4.19}$$

ここで，カルノーサイクルの熱効率を計算し，受熱量と放熱量を調べてみる．

例題 4.1 高温熱源温度 **1000°C**，低温熱源温度 **25°C** の間で作動する熱機関の可逆カルノーサイクル熱効率を求めよ．また，受熱量に対する放熱量の比を求めよ．

解答 式(4.16)より，

$$\eta_C = 1 - \frac{T_2}{T_1} = 1 - \frac{298.15}{1273.15} = 0.766$$

が得られる．すなわち，この温度差で作動する熱機関の熱効率は，76.6%を決して超えることはできないこととなる．

受熱量に対する放熱量の比は，

$$\frac{Q_2}{Q_1} = \frac{T_2}{T_1} = \frac{298.15}{1273.15} = 0.234$$

となる．受熱量のうち，最低23.4%は低温熱源へ捨てなければいけない熱量であり，この熱量は仕事の変換には役に立たないことがわかる．

高温熱源からの受熱量のうち，仕事に変換できる部分を有効エネルギー，低温熱源へ捨てる部分を無効エネルギーとよぶが，詳しくは第5章で説明する．

4.3.3 可逆カルノーサイクルと不可逆サイクルの熱効率

図4.6に示すように，同一の高温熱源T_1と低温熱源T_2の温度間で動作する不可逆サイクル機関(一般の熱機関) Eと可逆カルノーサイクル機関Cについて，その熱効率を考える．図(a)に示すように，どちらの機関も高温熱源から同一の熱Q_1を受けている．外部に取り出す仕事はそれぞれW_EとW_Cであり，これに伴い低温熱源へ放出する熱は，それぞれQ_{2E}とQ_{2C}になるものとする．

可逆カルノーサイクルは熱効率最大

ここで，図4.6 (b)に示すように可逆カルノーサイクルCを逆向きのサイクル(ヒートポンプのサイクル)としてはたらかせ，両機関を組み合わせた一つの装置とし，不可逆サイクルで得られた仕事を使って可逆カルノーサイクルCを駆動することを考え

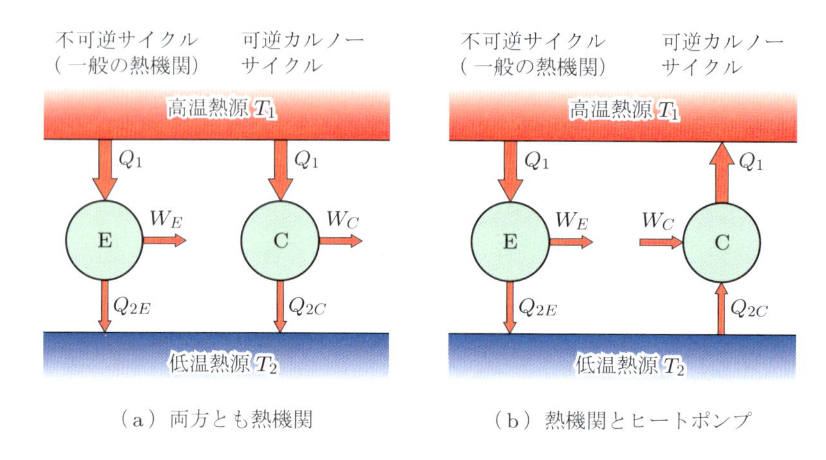

図 **4.6** 熱機関の効率

る．不可逆サイクルおよび可逆カルノーサイクルにおいて，熱力学第一法則から得られる関係は以下のとおりである．

$$Q_1 = Q_{2E} + W_E \tag{4.20}$$

$$Q_1 = Q_{2C} + W_C \tag{4.21}$$

ここで，不可逆サイクルの仕事が可逆カルノーサイクルの仕事より大きい場合，すなわち $W_E > W_C$ を仮定する．上述の式より高温熱源からの受熱量 Q_1 を消去すると，

$$W_E - W_C = Q_{2C} - Q_{2E} > 0 \tag{4.22}$$

という関係を得る．上述の不等式は，低温熱源のみから熱$(Q_{2C} - Q_{2E})$を吸収し，これを仕事$(W_E - W_C)$に変換したことになり，これは熱力学第二法則に矛盾する．したがって，熱力学第二法則を満足するには，次の不等式が成立しなければならない．

$$W_C > W_E, \quad Q_{2E} > Q_{2C} \tag{4.23}$$

上式の意味することは以下のとおりである．両サイクルにおいて，高温熱源より同一の熱量を受ける場合には，つねに可逆カルノーサイクルの仕事は不可逆サイクルの仕事を上回る．また，これに伴い不可逆サイクルの放熱量は，可逆カルノーサイクルの放熱量よりつねに多い．カルノーサイクルの効率は式(4.16)によって示されるが，仕事，放熱量を W_C，Q_{2C} で表現すると次式となる．

$$\eta_C = \frac{W_C}{Q_1} = 1 - \frac{Q_{2C}}{Q_1} = 1 - \frac{T_2}{T_1} \tag{4.24}$$

また，不可逆サイクルの効率は，式(4.5)における仕事，放熱量を W_E，Q_{2E} で表示

すると次式となる．

$$\eta_E = \frac{W_E}{Q_1} = 1 - \frac{Q_{2E}}{Q_1} \tag{4.25}$$

結局，両機関間での効率の関係は，式(4.23)の不等式を用いて以下の不等式で表せる．

$$\eta_C > \eta_E \tag{4.26}$$

すなわち，二つの熱源の間で動作する可逆カルノーサイクルは，どの不可逆サイクルの熱機関の効率より大きいことになる．式(4.24)～(4.26)より，熱源温度と受熱量，不可逆機関の放熱量には，次の関係があることがわかる．

$$\frac{T_2}{T_1} < \frac{Q_{2E}}{Q_1} \quad \text{または} \quad \frac{Q_1}{T_1} < \frac{Q_{2E}}{T_2} \tag{4.27}$$

作動物質の影響

次に，作動物質の種類がカルノーサイクルの熱効率に及ぼす影響を調べる．図4.6(b)において，EもCもともに可逆カルノーサイクルを行うものとする．Eは作動物質1を使用して熱効率 η_1 とし，Cは作動物質2を使用して熱効率 η_2 $(= 1/\varepsilon_{H2})$ とする．もし，熱機関Eでヒートポンプ C を運転するものとすると，$\eta_1 > \eta_2$ となる．次に，それらを逆方向に動作させて，熱機関 C でヒートポンプ E を運転すると考えると，$\eta_1 < \eta_2$ となる．両方を同時に満たすためには，$\eta_1 = \eta_2$ が成り立つ必要がある．すなわち，カルノーサイクルの熱効率は作動物質に依存しないこととなる．

熱を仕事に変換するとき，もっとも効率のよい変換とは何か．また，それはどのように表現できるのか，に対する解答は次のようになる．すなわち，もっとも効率のよい熱から仕事への変換は可逆カルノーサイクルによる変換で，その効率は，式(4.16)で示したように，高温熱源と低温熱源の温度比で表現できる．

熱移動や摩擦のような自然現象は，一方向のみに進行する不可逆現象である．不可逆現象を表す物理量は何かに対しては，次節以降でカルノーサイクルを用いて検討する．

4.4 可逆変化のエントロピー

作動流体が温度 T_1 の高温熱源より熱 Q_1 を受け，温度 T_2 の低温熱源に熱 Q_2 を放出する可逆カルノーサイクルでは，式(4.17)が成立するから，

$$\frac{Q_1}{T_1} = \frac{Q_2}{T_2} \tag{4.28}$$

の関係が成り立つ．ここで一般化のため，外界より系に入る熱(受熱)を正とし，系から外界に出る熱(放熱)を負として扱うと，式(4.28)は次のように書き換えられる．

$$\frac{Q_1}{T_1} + \frac{Q_2}{T_2} = 0 \tag{4.29}$$

式(4.28)の右辺は正の値をもっているのに対し，式(4.29)の左辺第二項は負の値をもっているので注意してほしい．一般の可逆サイクルは多数の断熱線に分割することにより，図 4.7 に示すように n 個の微小な等温変化と断熱変化で構成されるカルノーサイクルで置き換えることができる．いま，一つの微小カルノーサイクルについて考えると，T_1 の高温熱源から ΔQ_1 を受熱し，T_2 の低温熱源に ΔQ_2 を放熱しているから，式(4.29)と同様な次の関係を表すことができる．

$$\frac{\Delta Q_1}{T_1} + \frac{\Delta Q_2}{T_2} = 0 \tag{4.30}$$

それぞれのサイクルの境界では，両サイクルの方向が互いに逆になるため相殺され，結局実線で示される一般可逆サイクルが残ることになる．したがって，n 個の熱源の微小カルノーサイクルについては，

$$\sum_{i=1}^{2n} \frac{\Delta Q_i}{T_i} = 0 \tag{4.31}$$

となる．さらに断熱線の数を増やし，熱源の数を無限個($n \to \infty$)にすれば，検討している任意の可逆サイクルに対し，上式は次のような積分の形に書き換えられる．

$$\oint \frac{dQ}{T} = 0 \tag{4.32}$$

この積分を**クラウジウスの積分**(Clausius integral)という．すなわち，すべて可逆過程からなるサイクルではクラウジウスの積分は，零となる．

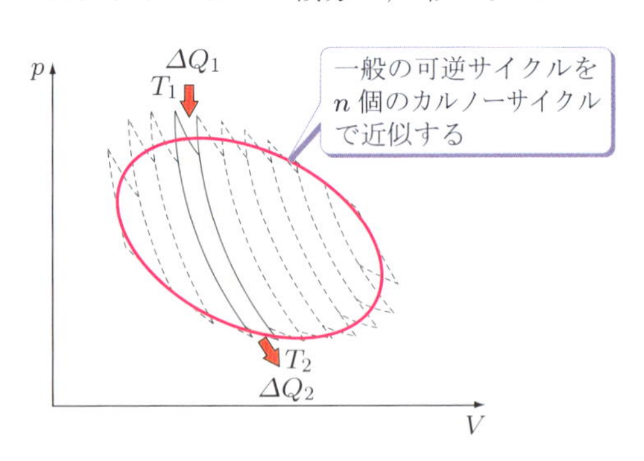

図 **4.7**　一般の可逆サイクル

エントロピーの定義

いま，図 4.8 (a) に示すように，状態 1 および状態 2 を通り閉曲線 1-a-2-b-1 で示される任意の可逆サイクルに対するクラウジウスの積分を求めてみる．ここで，このサイクルの変化経路を 1-a-2 と 2-b-1 に分けて考える．可逆サイクル 1-a-2-b-1 における変化経路 1-a-2 と 2-b-1 はいずれも可逆変化である．したがって，図 (b) に示すように，変化経路 2-b-1 を 1-b-2 と置き換えてクラウジウスの積分を行うと，

$$\oint \frac{dQ}{T} = \int_{1\to a}^{2} \frac{dQ}{T} + \int_{2\to b}^{1} \frac{dQ}{T} = \int_{1\to a}^{2} \frac{dQ}{T} - \int_{1\to b}^{2} \frac{dQ}{T} = 0 \tag{4.33}$$

が成り立つことになる．すなわち，変化経路 1-a-2 と 1-b-2 との間では，

$$\int_{1\to a}^{2} \frac{dQ}{T} = \int_{1\to b}^{2} \frac{dQ}{T} \tag{4.34}$$

という関係がある．上式は，初期状態 1 から終期状態 2 まで可逆変化をした場合，dQ/T を積分した値は変化の経路に無関係に一定値となり，状態量であることを表している．すなわち，

$$\int_{1}^{2} \frac{dQ}{T} = (\text{定数}) \tag{4.35}$$

となる．この状態量を**エントロピー** (entropy) といい，記号 S [J/K] で表示する．したがって，作動流体が 1 から 2 に可逆的に状態変化する場合のエントロピー変化は，

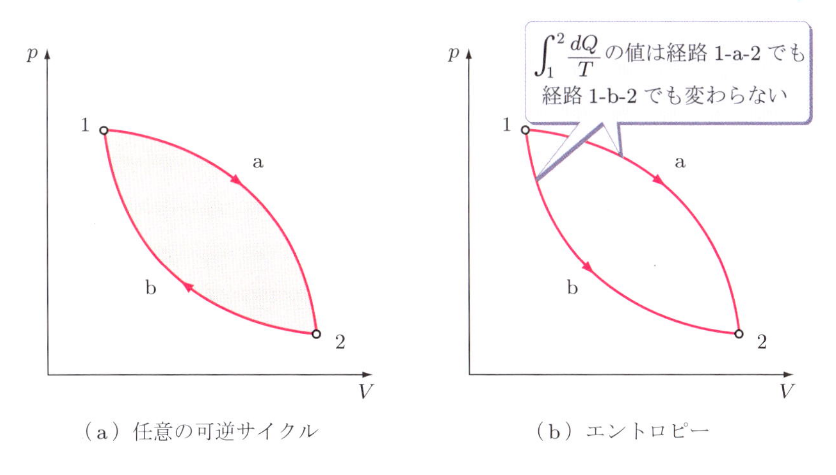

図 4.8　可逆サイクルとエントロピー

$$S_2 - S_1 = \int_1^2 \frac{dQ}{T} \tag{4.36}$$

で与えられ，一般に，1 を基準点に選び $S_1 = 0$ とすれば，任意の状態 2 のエントロピー S_2 はこの積分により求められる．また，単位質量あたりのエントロピーを比エントロピーといい，小文字記号 s [J/(kg·K)] で表示する．

Coffee Break　エントロピーの語源は？

エントロピーは仕事と熱の間の「変換」で保証されない量であり，クラウジウスがギリシャ語の変換からとったものです．また，エントロピーは，「宇宙のエントロピーはつねに最高値に向かって増加接近する」とも表現されています．すなわち，熱力学第二法則は，エントロピー増大の法則ということもできます．現在では，情報やその他の分野でもエントロピーという語が使用されており，熱力学を出発点として多方面で活躍している言葉です．

4.5 温度 - エントロピー線図

可逆変化の際には，系が外界より受ける熱 dQ とエントロピーの増加 dS との関係は，式(4.36)より次のように表せる．

$$dQ = T\,dS \tag{4.37}$$

上式はエントロピーの定義式であり，熱力学第二法則の式ということもある．この式からわかるように，系が熱を外部から受ける過程($dQ > 0$)では，系のエントロピーは増大($dS > 0$)する．また，可逆断熱変化($dQ = 0$)の場合は $dS = 0$，すなわち，エントロピーは変化しないため，可逆断熱変化を等エントロピー変化ともいう．図 4.9 に示すように，温度 T を縦軸に，エントロピー S を横軸にとった線図を T - S **線図**(T - S

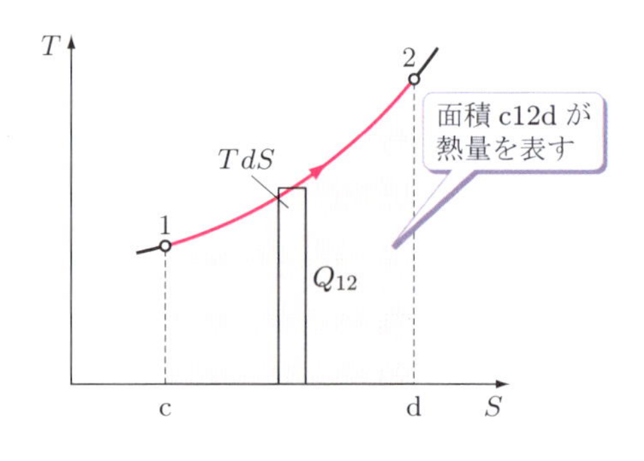

図 4.9　T - S 線図

diagram)という．この線図で，状態 1 から状態 2 まで可逆変化させた場合に系が外界より受ける熱は，式(4.37)を積分することにより，

$$Q_{12} = \int_1^2 T\,dS \tag{4.38}$$

となり，曲線 1-2 と横軸の間の面積 c12d で表される．p-V 線図では面積が仕事として表示されたのに対して，T-S 線図では熱量が表示される．

また，図 4.2 の p-V 線図における閉曲線で示されるサイクルは，T-S 線図上では，たとえば図 4.10 の閉曲線 1-a-2-b-1 のように表される．このサイクルを p-V 線図の場合と同様に，二つの部分に分けて考える．系は，変化 1-a-2 において，その曲線の下側の面積 c1a2d に相当する熱 Q_1 を外界より受ける．また，変化 2-b-1 において面積 c1b2d に相当する熱 Q_2 を外界に放出する．したがって，1 サイクルの間に外部に対して行う正味仕事 W は，外界から受けた熱 Q_1 と外界に放出した熱 Q_2 の差，すなわち，閉曲線 1-a-2-b-1 で囲まれる面積で表される．

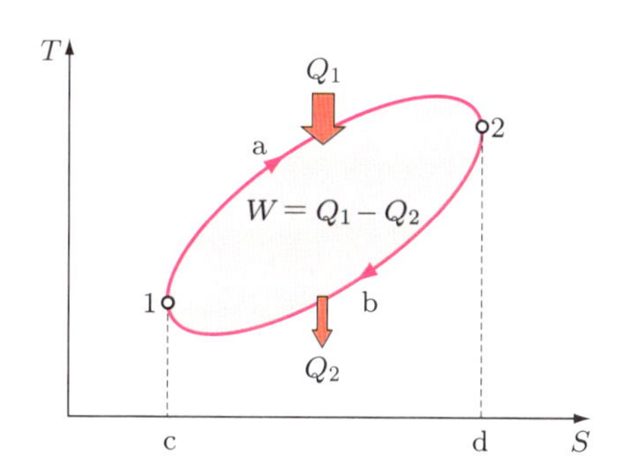

図 **4.10**　任意のサイクルの T-S 線図

可逆カルノーサイクルの表示

可逆カルノーサイクルは，二つの等温変化と二つの断熱変化(等エントロピー変化)より構成されるから，T-S 線図で表すと，1 サイクルの状態変化は図 4.11 に示すように長方形となる．ここで，高温熱源温度 T_1 における等温膨張変化において，作動流体が外界より受ける熱 Q_1（面積 $S_1 12 S_2$）は，

$$Q_1 = T_1(S_2 - S_1) \tag{4.39}$$

であり，温度 T_2 の低温熱源の外界に放出する熱 Q_2（面積 $S_1 43 S_2$）は次式で求められる．

$$Q_2 = T_2(S_2 - S_1) \tag{4.40}$$

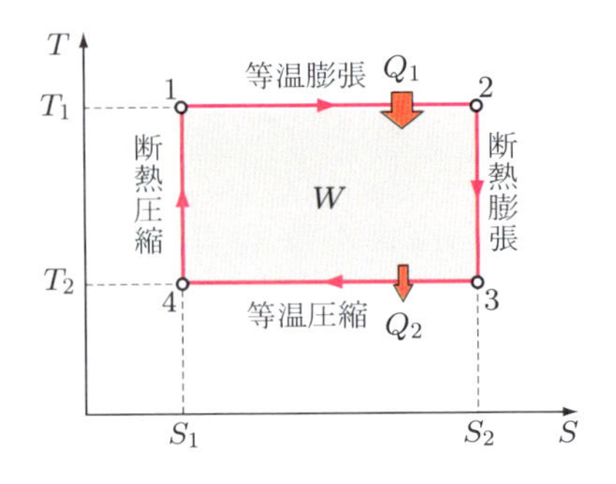

図 **4.11**　カルノーサイクルの T-S 線図

したがって，1サイクルの間に外界にする仕事 W（面積1234）は次のようになる．

$$W = Q_1 - Q_2 = (T_1 - T_2)(S_2 - S_1) \tag{4.41}$$

これより，カルノーサイクルの熱効率は次式で求められる．

$$\eta_C = \frac{W}{Q_1} = \frac{(T_1 - T_2)(S_2 - S_1)}{T_1(S_2 - S_1)} = 1 - \frac{T_2}{T_1} \tag{4.42}$$

これは，前述の式(4.16)と一致する．

Coffee Break　カルノーサイクルは熱機関の目標！

カルノーサイクルの熱効率はもっとも高いので，一般の熱機関を設計するときの目標となります．熱機関の熱効率を向上させるためには，式(**4.42**)からわかるように，高温熱源温度を高くするか，低温熱源温度を低くすることが必要です．一般に，低温熱源温度としては，地球上の平均温度(周囲環境温度)が下げられる限界となるので，高温熱源温度を高くする方法が有効ですが，それには耐熱材料の開発が必要です．一方，一般の熱機関のサイクルを，カルノーサイクルのように $\boldsymbol{T}$-$\boldsymbol{S}$ 線図上で長方形に近づくような運転の仕方に工夫することも有効です．後に述べる火力発電所などのサイクルは，この方法を利用して熱効率向上を目指しています．

4.6　固体，液体および理想気体のエントロピー

T-S 線図は，熱量計算に重要であることがわかった．本節では，体積変化を無視しうる固体，液体のエントロピー，相変化が生じている物質の等温状態におけるエントロピーおよび理想気体のエントロピーについて学ぶ．

4.6.1 固体および液体のエントロピー

一般に，固体や液体では体積の膨張や圧縮がきわめて小さい．そのため，エントロピーを求める場合，熱力学の第一法則を表す式において体積変化における仕事 $p\,dV$ は，内部エネルギーの変化 dU に比べて微小となり，省略することができる．この場合，質量 m の固体あるいは液体が外界より熱 dQ を受けると，それは内部エネルギーの変化 dU のみに費やされることとなる．すなわち，エントロピー変化量 dS は，物質の比熱を c とすれば，次のように表すことができる．

$$dS = \frac{dQ}{T} = \frac{dU + p\,dV}{T} = mc\frac{dT}{T} \tag{4.43}$$

物質が状態変化している場合には，温度 T_1 である初期状態を 1，変化後（温度 T_2）の状態を 2 として，上式を積分することにより，

$$S_2 - S_1 = m\int_1^2 c\frac{dT}{T} \tag{4.44}$$

となる．一般に固体や液体では，比熱 c を一定と考えることができるから，この場合は次のようにエントロピー変化を得ることができる．

$$S_2 - S_1 = mc\ln\frac{T_2}{T_1} \tag{4.45}$$

4.6.2 相変化におけるエントロピー

蒸発や凝固などの相変化過程においては，物質の温度は蒸発温度や凝固温度などで一定となる．このとき，相変化の潜熱を r_p [J/kg] とし，相変化温度を T_p とすると，質量 m の物質の相変化におけるエントロピーの変化量は，次式で与えられる．

$$S_2 - S_1 = \frac{mr_p}{T_p} \tag{4.46}$$

なお，相変化過程は等温変化であるから，後述の式(4.53)と同形になる．

4.6.3 理想気体のエントロピー

質量 m の理想気体に対するエントロピーは，エントロピーの定義式に熱力学第一法則の式を代入し，次のように示される．

$$\begin{aligned} dS &= \frac{dQ}{T} = \frac{mc_v\,dT + p\,dV}{T} = mc_v\frac{dT}{T} + m\frac{p\,dv}{T} \\ &= m\left(c_v\frac{dT}{T} + R\frac{dv}{v}\right) \end{aligned} \tag{4.47}$$

理想気体の状態式 $pv = RT$ および比熱と気体定数の関係式 $c_p - c_v = R$ を用いて，式(4.47)の v または T を消去すると，それぞれ以下の式が得られる．

$$dS = m\left(c_p\frac{dT}{T} - R\frac{dp}{p}\right) \tag{4.48}$$

$$dS = m\left(c_p\frac{dv}{v} + c_v\frac{dp}{p}\right) \tag{4.49}$$

ここで，各種の状態変化過程により，理想気体が状態 1 から状態 2 まで変化したときのエントロピーの増加$(S_2 - S_1)$は，理想気体の比熱は一定であるから，式(4.47) ～(4.49)をそれぞれ積分すると以下のようになる．

$$S_2 - S_1 = m\left(c_v \ln\frac{T_2}{T_1} + R\ln\frac{v_2}{v_1}\right) \tag{4.50}$$

$$S_2 - S_1 = m\left(c_p \ln\frac{T_2}{T_1} - R\ln\frac{p_2}{p_1}\right) \tag{4.51}$$

$$S_2 - S_1 = m\left(c_p \ln\frac{v_2}{v_1} + c_v\ln\frac{p_2}{p_1}\right) \tag{4.52}$$

上式はいずれの状態変化に対しても成り立つが，たとえば，等温変化においては $\ln(T_2/T_1) = 0$ となることを考慮すると，各状態変化に対して次式のように表せる．

等温変化 $$S_2 - S_1 = mR\ln\frac{v_2}{v_1} = mR\ln\frac{p_1}{p_2} = \frac{Q_{12}}{T_1} \tag{4.53}$$

等容変化 $$S_2 - S_1 = mc_v\ln\frac{T_2}{T_1} = mc_v\ln\frac{p_2}{p_1} \tag{4.54}$$

等圧変化 $$S_2 - S_1 = mc_p\ln\frac{T_2}{T_1} = mc_p\ln\frac{v_2}{v_1} \tag{4.55}$$

可逆断熱変化 $$S_2 - S_1 = 0 \tag{4.56}$$

図 4.12 に，各種の状態変化過程において，理想気体が状態 1 から状態 2 まで変化した際の p-V 線図と T-S 線図の比較を示す．なお，T-S 線図上の等容変化過程と等圧変化過程の傾きは，式(4.47)，(4.48)において，それぞれ $dv = 0$，$dp = 0$ を代入することにより考察でき，次式となる．

$$\frac{dT}{dS} = \frac{T}{mc_v} \quad (\text{等容変化}), \qquad \frac{dT}{dS} = \frac{T}{mc_p} \quad (\text{等圧変化}) \tag{4.57}$$

上式において $c_p > c_v$ であるので，等容変化は等圧変化に比べ，T-S 線図上では急な勾配で示されることになる．また，等温変化過程では傾きは水平$(dT/dS = 0)$となり，可逆断熱変化過程の場合は垂直$(dT/dS = \infty)$となる．

ここで，温度の異なる二つの流体が混合したときのエントロピーの変化について調

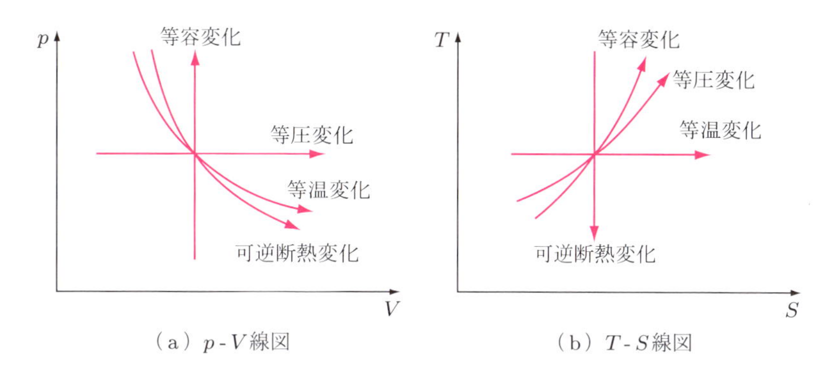

（a）p-V線図　　（b）T-S線図

図 4.12　各状態変化の比較

べてみる．

例題 4.2　$t_1 = 90$°C，$m_1 = 2$ kg の温水と $t_2 = 20$°C，$m_2 = 5$ kg の水を混合したとき，エントロピーの変化量を求めよ．ただし，温水と水の比熱はいずれも $c = 4.19$ kJ/(kg·K) とする．

解答　熱平衡温度を t_m とすると，$m_1 c(t_1 - t_m) = m_2 c(t_m - t_2)$ より $t_m = 40$°C．温水のエントロピー変化は，式(4.45)より

$$\Delta S_1 = m_1 c \ln \frac{T_m}{T_1} = 2 \times 4.19 \times \ln \frac{313.15}{363.15} = -1.241 \quad \text{kJ/K}$$

水のエントロピー変化は同様に，

$$\Delta S_2 = m_2 c \ln \frac{T_m}{T_2} = 5 \times 4.19 \times \ln \frac{313.15}{293.15} = 1.383 \quad \text{kJ/K}$$

全体では，$\Delta S = \Delta S_1 + \Delta S_2 = 0.142$ kJ/K の増加となる．

温水は放熱するためエントロピーは減少し，水は受熱するためエントロピーが増加する．系全体としては，必ずエントロピー増加となる．

4.7 不可逆変化のエントロピー

作動流体が温度 T_1 の高温熱源より Q_1 を受け，温度 T_2 の低温熱源に Q_2 を放出する不可逆サイクルの熱効率は，式(4.26)で示したように，カルノーサイクルの熱効率より小さい．また，これより式(4.27)が成り立つことも示した．ここで，熱の流れに対する符号の約束(放熱量を負とする)を考慮し，不可逆サイクルにおける放熱量 Q_{2E} を Q_2 とおき，式(4.27)を書き直すと次式となる．

$$\frac{Q_1}{T_1} + \frac{Q_2}{T_2} < 0 \tag{4.58}$$

いま，不可逆サイクルにおける式(4.58)の不等式を考えてみる．式(4.58)の不等式が成り立つには，可逆カルノーサイクルと比べて，左辺第一項が小さいか，負の値(Q_2 は負である)をもつ第二項が大きい場合である．すなわち，上式を熱量 Q_1，Q_2 についてみると，「高温熱源温度 T_1 から作動流体が受ける受熱量 Q_1 の減少」，または「摩擦熱や熱伝導損失などによる仕事の減少とそれに起因する放熱量 Q_2 の増加」により不等式が成立することとなる．また，温度の観点からみると，一定の受熱量 Q_1 の確保のために高温熱源温度 T_1 が上昇して不等式が成立すると考えられる．

一般の不可逆サイクルに対するクラウジウスの積分は，式(4.58)に対して式(4.30)，(4.31)と同様な考察を行うことにより，次のようになる．

$$\oint \frac{dQ}{T} < 0 \tag{4.59}$$

図 4.13 において，変化経路 1-a-2 を不可逆変化とし，変化経路 2-b-1 は可逆変化として一般の不可逆サイクルにおけるエントロピーの変化を検討する．いずれかの経路に不可逆変化が存在すると，このサイクル全体では不可逆サイクルとなる．このような不可逆サイクル 1-a-2-b-1 についてクラウジウスの積分を考えると，式(4.59)より，

$$\oint \frac{dQ}{T} = \int_{1\to a}^{2} \frac{dQ}{T} + \int_{2\to b}^{1} \frac{dQ}{T} < 0 \tag{4.60}$$

となる．上式の $\displaystyle\int_{1\to a}^{2} \frac{dQ}{T}$ は不可逆変化であり，$\displaystyle\int_{2\to b}^{1} \frac{dQ}{T}$ は可逆変化である．可逆変化については，式(4.33)で示したように $\displaystyle\int_{2\to b}^{1} \frac{dQ}{T} = -\int_{1\to b}^{2} \frac{dQ}{T}$ の関係が成立し，この値は状態量であるエントロピーの変化量$(S_2 - S_1)$で示すことができる．これを用いて式(4.60)を書き換えると，次式が得られる．

$$\int_{1\to a}^{2} \frac{dQ}{T} < \int_{1\to b}^{2} \frac{dQ}{T} = S_2 - S_1 \tag{4.61}$$

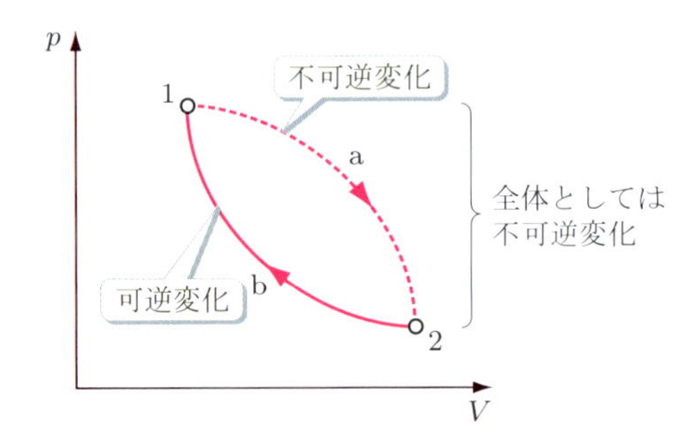

図 **4.13** 不可逆サイクル

したがって，系が状態 1 から状態 2 まで不可逆変化をするときのエントロピー $\int_1^2 \frac{dQ}{T}$ は，次のようになる．

$$S_2 - S_1 > \int_1^2 \frac{dQ}{T} \tag{4.62}$$

これは，温度 T の系が外界より不可逆的に熱 dQ を受ける場合，$\int_1^2 \frac{dQ}{T}$ の値は状態量である可逆変化のエントロピー増加量 $(S_2 - S_1)$ より小さいことを表している．

不可逆変化を表す物理量

ここで，可逆変化におけるエントロピーと不可逆変化の際のエントロピーの差を ΔS_i とおくと，

$$S_2 - S_1 = \int_1^2 \frac{dQ}{T} + \Delta S_i \tag{4.63}$$

となる．ΔS_i は系内の不可逆変化に基づいて発生したエントロピー量とみなせる．この量は，状態 1 から状態 2 までの経路の状態によって種々変化する量であるから，状態量とはいえない．上式からも理解できるように，ΔS_i の値はつねにプラス（正）となる．上式は以下のようにして導くこともできる．すなわち，可逆変化では，これまで述べてきているようにエントロピーは，

$$dS = \frac{dQ}{T} = \frac{dU + p\,dV}{T} \tag{4.64}$$

と表すことができたが，自然現象の摩擦損失などに起因する不可逆変化では，その損失量を dW_{loss} とすれば，次式の関係が成立する．

$$dS = \frac{dQ + dW_{\mathrm{loss}}}{T} \tag{4.65}$$

上式を積分することにより，一般の不可逆変化では，

$$\begin{aligned} S_2 - S_1 &= \int_1^2 \frac{dQ + dW_{\mathrm{loss}}}{T} = \int_1^2 \frac{dQ}{T} + \int_1^2 \frac{dW_{\mathrm{loss}}}{T} \\ &= \int_1^2 \frac{dQ}{T} + \Delta S_i \end{aligned} \tag{4.66}$$

となる．ΔS_i は不可逆変化が原因となり発生したエントロピーであり，不可逆過程を定量的に示す量といえる．これが不可逆現象を表す物理量は何かに対する解答となる．また，これまで述べてきたように，この値は可逆変化では零となる．

図 4.14 には，熱機関を例にとり，高温熱源温度 T_1 から熱量 Q_1 を受け，外部へ仕事 W を行った後，低温熱源温度 T_2 へ熱量 Q_2 を放出するとき，図(a) の可逆カルノーサイクルと図(b)の一般の熱機関におけるエントロピー発生の様子を示す．図(b)の

一般の熱機関では，可逆カルノーサイクルと同一の熱量を受けても摩擦損失などにより外部への仕事は減少し，それに伴い温度 T_2 の低温熱源へ損失熱量が余分に流出する．このため，不可逆変化においては放熱時のエントロピーが増大することになる．図 4.14 (b)の ■ の面積は摩擦や熱伝導損失を示しており，現実の熱機関では，この損失(ロス)が必ず存在していることを表している．ΔS_i がこの損失により発生したエントロピーである．結局，$(T_1 - T_2)\Delta S_i$ $(= T_2\Delta\bar{S}_i)$の熱が余分に低温熱源に放熱されることになる．

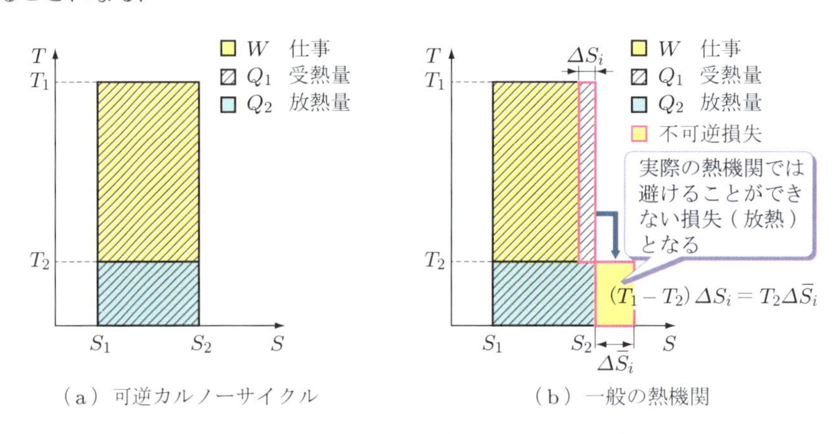

（a）可逆カルノーサイクル　（b）一般の熱機関

図 4.14　一般の熱機関で発生するエントロピー

不可逆変化の表示

可逆断熱変化では熱量の授受が発生しないため，等エントロピー変化であることはすでに述べた．よって，図 4.15 に示す T-S 線図上では可逆断熱変化は垂直線で示される．しかし，一般のタービンなどにおける断熱膨張に見られる不可逆変化の場合は，図 4.14 (b)で示したように，低温熱源への放熱量が可逆変化に比べて増加することとなる．このことを図示すると，図 4.15 (a)の破線で示すように，エントロピー増大の方向に変化する過程で表される．このような不可逆変化は，図(b)に示すように，圧縮機における断熱圧縮の際にも生じる．

第 8 章～第 10 章で学ぶ種々のサイクルにおける断熱変化は，理想的な場合(可逆断熱変化)を考えているので，等エントロピー変化で表してあるが，実際のサイクルにおける断熱変化は，すべてエントロピー増加の方向に変化する．

熱エネルギーの質

ここで，エネルギーの質とエントロピーについて考える．図 4.16 において，熱源温度 T_{1A} の状態で S_1 から S_2 まで等温変化した際の受熱量 Q_{1A} と，熱源温度 T_{1B} で S_1 から S_3 まで等温変化した受熱量 Q_{1B} が等しい場合を考える．すなわち，

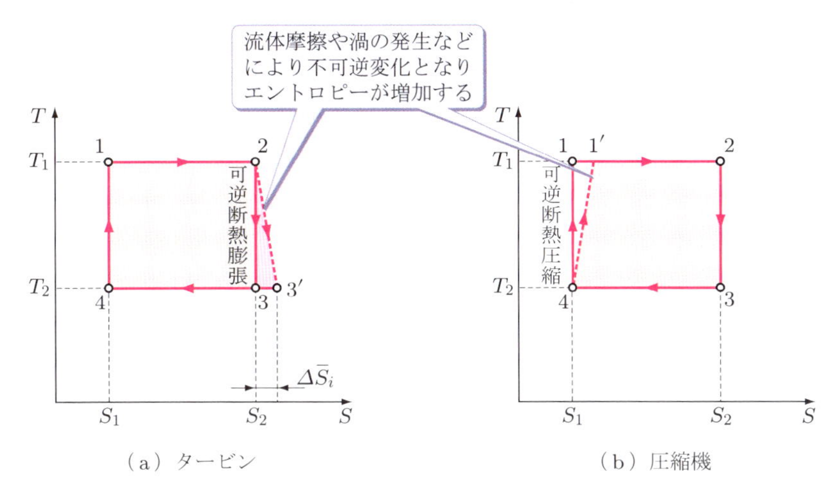

図 **4.15** タービンや圧縮機などにおける不可逆断熱変化

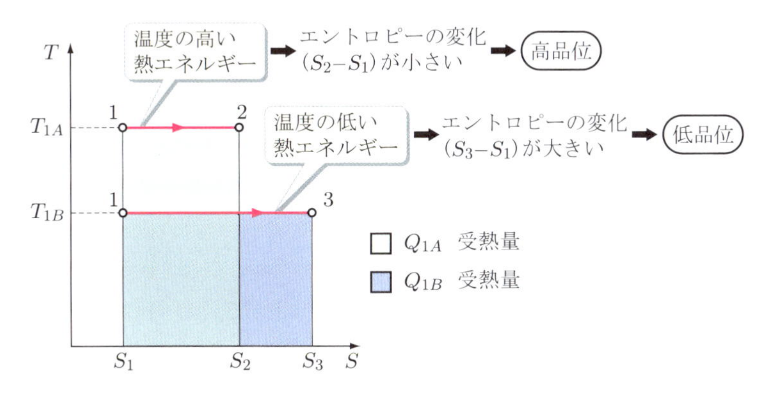

図 **4.16** 熱エネルギーの質

$$Q_{1A} = T_{1A}(S_2 - S_1) = T_{1B}(S_3 - S_1) = Q_{1B} \tag{4.67}$$

が成り立っている．これは，高温状態の熱とそれよりは低温状態の熱との質的状態の対比を表している．自然現象では熱は必ず高温状態から低温状態に移行するから，エントロピー変化量の少ない熱 Q_{1A} は熱 Q_{1B} に比べて高品位の熱エネルギーといえる（このことは例題5.1，5.2で検証する）．いま，上述のエネルギーの質とエントロピーの関係を考慮すると，熱力学第二法則を熱力学第一法則も含めて表現し，「すべての自然的な物理的現象において，それを構成するすべての物体のエネルギーの総和は一定不変であるが，エントロピーの総和は増加し，必ず利用不可能なものの方向に変化する」ということができる．

演習問題

4.1 0°C，1 kg の氷が 100°C の水蒸気になるために要する熱量と，エントロピーの増加を求めよ．ただし，大気圧下の氷の融解熱を 334 kJ/kg，水の比熱を 4.19 kJ/(kg·K)，蒸発熱を 2260 kJ/kg とする．

4.2 2 kg の空気が 700°C，1 MPa から 50°C，0.2 MPa まで変化したときの空気のエントロピー変化を求めよ．ただし，空気の定圧比熱を $c_p = 1.005$ kJ/(kg·K)，ガス定数を $R = 0.287$ kJ/(kg·K) とする．

4.3 1 サイクルあたり 400 kJ を受熱するカルノーサイクルがある．高温熱源温度 700°C，低温熱源温度 30°C のとき，熱効率と放熱時のエントロピー変化を求めよ．

4.4 質量 0.25 kg，温度 100°C の銅（比熱 0.4 kJ/(kg·K)）を質量 0.20 kg，温度 10°C の水（比熱 4.19 kJ/(kg·K)）に投入して熱平衡状態になったとき，(a) 銅と水のエントロピー変化，(b) 全体のエントロピー変化，を求めよ．

4.5 空気 5 kg が，等圧のもとで 1.2 m^3 から 3.6 m^3 まで膨張したときのエントロピー変化を求めよ．ただし，空気の定圧比熱を $c_p = 1.005$ kJ/(kg·K) とする．

4.6 空気 0.5 kg を 20°C の状態から等温変化させたとき，容積は 0.5 m^3，エントロピーは 0.4 kJ/K だけ増加した．変化前の圧力はいくらか．ただし，空気のガス定数を $R = 0.287$ kJ/(kg·K) とする．

第5章 有効エネルギー

熱力学第一法則はエネルギー保存則であり，熱も仕事もエネルギーの一形態であること，および熱を仕事に変えることもその逆も可能であることを述べている．しかし実際には，仕事の形のエネルギーはすべて熱に変えることはできるが，熱の形のエネルギーをすべて仕事に変換することはできない．高温熱源からの受熱量を仕事に変換するためには，必ずその一部を低温熱源へ放熱しなければならないことは第4章で述べた．すなわち，高温熱源の熱は，仕事に変換できる部分と，そうでない部分とがあることになる．このことは，熱エネルギーに質的な違いがあることを意味している．化学反応を伴う状態変化においても同様なことがいえる．

本章では，このように熱エネルギーを仕事に変換する際に，有効に利用できるエネルギーとそうでないエネルギーについて，その計算方法などを学ぶ．

5.1 熱機関の最大仕事

一定温度 T_1 の高温熱源と，さまざまに変化できる温度 T_2 の低温熱源があるとき，それらの間で取り出せる最大の仕事を考える．

理論的にもっとも効率よく熱を仕事に変換するものは，可逆カルノーサイクルであるから，最大仕事はこの可逆機関により得られる．そのときの仕事は，図5.1の面積1234で示され，次式で与えられる．

$$W = \eta_C Q_1 = \frac{T_1 - T_2}{T_1} Q_1 \tag{5.1}$$

ここに，η_C はカルノーサイクルの熱効率であり，Q_1 は高温熱源での受熱量である．

次に，式(5.1)で得られる仕事 W を大きくするためには，図5.1に示すように，低

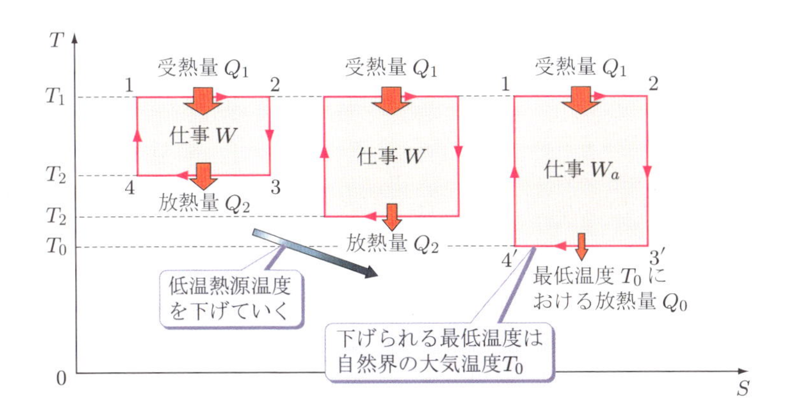

図 5.1　可逆カルノーサイクル

温熱源温度 T_2 を小さくすればよいことがわかる．低温熱源温度はどこまで下げられるのだろうか．一般に，地球上で熱機関を運転する場合の低温熱源温度は，地球上の大気の平均温度である．海水や湖水などの低温度物質を一時的に低温熱源として利用したとしても，長期間にわたりその状態を保つことはできず，最終的には大気と同温度になってしまう．したがって，大気の温度 T_0 は自然界で利用できる熱源の最低温度といえる．このとき得られる仕事は最大となり，図 5.1 の面積 $123'4'$ で示される．また，式(5.1)は次式で表される．

$$W_a = \frac{T_1 - T_0}{T_1} Q_1 = \left(1 - \frac{T_0}{T_1}\right) Q_1 \tag{5.2}$$

上式の W_a は，温度 T_1 の高温熱源から Q_1 を受熱し，その熱量から発生可能な**最大仕事**(maximum work)を意味している．その最大仕事に相当するエネルギーを，**有効エネルギー**(available energy)または**エクセルギー**(exergy)という．また，受熱量のうち仕事に変換されずに低温熱源へ捨てられるエネルギーを，**無効エネルギー**(unavailable energy)または**アネルギー**(anergy)という．

なお，有効エネルギーは熱，圧力，化学反応などを仕事に変換する場合の概念であり，力学的エネルギーや電気的エネルギーはそのすべてが有効エネルギーである．

5.2 有効エネルギーと無効エネルギー

前節では，熱機関を例にとって最大仕事や有効エネルギーについて述べたが，高温物体から低温物体への伝熱過程，閉じた系や開いた系など，他のさまざまな状態変化においても有効エネルギーと無効エネルギーの変化が生じる．

5.2.1 熱を仕事に変換する際の有効エネルギー

式(5.2)の最大仕事を微分形で表し，また，高温熱源温度 T_1 が変化する場合を考えると，T_1 を T で置き換えて次式となる．

$$dW_a = \left(1 - \frac{T_0}{T}\right) dQ = dQ - T_0\, dS \tag{5.3}$$

ここで，上式の変形にはエントロピーの定義式 $dS = dQ/T$ を用いている．一方，第一法則より可逆変化では仕事と熱量は等しいから，最大仕事 dW_a は次式のように熱量 dQ_a で表すことができる．

$$dQ_a = dW_a = dQ - T_0\, dS \tag{5.4}$$

式(5.4)より，仕事として有効に利用できるエネルギー，すなわち有効エネルギー dQ_a は，受熱量 dQ の一部であり，それより $T_0\,dS$ だけ差し引いた量に等しい．ここで，T_0 は自然界で利用できる熱源の最低温度であり，有効エネルギーを求める際にはこれを**周囲環境温度**として基準にしている．その基準温度としては，一般に 298.15 K (25°C) を用いる．

式(5.4)から，受熱量 dQ の一部が有効エネルギー dQ_a となることがわかったが，受熱量の残りの部分 $(dQ - dQ_a)$ は，仕事に変換されないエネルギーという意味で無効エネルギーといい，dQ_0 で表す．以上を整理すると次のように表される．

受熱量　dQ

有効エネルギー(仕事に変換できるエネルギー)

$$dQ_a = \left(1 - \frac{T_0}{T}\right) dQ = dQ - T_0\,dS \tag{5.5}$$

無効エネルギー(仕事に変換されずに低温熱源へ捨てられるエネルギー)

$$dQ_0 = dQ - dQ_a = T_0\,dS \tag{5.6}$$

式(5.5)，(5.6)より，高温熱源のエネルギーは図 5.2 に示すように，仕事に変換できる有効エネルギーとそうでない無効エネルギーに分けることができ，高温熱源のエネルギーの質的評価が可能となる．

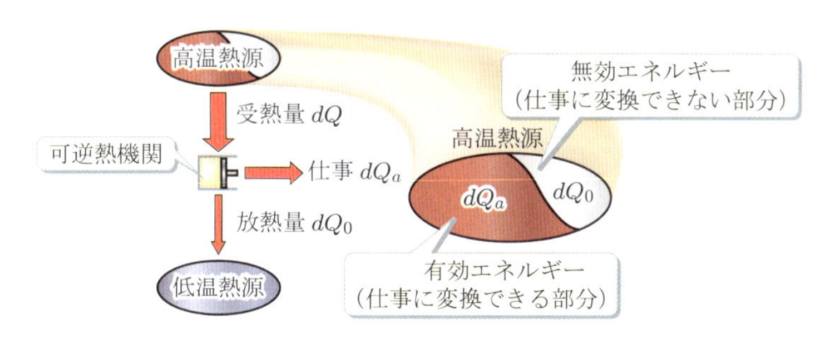

図 5.2　有効エネルギーと無効エネルギー

ここで，高温熱源の有効エネルギーと無効エネルギーを計算してみる．

例題 5.1　高温熱源温度 $T_1 = 1500$ K で $Q_1 = 1000$ kJ 受熱して作動する熱機関の，(a) 有効エネルギー，(b) 無効エネルギー，を求めよ．ただし，周囲環境温度を 25°C とする．

解答　(a) 式(5.5)を積分すると，

$$Q_a = \left(1 - \frac{T_0}{T_1}\right) Q_1 = \left(1 - \frac{298.15}{1500}\right) \times 1000 = 801.2 \quad \text{kJ}$$

(b) 式(5.6)を積分すると，

$$Q_0 = Q_1 - Q_a = 1000 - 801.2 = 198.8 \quad \text{kJ}$$

以上より，高温熱源での受熱量 1000 kJ のうち機械的仕事に変換できる有効部分は 801.2 kJ であり，低温熱源へ捨てなければならない無効部分は 198.8 kJ であることがわかる．

一般に，機械的仕事に変換できる割合が大きいエネルギーは，質の良いエネルギーといえる．高温熱源としてはさまざまな温度の熱源が考えられるので，このように有効エネルギーを計算することにより，高温熱源のエネルギーの質を知ることができる．

ここで，例題 5.1 の条件と比べて高温熱源温度のみが低い場合の有効エネルギーを調べてみる．

例題 5.2 高温熱源温度 $T_1 = 700$ K で $Q_1 = 1000$ kJ を受熱して作動する熱機関の，(a) 有効エネルギー，(b) 無効エネルギー，を求めよ．ただし，周囲環境温度を 25°C とする．

解答

(a) $$Q_a = \left(1 - \frac{T_0}{T_1}\right) Q_1 = \left(1 - \frac{298.15}{700}\right) \times 1000 = 574.1 \quad \text{kJ.}$$

(b) $$Q_0 = Q_1 - Q_a = 1000 - 574.1 = 425.9 \quad \text{kJ.}$$

高温熱源での受熱量 1000 kJ のうち，機械的仕事に変換できる有効部分は 574.1 kJ であり，例題 5.1 に比べて有効エネルギーが減少していることがわかる．以上から，温度が高い熱エネルギーは，機械的仕事に変換できる部分が多い質の良いエネルギーであり，温度が低い熱エネルギーは質が悪いといえる．

自然界に存在する熱エネルギーを考えてみると，たとえば，赤道直下の海水は太陽熱により熱せられて，熱エネルギーとしては膨大な量を蓄積しているが，さほど温度が高くないため，有効エネルギーは少ないことを理解できる．

5.2.2 伝熱過程の有効エネルギー

物質が外部熱源により加熱され，温度が T_1 から T_2 に高められた場合の有効エネルギーの変化を求める．このときの加熱量は物質の顕熱(内部エネルギー)の増加であり，次式で与えられる．

$$dQ = mc\,dT \tag{5.7}$$

ここに，m，c はそれぞれ物質の質量と比熱である．無効エネルギーの増加は，式(5.6)を積分し，周囲環境温度 T_0 を考慮すると，次式となる．

$$Q_0 = T_0 \int_1^2 dS = T_0 \int_1^2 \frac{dQ}{T} = mcT_0 \int_1^2 \frac{dT}{T} = mcT_0 \ln \frac{T_2}{T_1} \tag{5.8}$$

加熱量は式(5.7)より $Q = mc(T_2 - T_1)$ であるから，有効エネルギーの増加 Q_a は次式で表される．

$$Q_a = Q - Q_0 = mc\left[(T_2 - T_1) - T_0 \ln \frac{T_2}{T_1}\right] \tag{5.9}$$

ここで，二流体を混合した場合の有効エネルギーの変化について調べてみる．

例題 5.3　温度 $\boldsymbol{t_1 = 20^\circ\mathrm{C}}$ の水 $\boldsymbol{m_1 = 2\ \mathrm{kg}}$ と，温度 $\boldsymbol{t_2 = 80^\circ\mathrm{C}}$ の水 $\boldsymbol{m_2 = 1\ \mathrm{kg}}$ とを混合したとき，有効エネルギーの変化を調べよ．ただし，水の比熱を $\boldsymbol{c = 4.18\ \mathrm{kJ/(kg{\cdot}K)}}$ とし，周囲環境温度は $\boldsymbol{25^\circ\mathrm{C}}$ とする．

解答　混合後の熱平衡温度は，$t_m = \dfrac{c(m_1 t_1 + m_2 t_2)}{c(m_1 + m_2)} = 40^\circ\mathrm{C}$.

エントロピー変化は，$dS = dQ/T = mc\,dT/T$ を積分して次式のようになる．

$$\begin{aligned}\Delta S &= c\left(m_1 \ln \frac{T_m}{T_1} + m_2 \ln \frac{T_m}{T_2}\right) \\ &= 4.18 \times \left(2 \times \ln \frac{313.15}{293.15} + 1 \times \ln \frac{313.15}{353.15}\right) = 0.0493 \quad \mathrm{kJ/K}\end{aligned}$$

したがって，無効エネルギーの増加は，

$$Q_0 = T_0 \Delta S = 298.15 \times 0.0493 = 14.7 \quad \mathrm{kJ}$$

となる．外部からの加熱量は $Q = 0$ であるので，無効エネルギーの増加分だけ有効エネルギーが減少したことになる．

伝熱過程は不可逆過程であるので，混合によりエントロピーは増加し，有効エネルギーが減少することがわかる．

5.2.3 気体が膨張仕事をする際の有効エネルギー

図 5.3 (a)に示すように，系を通して熱の出入りがなく，系が膨張するときの仕事 W_a を求めてみる．地球上には大気があるため，ピストン外面はつねに p_0 の大気圧を受けており，膨張の際に得られる絶対仕事は，この大気圧の影響を考慮に入れなければならない．気体が容積 dV だけ膨張するとき，外界に対してする仕事は $dW = p\,dV$ である．このうち正味の仕事として有効に利用できる量 dW_a は，大気圧 p_0 に抵抗する仕事 $p_0\,dV$ を差し引いて次式で表される．

$$dW_a = (p - p_0)\,dV \tag{5.10}$$

式(5.10)の積分値は，図 5.3 (b)に示す p-V 線図の面積 a12b で表される．図からわかるように，W_a は絶対仕事から大気圧に対してする仕事 $p_0(V_2 - V_1)$ を差し引いたものである．このように，体積変化による仕事の有効エネルギーは周囲の圧力に影響される．地球上では，一般に大気圧が自然界の最低圧力であり，これを**周囲環境圧力**として基準にしている．その基準圧力としては 0.101325 MPa（1 気圧）を用いる．

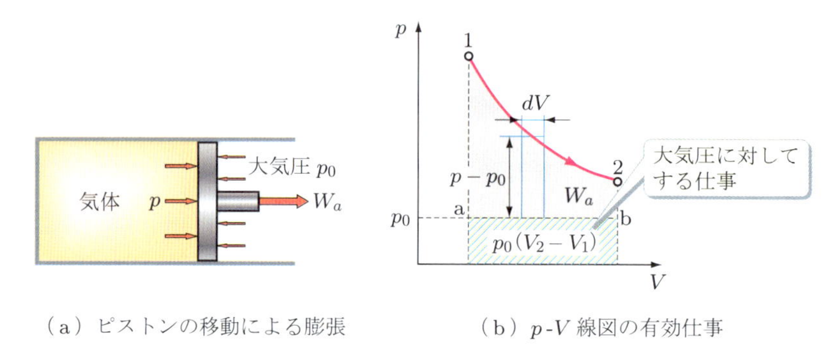

（a）ピストンの移動による膨張　（b）p-V 線図の有効仕事

図 **5.3**　気体が大気圧のもとで膨張する際の仕事

なお，サイクルでは膨張仕事と圧縮仕事が繰り返されるため，大気圧に対する仕事分は相殺されて問題とはならない．

5.2.4 閉じた系の最大仕事と有効エネルギー

終期状態が有限のとき

気体が入った閉じた系が，圧力 p_0，温度 T_0 の周囲環境中で状態変化するとき，この系から仕事として取り出せるエネルギー量について考える．図 5.4 に示すように，初期状態 1 から終期状態 2 に状態変化し，外部に Q_{12} を放熱して仕事 W_{12} をしたとすると，内部エネルギーの減少分は，放熱量，仕事および周囲圧力 p_0 に抗して体積膨張した仕事の和に等しい．したがって，第一法則の式は次式となる．

$$U_1 - U_2 = Q_{12} + W_{12} + p_0(V_2 - V_1) \tag{5.11}$$

微分形で表すと，次式のように表せる．

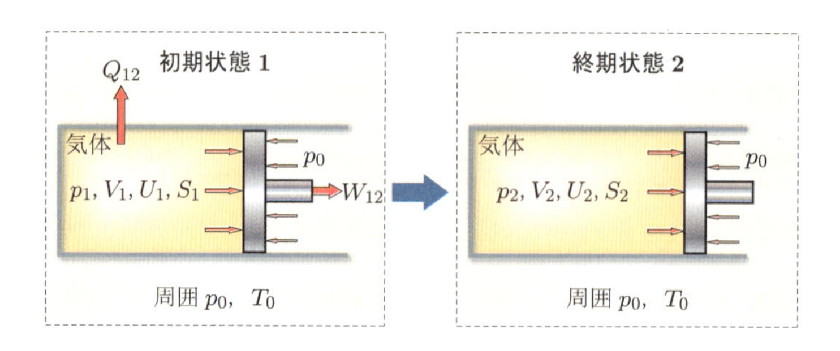

図 **5.4**　閉じた系で得られる仕事

$$dU = -dQ - (dW + p_0\,dV) \tag{5.12}$$

周囲環境温度を T_0 とすると，周囲のエントロピー変化は Q_{12}/T_0 であり，気体のエントロピー変化は$(S_2 - S_1)$であるから，第二法則のエントロピー増加の原理より，系のエントロピーは次式のように表せる．

$$S_2 - S_1 + \frac{Q_{12}}{T_0} \geq 0 \tag{5.13}$$

微分形で表すと次式となる．

$$dS + \frac{dQ}{T_0} \geq 0 \tag{5.14}$$

式(5.12)，(5.14)より dQ を消去すると，次式が得られる．

$$dW \leq -dU + T_0\,dS - p_0\,dV \tag{5.15}$$

気体が初期状態 1 から終期状態 2 まで有限の変化をする場合の仕事 W_{12} は，式(5.15)を 1-2 間で積分して次式が得られる．

$$W_{12} \leq (U_1 - U_2) - T_0(S_1 - S_2) + p_0(V_1 - V_2) \tag{5.16}$$

式(5.16)の右辺は，理論上得られる最大のエネルギーであり，閉じた系の最大仕事である．

周囲条件まで状態変化するとき

図 5.4 において，閉じた系を周囲環境中に放置した場合を考えると，系は保有するエネルギーを周囲に放出し続け，最終的にはシリンダー内の気体は周囲環境圧力 p_0 および周囲環境温度 T_0 と平衡状態になって終期状態 2 となる．この場合の最大仕事は式(5.16)より，次のようになる．

$$W_a = (U_1 - U_0) - T_0(S_1 - S_0) + p_0(V_1 - V_0) \tag{5.17}$$

ここに，U_0，S_0 はそれぞれ気体の p_0，T_0 における内部エネルギーとエントロピーである．式(5.17)は閉じた系の有効エネルギーである．

5.2.5 開いた系の最大仕事と有効エネルギー

出口条件が有限のとき

タービンなどのように物質が定常的に流れて仕事を生み出すシステムでは，系内を連続的に流れる物質の有効エネルギーを求める必要がある．図 5.5 に示すように，定常流を伴う開いた系を，質量 m の流体が入口 1 と出口 2 を通過したときに工業仕事 W_{t12} を発生し，周囲へ Q_{12} の放熱をする．このとき，系を出入りする熱量のつり合

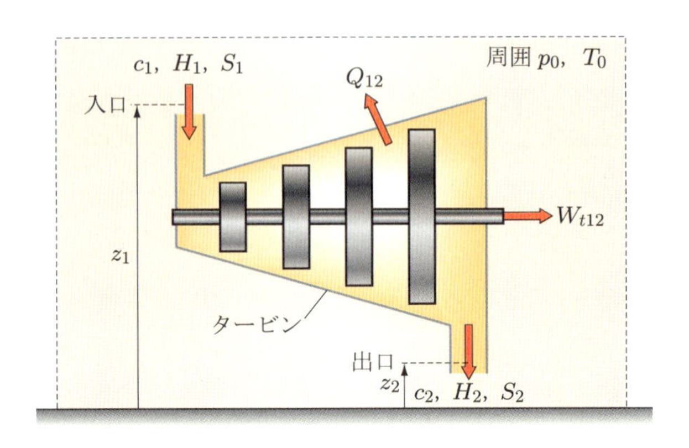

図 5.5 開いた系で得られる仕事

いを考えると第一法則の式は次式となる.

$$H_1 + \frac{1}{2}mc_1^2 + mgz_1 = H_2 + \frac{1}{2}mc_2^2 + mgz_2 + Q_{12} + W_{t12} \tag{5.18}$$

微分形で表すと，次式のように表せる.

$$d\left(H + \frac{1}{2}mc^2 + mgz\right) = -dQ - dW_t \tag{5.19}$$

周囲環境温度を T_0 とすると，周囲のエントロピー変化量は Q_{12}/T_0 であり，流体のエントロピー変化は $(S_2 - S_1)$ であるから，第二法則のエントロピー増加の原理より，系のエントロピーは次式のように表せる.

$$S_2 - S_1 + \frac{Q_{12}}{T_0} \geq 0 \tag{5.20}$$

微分形で表すと次式となる.

$$dS + \frac{dQ}{T_0} \geq 0 \tag{5.21}$$

式(5.19)，(5.21)より dQ を消去すると，次式が得られる.

$$dW_t \leq -d\left[(H - T_0S) + \frac{1}{2}mc^2 + mgz\right] \tag{5.22}$$

流体が入口の状態 1 から出口の状態 2 まで，有限の変化をする場合の工業仕事 W_{t12} は，式(5.22)を 1-2 間で積分して次式が得られる.

$$W_{t12} \leq (H_1 - H_2) - T_0(S_1 - S_2) + \frac{1}{2}m(c_1^2 - c_2^2) + mg(z_1 - z_2) \tag{5.23}$$

式(5.23)の右辺は，理論上得られる最大のエネルギーであり，開いた系の最大仕事である．工業上はほとんどの場合，エンタルピーに比べて運動エネルギーと位置エネルギーは無視できるので，式(5.23)は次式のように表せる.

$$W_{t12} \leq (H_1 - H_2) - T_0(S_1 - S_2) \tag{5.24}$$

周囲条件まで状態変化するとき

図5.5において，出口での流体の状態が周囲環境圧力 p_0 と周囲環境温度 T_0 に平衡し，最終的に $(1/2)mc_0^2 = 0$，$mgz_0 = 0$ の極限まで状態変化をさせた場合の最大仕事は，式(5.23)より次のようになる．

$$W_{t,a} = (H_1 - H_0) - T_0(S_1 - S_0) + \frac{1}{2}mc_1^2 + mgz_1 \tag{5.25}$$

ここに，H_0，S_0 はそれぞれ流体の p_0，T_0 におけるエンタルピーとエントロピーである．運動エネルギーと位置エネルギーを省略すると，式(5.25)は次式となる．

$$W_{t,a} = (H_1 - H_0) - T_0(S_1 - S_0) \tag{5.26}$$

式(5.26)は開いた系の有効エネルギーである．

ここで，断熱膨張の際の最大仕事を求めてみる．

例題 5.4　圧力 **2 MPa**，温度 **1000 K** の空気 **1 kg** を **0.2 MPa** まで可逆断熱膨張させたときの最大仕事を求めよ．ただし，空気の比熱比 $\boldsymbol{\kappa = 1.4}$，定圧比熱 $\boldsymbol{c_p = 1.005}$ **kJ/(kg·K)** とする．

解答　膨張後の温度は，可逆断熱変化の式(3.49)より次式で求められる．

$$T_2 = T_1\left(\frac{p_2}{p_1}\right)^{(\kappa-1)/\kappa} = 1000 \times \left(\frac{0.2}{2}\right)^{(1.4-1)/1.4} = 517.9 \quad \text{K}$$

可逆断熱変化では $dQ\ (= TdS) = 0$ であるから，エントロピーの変化は $S_2 - S_1 = 0$ となる．よって，最大仕事は式(5.24)より次式のように求められる．

$$W_{t12} = H_1 - H_2 = mc_p(T_1 - T_2) = 1 \times 1.005 \times (1000 - 517.9) = 484.5 \quad \text{kJ}$$

上式の結果は，当然ではあるが，第3章で求めた可逆断熱変化の工業仕事の式(3.51)に一致することがわかる．

状態変化が可逆断熱変化ではなく，エントロピー変化が零でない場合は，式(4.50)～(4.52)よりエントロピー変化を計算して，式(5.24)より最大仕事を求めればよい．

5.3 自由エネルギー

自由エネルギーの概念は，化学反応による状態変化の最大仕事や平衡条件を表すのに用いられ，有効エネルギーと考え方は基本的に同じである．ただし，有効エネルギーは最終状態が周囲状態であるが，自由エネルギーの場合は，最終状態が周囲状態である必要はないので，その点が異なる．化学反応では，等温・等容変化あるいは等温・等圧変化として考えることができ，その制約条件によりヘルムホルツの自由エネルギーあるいはギブスの自由エネルギーとよばれる．

5.3.1 ヘルムホルツの自由エネルギー

閉じた系の等温・等容変化を考える．閉じた系の最大仕事の式(5.16)において，$V=$(一定)であるから，等温・等容変化の最大仕事 $W_{12,F}$ は次式となる．

$$W_{12,F}=(U_1-U_2)-T_0(S_1-S_2) \tag{5.27}$$

ここで，T_0 は定数であるから，式(5.27)の変数をまとめて以下のように定義する．

$$F=U-TS \tag{5.28}$$

上式の F を**ヘルムホルツの自由エネルギー**(Helmholtz free energy)という．物質 1 kg あたりについて表すと，

$$f=u-Ts \tag{5.29}$$

となる．

5.3.2 ギブスの自由エネルギー

閉じた系の等温・等圧変化を考える．閉じた系の最大仕事の式(5.16)より，等温・等圧変化の最大仕事 $W_{12,G}$ は次式となる．

$$W_{12,G}=(U_1-U_2)-T_0(S_1-S_2)+p_0(V_1-V_2) \tag{5.30}$$

上式をエンタルピーの定義式 $H=U+pV$ を用いて書き換えると，次式が得られる．

$$W_{12,G}=(H_1-H_2)-T_0(S_1-S_2) \tag{5.31}$$

式(5.31)の変数をまとめて以下のように定義する．

$$G=H-TS \tag{5.32}$$

上式の G を**ギブスの自由エネルギー**(Gibbs free energy)という．式(5.32)は式(5.28)の内部エネルギーをエンタルピーで置き換えたものになっている．このことは，ギブスの自由エネルギーは，開いた系内に絶えず新しい物質が流入している場合に相当すると考えることができる．物質 1 kg あたりについて表すと，

$$g=h-Ts \tag{5.33}$$

となる．

ほとんどの化学反応は等温・等圧の条件で行われるので，たとえば燃料電池の化学反応によって発生する最大仕事などは，ギブスの自由エネルギーの式を用いて求められる．

5.4 不可逆過程と有効エネルギー損失

前節までは可逆過程において，受熱量のうち仕事に変換できる有効エネルギーについて述べてきた．実際の過程はすべて不可逆過程であり，有効エネルギーのすべてを仕事に変換することはできない．

図 5.6 には，可逆過程と不可逆過程において得られる仕事の違いを示した．可逆過程において仕事に変換できる部分 W_{12} は有効エネルギー Q_{a12} に等しく，式(5.5)を状態 1 から状態 2 まで積分した次式で表され，図(a)のように示される．

$$W_{12} = Q_{a12} = Q_{12} - T_0(S_2 - S_1) \tag{5.34}$$

一方，不可逆過程においては，流体の摩擦や渦などのため，系全体のエントロピーが ΔS_i だけ増加する（可逆過程では $\Delta S_i = 0$）．すなわち，図 5.6 (b)に示すように，不可逆過程では有効エネルギー Q_{a12} のうちエントロピー増加分 $T_0\Delta S_i$ に相当する分だけ，仕事に変換できずに失われてしまう．これを有効エネルギー損失またはエクセルギー損失という．したがって，不可逆過程においては，仕事に変換できる部分 W_{12} は有効エネルギー Q_{a12} よりもつねに小さくなる．

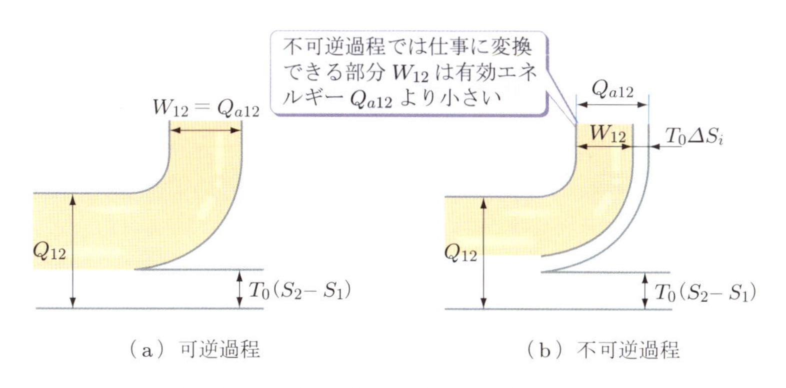

図 5.6 可逆過程と不可逆過程の有効エネルギー

5.5 エクセルギー効率

熱機関の熱効率は，受熱量に対してどれだけ仕事に変換できたかの割合で定義されることは前述した．すなわち，熱効率は図 5.6 の記号を用いて表すと次式で与えられる．

$$\eta_{th} = \frac{W_{12}}{Q_{12}} = \frac{\text{得られた仕事}}{\text{受熱量}} \tag{5.35}$$

式(5.35)により得られる最大効率は，可逆カルノーサイクルの効率であって，つねに 1 より小さい．その理由は，図 5.6 (a)に示したように，式(5.35)の分母 Q_{12} には，決して仕事に変換されることのない部分 $T_0(S_2 - S_1)$ が含まれているからである．

これに対し，実際に仕事に変換される可能性のある有効エネルギー Q_{a12} を分母にとって効率を定義する．

$$\eta_e = \frac{W_{12}}{Q_{a12}} = \frac{\text{得られた仕事}}{\text{有効エネルギー}} \tag{5.36}$$

ここで，η_e を**エクセルギー効率**(exergy efficiency)，または**有効エネルギー効率**という．エクセルギー効率を用いれば，熱機関の最高効率は 1 となり，有効エネルギーのうちどれだけ仕事に変換できたかがわかるので，設計目標としてもわかりやすいものといえる．

Coffee Break　自動車の燃費の評価は熱効率？ エクセルギー効率？

ガソリンスタンドでガソリンを入れてもらうと，1 リットルあたり何円で請求されます．自動車はガソリンの燃焼熱を高温熱源として走るので，ガソリンスタンドではガソリン 1 リットルあたりの高温熱源のエネルギー q_1 を購入していることになります．一方，自動車の燃費はガソリン 1 リットルあたりの走行距離，言い換えるとガソリン 1 リットルあたりの仕事 w を表すということができます．したがって，燃費を評価するときは $\eta = w/q_1$，すなわち熱効率を利用すればよいことになります．

エクセルギー効率という言葉があまりきかれないのは，そのような経済性と直接関係がないことによるためと思われます．

演習問題

5.1 20°C の空気 1 kg を等容のもとで 1000°C に加熱したとき，加熱量および有効エネルギーの増加を求めよ．ただし，空気の定容比熱は $c_v = 0.72$ kJ/(kg·K) とする．

5.2 ボイラに給水された 20°C の水 1 kg が沸点 180°C まで加熱され，さらに潜熱

$r = 2014$ kJ/kg を得て蒸発する場合，有効エネルギーの増加を求めよ．また，それは加熱量の何%か．ただし，水の比熱は $c = 4.2$ kJ/(kg·K) とする．

5.3 圧力 1 MPa，温度 1000°C の空気 100 kg の有効エネルギーはいくらか．ただし，空気の定圧比熱 $c_p = 1.005$ kJ/(kg·K)，ガス定数 $R = 0.287$ kJ/(kg·K) とする．

5.4 温度 1500°C の高温熱源と 25°C の低温熱源で作動する熱機関がある．高温熱源から 800 kW を受熱して 300 kW の仕事を発生するとき，熱効率およびエクセルギー効率を求めよ．

第6章 実在気体(蒸気)

液体を加熱していくと蒸気が発生し，蒸気をさらに高温に加熱していくと理想気体の性質に近づく．空気や燃焼ガスのような作動物質は，蒸気の状態からかなり離れた状態にあるため，理想気体としての取り扱いが可能である．

しかし，火力発電所や原子力発電所では，化石燃料の燃焼熱や核燃料の反応熱により水を蒸発させ，水蒸気をつくって蒸気タービンを駆動する．また，冷蔵庫やエアコンなどに用いられている冷凍機では，アンモニアや炭化水素系の冷媒を用いて冷凍作用を発生させている．これらの作動物質は，蒸発や凝縮といった状態変化を伴っており，理想気体とはかなり異なる性質をもっている．また，その性質を簡単な状態式で表すことは困難であるため，蒸気表や蒸気線図などを用いて比容積，比エンタルピー，比エントロピーなどを算出することになる．

工業上に用いる蒸気としては，水蒸気，アンモニア，二酸化炭素をはじめとする各種冷媒などがあるが，本章では水蒸気の特性を中心にその状態変化について学ぶ．

6.1 蒸気の一般的性質

蒸気タービンの作動流体である水蒸気は，ボイラで水を加熱してつくられる．このとき，水(水蒸気)にかかる圧力の大きさにより，蒸発に必要な加熱量が異なる．本節では，水の蒸発過程における特性について学ぶ．

6.1.1 水の等圧蒸発過程

図6.1に示すように，水をシリンダー内に入れ，ピストンに1気圧の一定圧力を加えつつ加熱したときの状態変化について考える．

図6.1(a)の0°Cの水を加熱していくと，水の温度は徐々に上昇し，図(b)の蒸発を開始する温度100°Cとなる．さらに加熱を続けても，水と蒸気が共存した状態が続き，それ以上の温度には上がらない．この一定温度は，液体の種類とその圧力によって決まる値であり，これをその圧力に対する**飽和温度**(saturation temperature)という．また，飽和温度にある液体を**飽和液**(saturated liquid)という．飽和温度より低い温度の液体を**圧縮液**(compressed liquid)という．飽和液の圧力と温度の間には一定の関係があり，温度が決まると圧力も決まる．飽和温度に対応する圧力を**飽和圧力**(saturation pressure) という．

飽和液(飽和水)をさらに加熱すると，図6.1(c)に示すように，水の一部は**蒸発**(evaporation)し，体積が膨張して，同じ温度・圧力の蒸気になる．蒸発中は，蒸気の温度は飽和温度に保たれ，水と蒸気が共存した状態である．このような，水と蒸

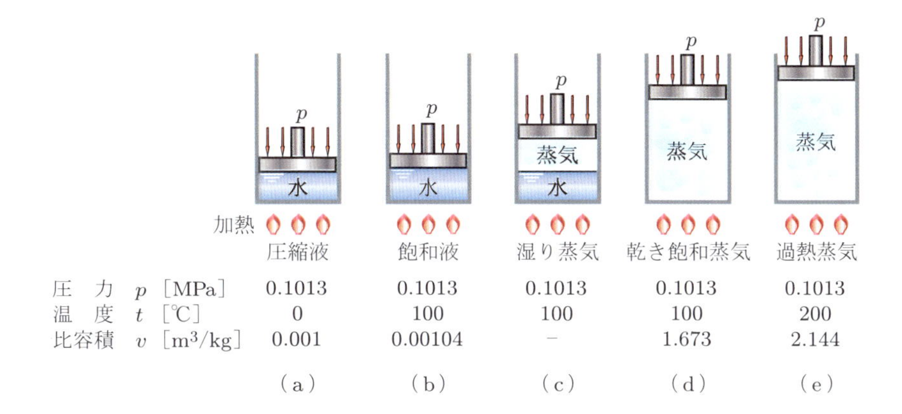

図 6.1　水の等圧蒸発過程の状態変化

気が共存している状態の蒸気を**湿り蒸気**(wet vapor)という．湿り蒸気とは，蒸気が湿っているという意味ではなくて，シリンダーの系内に蒸気のほかに水分(飽和液)が含まれていることを意味している．

湿り蒸気の加熱を続けると，図 6.1 (d)に示すように，飽和液のすべてがちょうど蒸発し終えた状態になり，シリンダー内は蒸気のみの状態になる．この状態の蒸気は水分(飽和液)が含まれていないので，**乾き飽和蒸気**(dry saturated vapor)とよばれる．

乾き飽和蒸気をさらに加熱すると，図 6.1 (e)に示すように，蒸気の温度が飽和温度を超えて上昇し，比容積も増加する．この状態の蒸気を**過熱蒸気**(superheated vapor)という．また，過熱蒸気の温度と飽和温度との差を**過熱度**(degree of superheat)という．

Coffee Break　天ぷら油に水が入ると危険なのはなぜ？

火にかけた天ぷら油は百数十度という高い温度になっているので，そこに少量の水が入ると一瞬のうちに蒸気に変わってしまいます．図 **6.1** (d)の例で示すと，乾き飽和蒸気の比容積は圧縮液の **1673** 倍になっていることがわかります．すなわち，天ぷら油に水が入ると，一瞬のうちに体積が約 **1700** 倍になるため，爆発したような状態になり，高温の油が飛び散って危険になるのです．

火山地域では，地下水がマグマによって蒸気になり，圧力が増して急激に噴出することがあります．このような現象を水蒸気爆発といい，蒸発に伴う比容積増加が原因となっています．

p–v 線図

蒸気タービンで発電する場合，水を加熱して蒸気にする蒸発過程と，タービンで仕事をした後の蒸気を水に戻して凝縮する過程とを組み合わせてサイクルを形成するが，そのサイクルを図示するためには，蒸気の状態を線図に表示する必要がある．ここで，図 6.1 の蒸発過程を p-v 線図に表すことを考えてみる．

図 6.1 で示した蒸発過程を p-v 線図に示すと，等圧過程であるから水平線で表され，図 6.2 に示す $p = 0.1013$ MPa における点線上の a-b-c-d-e で示される．他のさまざまな圧力の値においても同様な蒸発過程を調べ，飽和液である点 b と，乾き飽和蒸気である点 d をそれぞれ結ぶと，図に示す蒸気線図が描ける．点 b を結んだ曲線を飽和液線といい，点 d を結んだものを乾き飽和蒸気線という．飽和液における状態量に上付き添え字($'$)，乾き飽和蒸気における状態量に($''$)を付けて表す．

飽和液線の左側が圧縮液の領域，乾き飽和蒸気線の右側が過熱蒸気の領域，それらに挟まれた部分が湿り蒸気の領域を表している．

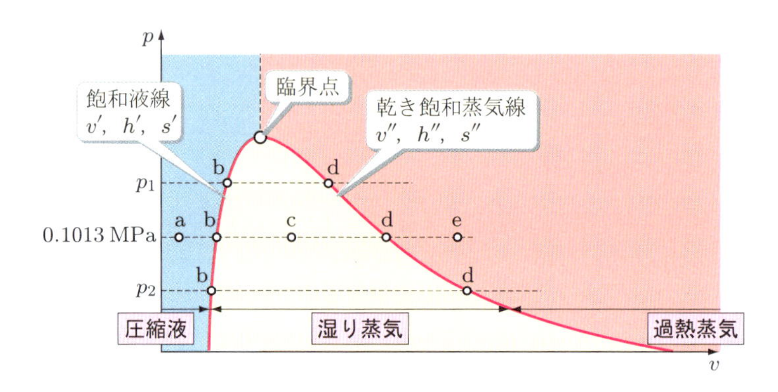

図 6.2　等圧蒸発過程の p-v 線図

臨界点

図 6.2 において圧力を上昇させると，飽和液の比容積 v' と乾き飽和蒸気の比容積 v'' が等しくなる点があり，それを**臨界点**(critical point)という．臨界点における圧力を臨界圧力，温度を臨界温度，容積を臨界容積という．臨界点では湿り蒸気の状態が存在せず，液体を加熱し，臨界温度にすると，蒸発の現象を伴わずにすぐに蒸気に変わってしまう．臨界点以上の圧力では液相と気相は連続していて明確な境界はないが，液が蒸気に変化すると物性値が変化するので，比容積が急激に変化する点などから実際上の境界を考えることができる．その境界は，図 6.2 に示すように，臨界点を通る等容線にほぼ一致する．

一般に，液体窒素や液体空気などガスの液化を行う場合，ガスの温度が臨界温度よりも高ければ液化しない．そのためガスの液化を行う場合は，まず，臨界温度以下に冷却する必要がある．表 6.1 には各種物質の臨界値を示す．たとえば，空気を液化す

表 **6.1** 各種物質の臨界値 [1]

物質名	化学記号	臨界圧力 p_c [MPa]	臨界温度 t_c [°C]	臨界比容積 v_c [m^3/kg]
水　銀	Hg	105.6	1490	0.00018
水	H_2O	22.1	373.9	0.00311
アルコール	C_2H_6O	6.38	243	0.0036
アンモニア	NH_3	11.3	132.4	0.00424
プロパン	C_3H_8	4.22	96.8	0.00455
ブタン	C_4H_{10}	4.36	95.6	0.00439
二酸化炭素	CO_2	7.43	31.0	0.00214
メタン	CH_4	4.63	−82.5	0.00617
酸　素	O_2	5.04	−118.8	0.00233
空　気	−	3.78	−140.7	0.0032
窒　素	N_2	3.39	−146.9	0.00322
水　素	H_2	1.29	−239.9	0.0322
ヘリウム	He	0.23	−267.9	0.0144

るためには −140.7°C，ヘリウムを液化するには −267.9°C まで冷却しなければならないことがわかる．

6.1.2 三重点

図 6.3 (a)に示すように，シリンダー内に水と蒸気が共存して平衡状態にあるものを，つねにそのつり合いを保つように，圧力を下げながら徐々に冷却して温度を下げていくと，水の一部が凍結し始める温度に達する．このような水(物質)の固体，液体，蒸気がつり合いを保つ温度，およびその圧力によって決まる状態点を**三重点**(triple point)という．蒸気の状態量 u，h，s は相対的な変化量から定義されているので，ある基準状態を定めて算出する必要がある．その基準状態として三重点が用いられており，三重点における水の比エンタルピー，および比エントロピーを零としている．水

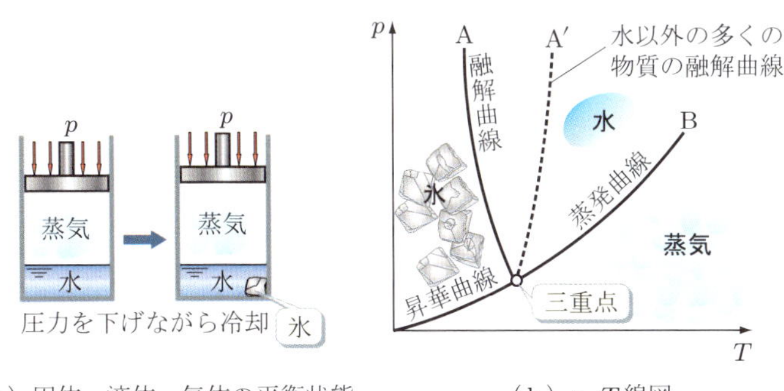

(a) 固体，液体，気体の平衡状態　　(b) p-T 線図

図 **6.3** 水の三重点

の三重点は以下の値で与えられる.

温度　273.16 K　(0.01°C)

圧力　611.2 Pa

図 6.3 (b)には，三重点近傍の状態曲線を p-T 線図に示してある．三重点より高い温度においては，水と蒸気が共存し，つり合いを保つ．三重点より温度を下げると，水はすべて凍結し，氷と蒸気が共存し，つり合いを保つ状態になる．この状態で熱を加えると，氷の一部が直接蒸気に変わり，逆に熱を除去すると蒸気の一部が氷に変わる．前者の現象を昇華という．

水は凝固(凍結)すると体積が増加するが，水以外の多くの物質は凝固すると体積が減少するため，その融解曲線は図 6.3 (b)の破線 A′ で示すようになる．

6.2 蒸気の状態変化

蒸気を熱機関の作動流体として用いるとき，水から蒸気または蒸気から水への相変化を伴う．そのため，それらの変化における状態量を求める必要がある．本節では，蒸気のさまざまな状態における状態量を求める方法について学ぶ．

6.2.1 蒸気表

理想気体は，簡単な状態式で表され状態量も容易に求められるが，図 6.1 に示したように，蒸気は蒸発過程を含み，複雑な状態変化となっている．そこで実際には，多くの実測値をもとに計算された値が表や線図として提供されており，蒸気の状態量はこれらを用いて求める．

巻末の付表 1〜3 は，水(蒸気)の飽和表および圧縮水と過熱蒸気の表であり，それらをまとめて**蒸気表**(steam table)とよぶ．図 6.4 には，蒸気表と p-v 線図との対応関係を示す．付表 1 は水の**温度基準飽和表**であり，飽和液または乾き飽和蒸気の比容積，比エンタルピー，比エントロピーの値が記されている．これは温度がわかっているときに使用する．一方，付表 2 は**圧力基準飽和表**であり，圧力がわかっているときに使用する．付表 3 は圧縮水と過熱蒸気の表であり，図において飽和液線と乾き飽和蒸気線の外側の状態が記されている．なお，付表 1〜3 に表示されている温度，圧力以外の状態量を求める場合は，内挿法(例題 6.1 参照)により求める．

湿り蒸気の状態量は，蒸気表としては与えられていないので，次項で説明する乾き度 x を用いて算出する．

ここで，圧縮水と過熱蒸気の状態量を調べながら付表の使い方を学ぶ．

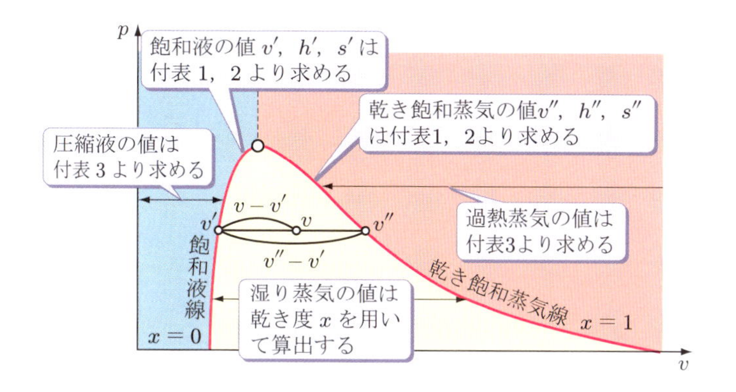

図 **6.4** 蒸気表との対応

例題 6.1 **2 MPa，150°C（状態 1）の水 1 kg を，圧力一定で 620°C（状態 2）まで加熱するとき，(a) 状態 1 の比エンタルピー h_1，(b) 状態 2 の比エンタルピー h_2，を蒸気表より求めよ．**

解答 一般的には，与えられた蒸気の状態がどの領域にあるのかわからないので，次のように調べる．2 MPa における飽和温度 t_s は付表 2 より $t_s = 212.38$°C であるから，状態 1 は 150°C $< t_s$ より圧縮水，状態 2 は $t_s <$ 620°C より過熱蒸気である．

(a) 付表 3 より $h_1 = 633.19$ kJ/kg と読める．

(b) 付表 3 には 620°C の値が載っていないので，内挿法により求める．600°C および 650°C における比エンタルピーは，それぞれ $h_{600} = 3690.71$ kJ/kg，$h_{650} = 3803.79$ kJ/kg であるから，比例の関係より，

$$(620-600):(650-600) = (h_{620}-h_{600}):(h_{650}-h_{600})$$

となるので，

$$h_2 = h_{620} = \frac{2h_{650}+3h_{600}}{5} = \frac{2\times 3803.79 + 3\times 3690.71}{5} = 3735.9 \quad \text{kJ/kg}$$

が求められる．

このように，蒸気表に記載されていない状態量は，内挿法を用いて計算する．

6.2.2 湿り蒸気の乾き度

湿り蒸気は，図 6.1 で説明したように飽和液と乾き飽和蒸気の混合物である．ここで，湿り蒸気の状態を表示するため，図 6.4 に示したように，湿り蒸気に含まれる乾き飽和蒸気の割合を次式で定義する．

$$x = \frac{1\ \text{kg の湿り蒸気に含まれる乾き飽和蒸気量}}{\text{湿り蒸気 } 1\ \text{kg}} = \frac{v-v'}{v''-v'} \tag{6.1}$$

ここに，x を**乾き度**(quality)という．式(6.1)は，湿り蒸気 1 kg の中に，乾き飽和蒸気 x [kg] と飽和液 $(1-x)$ [kg] が含まれていることを表している．したがって，飽和液では $x=0$，乾き飽和蒸気では $x=1$ となる．$(1-x)$ を湿り度とよぶことがある．

湿り蒸気の比容積，比エンタルピー，比エントロピーを乾き度 x を用いて表すと，それぞれ以下のようになる．

$$v=(1-x)v'+xv''=v'+x(v''-v') \tag{6.2}$$

$$h=(1-x)h'+xh''=h'+x(h''-h')=h'+xr \tag{6.3}$$

$$s=(1-x)s'+xs''=s'+x(s''-s')=s'+x\frac{r}{T_s} \tag{6.4}$$

ここに，$r=h''-h'$ は蒸発潜熱，T_s は蒸発温度である．蒸発中の比エントロピー増加は，$s''-s'=r/T_s$ の関係を用いている．式(6.2)～(6.4)より，乾き度 x がわかれば，湿り蒸気の状態量を計算することができる．

ここで，飽和表を使って蒸気の状態量を計算してみる．

例題 6.2 **温度 150°C，乾き度 $x=0.95$ の湿り蒸気の，(a) 圧力，(b) 比容積，(c) 比エンタルピー，(d) 比エントロピー，を求めよ．**

解答 (a) 付表 1 より，150°C に相当する飽和圧力を読み取ると，$p=0.4761$ MPa.

(b) 同様に $v'=0.00109050\ \mathrm{m^3/kg}$，$v''=0.392502\ \mathrm{m^3/kg}$ であるから，式(6.2)に代入すると，

$$v=v'+x(v''-v')=0.00109050+0.95\times(0.392502-0.00109050)$$
$$=0.372931 \quad \mathrm{m^3/kg}$$

(c) $h'=632.25$ kJ/kg，$h''=2745.92$ kJ/kg であるから，式(6.3) に代入すると，

$$h=h'+x(h''-h')=632.25+0.95\times(2745.92-632.25)=2640.24 \quad \mathrm{kJ/kg}$$

(d) $s'=1.84195$ kJ/(kg·K)，$s''=6.83703$ kJ/(kg·K) であるから，式(6.4)に代入すると，

$$s=s'+x(s''-s')=1.84195+0.95\times(6.83703-1.84195)=6.58728 \quad \mathrm{kJ/(kg\cdot K)}$$

付表 1 には蒸発潜熱として $r=h''-h'$ の値が示されているので，(c)の問題では $h=h'+xr$ を用いて計算しても同じ結果が得られる．

6.2.3 乾き度の測定

湿り蒸気の乾き度 x を直接測定することは困難であるが，湿り蒸気が絞りを受ける際の状態変化の特性を利用して測定することができる．これに用いられる装置を**絞り熱量計**(throttling calorimeter)といい，図 6.5 (a)に示す．図(b)には，湿り蒸気が絞りを受ける際の状態変化を示す．乾き度 x，温度 T_1，比エンタルピー h_1 の湿り蒸気

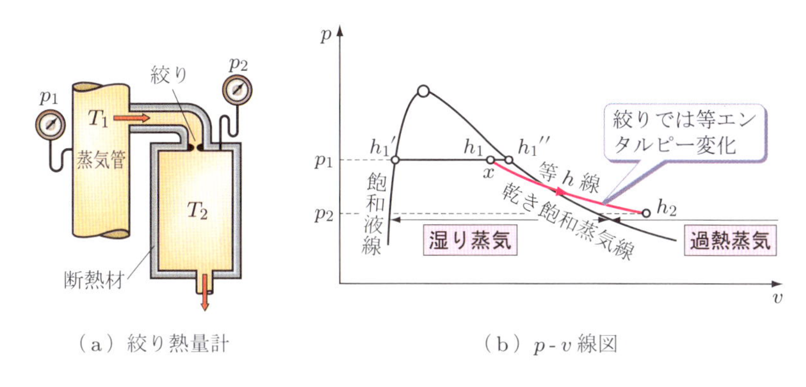

（a）絞り熱量計　　　（b）p-v 線図

図 6.5　絞りによる湿り蒸気の状態変化

は，絞りを通ると等エンタルピー線に沿って変化し，圧力が p_2 に低下し，温度が T_2 となって過熱蒸気の状態 h_2 となる．絞りの前後ではエンタルピーは一定であるから，$h_1 = h_2$ であり，次式となる．

$$h_1 = h_1' + x(h_1'' - h_1') = h_1' + xr_1 = h_2 \tag{6.5}$$

よって，乾き度 x は次式で表される．

$$x = \frac{h_2 - h_1'}{r_1} \tag{6.6}$$

ここに，h_2 は温度 T_2，圧力 p_2 の過熱蒸気の比エンタルピー，h_1' および r_1 は圧力 p_1 の飽和水の比エンタルピーおよび蒸発熱である．これらの値は，絞り熱量計により，p_1，p_2 および T_2 を測定すれば，蒸気表から求められるので，式(6.6)から乾き度 x の値が計算できる．

6.3 蒸気線図

状態量 p，v，T，h，s のうちいずれか二つを座標系にとり，いくつかの特性曲線を求めておけば，さまざまな状態変化に伴う状態量は，計算によらずその線図により求めることができる．また，火力発電所の蒸気サイクルや空調機器の冷凍サイクルなどを線図に表示することができ，熱計算を行うことができる．このような**蒸気線図**(steam diagram)は，状態量の組み合わせにより数種類のものができるが，広く用いられているのは T-s 線図と h-s 線図である．

ここでは，まず図 6.6 に示す p-v 線図における特性曲線について説明する．等温線については，圧縮液ではほぼ垂直線，湿り蒸気では等圧蒸発過程は温度一定であるた

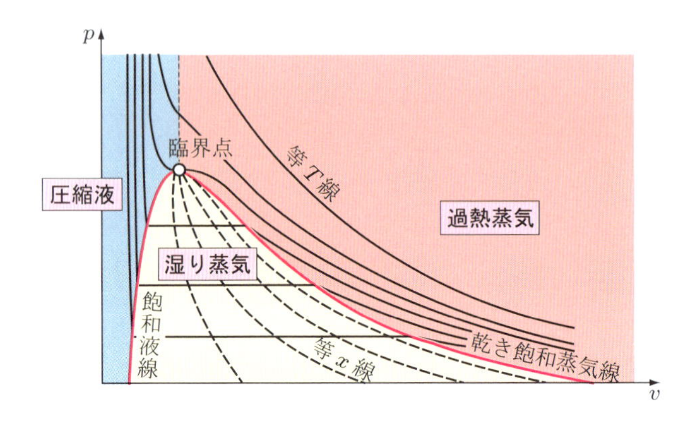

図 **6.6**　蒸発過程の p-v 線図

め水平線で表される．また，過熱蒸気では双曲線に漸近する．高温になると等温線が双曲線に漸近するということは，$pv=$（一定），すなわち理想気体の状態式において $T=$（一定）に漸近し，理想気体の性質に近づくことを意味している．等乾き度線はその定義より，湿り蒸気の領域を比例分割する曲線で表される．

T-s 線図

図 6.7 に示す温度-エントロピー線図（T-s 線図）は，可逆断熱変化が垂直線（$s=$（一定））で表され，また，$dq = T\,ds$ の関係から面積が受熱量または仕事を表すという特徴がある．なお，圧縮液の領域における等圧線は，飽和液線にほとんど重なった状態となって表されるので，数値が読み取りにくく注意しなければならない．

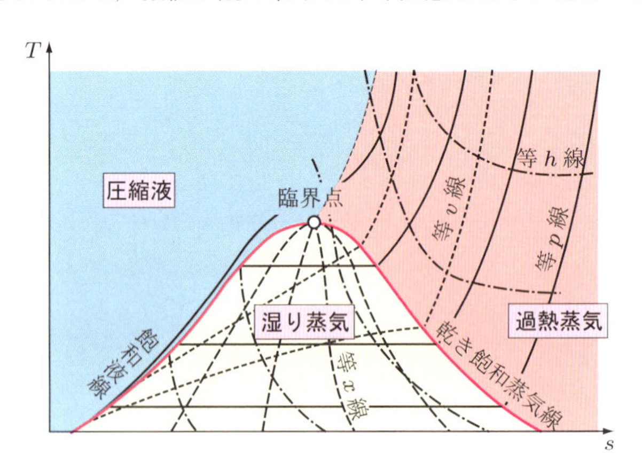

図 **6.7**　蒸発過程の T-s 線図（後見返し拡大図参照）

h-s 線図

図 6.8 に示す h-s 線図は，この線図の創案者の名をとり，**モリエ線図**(Mollier diagram)とよぶ．この線図では，縦軸が比エンタルピーすなわち熱量を表すので，熱量または仕事を直接読み取れるという特徴がある．また，臨界点は飽和液線および乾き飽和蒸気線の頂点にはならず，傾斜線上の一点となる．したがって，飽和液線近傍の各種特性曲線が非常に密になり，状態量が読みにくいという欠点がある．

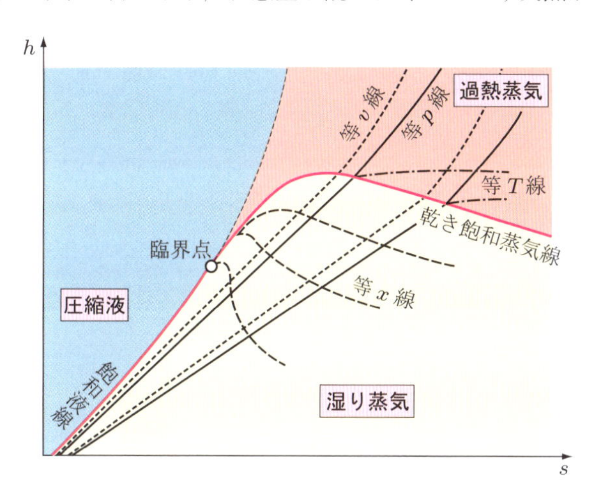

図 **6.8**　蒸発過程の h-s 線図

p-h 線図

図 6.9 に示す p-h 線図は，冷凍サイクルを議論するときによく用いられる．冷凍

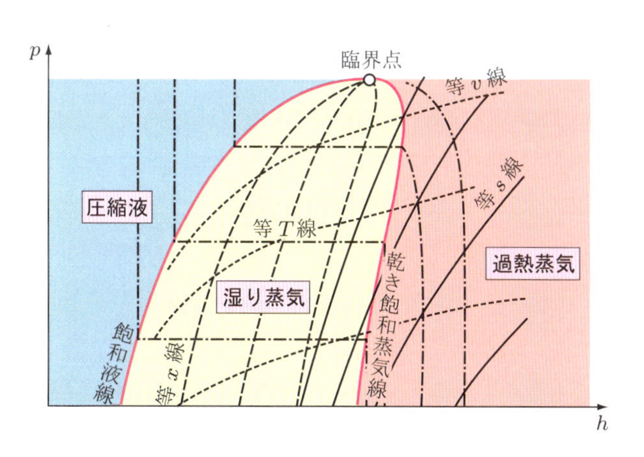

図 **6.9**　蒸発過程の p-h 線図

サイクルでは，冷媒として炭化水素系冷媒やアンモニア，二酸化炭素などの自然系冷媒が用いられるが，一般にそれらの状態図は p-h 線図で表される．冷凍サイクルは，膨張弁の等エンタルピー変化，凝縮器，蒸発器内の等圧変化などで構成されるため，p-h 線図の座標系から圧力や比エンタルピーなどの数値を直接読み取れるという特徴がある．冷凍サイクルについての詳細は第 10 章で説明する．

ここで，水蒸気を理想気体と仮定して求めた状態量と，蒸気表より求めた状態量との相違について調べてみる．

例題 6.3 **0.10142 MPa，100°C の乾き飽和蒸気が 0.2 MPa，300°C の過熱蒸気になったとき，(a) 比エントロピーの増加量，(b) 水蒸気を表 3.1 の物性値で表される理想気体と仮定したときの比エントロピー増加量，を求めよ．**

解答 (a) 付表 1 より $s_1 = 7.35408$ kJ/(kg·K)，付表 3 より $s_2 = 7.8940$ kJ/(kg·K)，であるから

$$s_2 - s_1 = 0.5399 \quad \text{kJ/(kg·K)}$$

(b) 式(4.51)より，

$$\begin{aligned}\frac{\Delta S}{m} &= c_p \ln \frac{T_2}{T_1} - R \ln \frac{p_2}{p_1} \\ &= 1.861 \times \ln \frac{573.15}{373.15} - 0.4616 \times \ln \frac{0.2}{0.10142} = 0.4852 \quad \text{kJ/(kg·K)}\end{aligned}$$

理想気体と仮定するとかなり異なる値となり，水蒸気は理想気体として取り扱えないことがわかる．

6.4 蒸気の熱力学的状態量

水を加熱して蒸気にするときの加熱量や比エントロピーの変化は蒸気表より求められるが，本節では計算により求める場合の考え方を学ぶ．

液体熱

1 kg の水を一定圧力のもとで基準温度（三重点温度，273.16 K）から，その圧力に相当する飽和温度 T_s [K] まで加熱するのに要する熱量を，**液体熱**（heat of the liquid）q_l といい，次式で表される．

$$q_l = \int_{273.16}^{T_s} c\,dT = \int_{273.16}^{T_s} c(T)\,dT \tag{6.7}$$

ここに，c は水の比熱であり，一般に温度の関数である．

飽和温度まで加熱された飽和液の比エントロピーは，三重点を基準として次式で表される．

$$s' = \int_{273.16}^{T_s} \frac{dq}{T} = \int_{273.16}^{T_s} c\frac{dT}{T} \tag{6.8}$$

水の場合，150°C 以下のあまり高温でない飽和液の比熱は定数とみなすことができるので，飽和液の比エントロピーは近似的に次式で表される．

$$s' = c\ln\frac{T_s}{273.16} \tag{6.9}$$

ここに，T_s は飽和温度の絶対温度 [K] である．図 6.10 は，一定圧力での水の蒸発過程を示している．T-s 線図においては面積が熱量を表すので，液体熱 q_l は面積 OABb で示される．

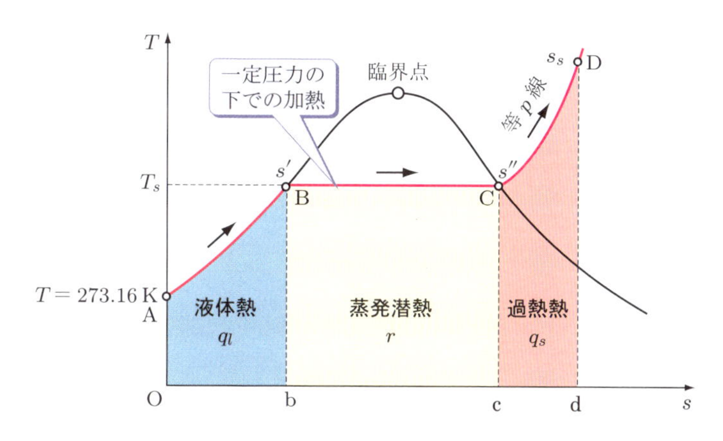

図 **6.10**　等圧蒸発過程において加える熱

蒸発潜熱

飽和温度の水を，等圧のもとで乾き飽和蒸気にするのに要する熱量を**蒸発潜熱**(heat of vaporization) r といい，乾き飽和蒸気の比エンタルピー h'' と飽和液の比エンタルピー h' の差で与えられる．

$$r = h'' - h' \tag{6.10}$$

蒸発中の比エントロピーの増加は，蒸発温度が T_s であるから次式となる．

$$s'' - s' = \frac{r}{T_s} \tag{6.11}$$

蒸発潜熱は図 6.10 の面積 bBCc で示される．なお，圧力が高くなり等圧線が臨界点に近くなると，距離 B-C が短くなり，すなわち，蒸発潜熱が減少することがわかる．臨界点の圧力においては，蒸発潜熱が零となり，液体から蒸気に瞬時に変わる．

過熱熱

乾き飽和蒸気をさらに温度 T まで加熱する熱を過熱熱 q_s といい，過熱蒸気の比熱 c_p が既知であれば，過熱蒸気の比エンタルピーは次式で表される．

$$h = h'' + q_s = h'' + \int_{T_s}^{T} c_p\, dT \tag{6.12}$$

また，過熱蒸気の比エントロピーは，

$$s_s = s'' + \int_{T_s}^{T} c_p \frac{dT}{T} \tag{6.13}$$

で表される．過熱熱 q_s は図 6.10 の面積 cCDd で示される．

6.5 実在気体の状態式

図 6.6 の説明でも述べたように，水蒸気は温度が臨界点より十分に高い場合は理想気体の性質に近づく．また，実際の気体は圧力が低くなり，温度が高くなるにつれて，次第に理想気体の性質に漸近する．しかし，気体が蒸気の性質を表す飽和域に近づいてくると，気体を構成している分子間に作用する力，すなわち分子間力の影響が生じるようになり，理想気体の状態式には従わなくなる．これまで述べた水蒸気の蒸気表は，そのため数多くの実験により求められたものである．

一方，熱力学的実験データが十分でない気体に対しては，各種状態式が提唱されており，そのいくつかを以下に述べる．

6.5.1 ファン・デル・ワールスの状態式

理想気体では，分子間には引力がはたらかないと仮定して，$pv = RT$ の状態式が成立するとした．しかし，実際の気体や蒸気などは理想気体ではなく，とくに蒸発などの相変化は，**分子間引力**(intermolecular force)の影響が現れる現象である．気体分子間の距離が離れていると引力が作用し，近距離になると斥力が作用するようになる．この影響を，理想気体の状態式の圧力 p と比容積 v に適当な修正項を加えることにより表したものが，次式で示される**ファン・デル・ワールスの状態式**(Van der Waals equation of state)である．

$$\left(p + \frac{a}{v^2}\right)(v - b) = RT \tag{6.14}$$

ここに，a，b は気体により決まる定数である．式(6.14)を p-v 線図に表すと，図 6.11 のようになる．図では縦軸と横軸をそれぞれの臨界点での値で除して示してある．等温線は温度が低い領域では極大値と極小値をとる．この領域を湿り蒸気と考え，

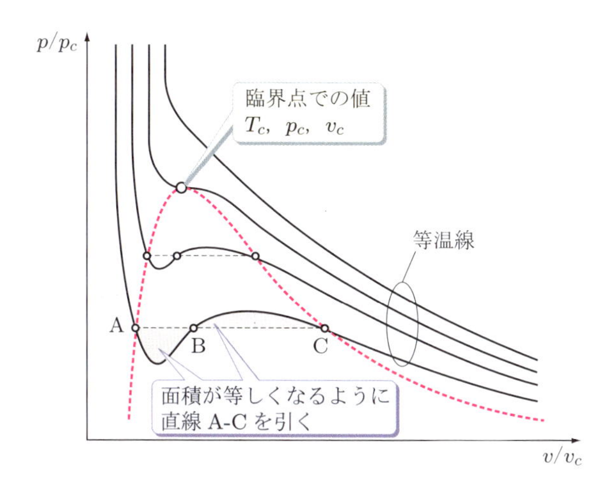

図 **6.11**　ファン・デル・ワールスの状態式

の面積 A-B と B-C が等しくなるような直線 A-C を引くと，等圧線 A-C は飽和圧力を示し，他のさまざまな温度に対する点 A を結んだ線が飽和液線，点 C を結んだ線が乾き飽和蒸気線として表される．

臨界点では次の関係がある．

$$\left(\frac{\partial p}{\partial v}\right)_T = 0 \tag{6.15}$$

$$\left(\frac{\partial^2 p}{\partial v^2}\right)_T = 0 \tag{6.16}$$

式(6.14)に式(6.15)，(6.16)を考慮すると，定数 a，b，R が臨界点での値を用いて表現でき，最終的に式(6.14)は次式で表される．

$$\left[\frac{p}{p_c} + \frac{3}{(v/v_c)^2}\right]\left(\frac{v}{v_c} - \frac{1}{3}\right) = \frac{8}{3}\frac{T}{T_c} \tag{6.17}$$

式(6.17)の p，v，T は臨界点の状態量との比で表されており，気体の種類にはよらない形となっている．これを換算状態式という．ファン・デル・ワールスの状態式は，臨界点近傍で実在気体との誤差が大きく実用に向かないが，さまざまな状態式改良のもととなっている．

6.5.2 ビーティー－ブリッジマンの状態式

ファン・デル・ワールスの状態式は簡単な形で表されるが，誤差が大きいという欠点がある．これに対し，やや複雑ではあるが臨界状態を除く広い領域で実験値に合うように作られた有用な状態式があり，これを**ビーティー－ブリッジマンの状態**

式(Beattie-Bridgeman equation of state)といい，次式のように表す.

$$pv = RT\left[1 + \frac{B}{v}\left(1 - \frac{b}{v}\right)\right]\left(1 - \frac{c}{vT^3}\right) - \frac{A}{v}\left(1 - \frac{a}{v}\right) \tag{6.18}$$

ここに，各種気体に対する定数は表 6.2 の値を用いる.

表 6.2 ビーティー-ブリッジマン状態式の定数[1]

気体	R [J/(kg·K)]	A [m^3/kg]	a [m^3/kg]	B [m^3/kg]	b [m^3/kg]	c [m^{3}K^3/kg]
窒　素	296.80	17.696	0.000936	0.001798	−0.0002466	1499
酸　素	259.83	15.051	0.000799	0.001448	0.0001317	1499
水　素	4124.6	502.149	−0.0025096	0.010401	−0.021619	251
二酸化炭素	188.92	26.715	0.001623	0.002379	0.001642	14990
一酸化炭素	296.83	17.715	0.0009364	0.001798	−0.0002472	1500
メタン	518.27	91.411	0.001155	0.003483	−0.0009864	799.7
エチレン	296.40	80.774	0.001767	0.004333	0.001280	8080
アンモニア	488.20	85.226	0.01	0.002004	0.011225	280500
ヘリウム	2077.2	13.928	0.014952	0.003496	0.0	9.99

演習問題

6.1 2 MPa，400°C の過熱蒸気が 0.1 MPa まで等エントロピー膨張するとき，膨張後の乾き度を求めよ.

6.2 0.10142 MPa のもとで 100°C の水を 100°C の蒸気に変えるとき，比内部エネルギーの変化を求めよ.

6.3 20°C，1 MPa の水 1 kg を等圧のもとで加熱して 400°C の過熱蒸気を得るとき，加えるべき熱量を求めよ.

6.4 10 MPa，600°C の過熱蒸気 1 kg に同一圧力の飽和水を噴入し，蒸気温度を 500°C まで下げるには，どれだけの飽和水が必要か.

6.5 密閉容器に封入されている 1.5 MPa，乾き度 0.95 の蒸気を冷却して圧力が 0.8 MPa となったとき，蒸気の乾き度を求めよ.

6.6 2 MPa，乾き度 0.45 の湿り蒸気を，同一圧力のもとで体積が 2 倍になるまで加熱したとき，加熱後の蒸気温度および加熱量を求めよ.

参考文献

[1] 斉藤武，大竹一友，三田地紘史：工業熱力学通論，日刊工業新聞社，1991.

第7章 熱力学の一般関係式

前章までは熱力学の理論を具体的に説明し，理想気体や実在気体の状態変化に対して，その取り扱い方を学習してきた．熱力学は，物質がさまざまな状態変化をするときの基礎となる学問であり，その応用範囲は広い．熱力学の基本的な関係式に第一法則や第二法則の式を適用し，数学的手法を用いることにより，実在上のさまざまな物質に適用できる熱力学の一般関係式を導出することができる．

本章では，状態量の微分関係式を求めて，比熱，エントロピーに関する一般関係式を説明し，低温を得る際に必要となるジュール-トムソン効果や物質の相変化にかかわる重要な関係式を学ぶ．

7.1 数学的基礎事項

ここまでの熱力学の学習でもわかるように，物質や系の状態を表すために，圧力，温度，容積，内部エネルギー，エンタルピー，エントロピーなどの状態量を取り扱ってきた．また，それら種々の状態量のうち任意の二つが決まれば，他の状態量も決まることは，第1章でも述べた．いま，この二つの独立の状態量を x，y とし，第3の任意の状態量を z とすると，z は x と y の関数となるから次式のように表せる．

$$z = z(x, y) \tag{7.1}$$

上式から導かれる状態量の微係数の間には，いくつかの関係式が成り立ち，それらの式は物質の種類や状態(固体，液体，気体)によらず成立するので，それらを**熱力学の一般関係式**(general thermodynamic relation)という．

熱力学では状態量などを微分形で表すことが多いので，いま仮に，物質が微小変化をして，式(7.1)の x，y，z がそれぞれ $x + dx$，$y + dy$，$z + dz$ になったものとすれば，図7.1に示すように，dz は次式で表すことができる．

$$dz = Mdx + Ndy \tag{7.2}$$

ここで，M，N は，それぞれ任意の値 $z(x_1, y_1)$ における x，y 方向の微係数である．また，一般的に M，N は状態量の関数である．

一方，式(7.1)の**全微分**(total differential)は数学的に次式で与えられる．

$$dz = \left(\frac{\partial z}{\partial x}\right)_y dx + \left(\frac{\partial z}{\partial y}\right)_x dy \tag{7.3}$$

式(7.2)が全微分となるための条件は，式(7.3)より，次式となる．

$$M = \left(\frac{\partial z}{\partial x}\right)_y, \quad N = \left(\frac{\partial z}{\partial y}\right)_x \tag{7.4}$$

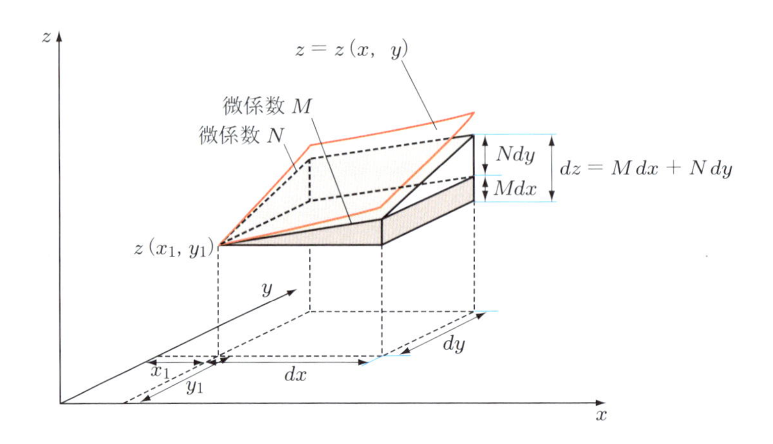

図 7.1　関数 z の微小変化量 dz

上式の M, N をそれぞれ y と x で偏微分すると次式となる.

$$\left(\frac{\partial M}{\partial y}\right)_x = \frac{\partial^2 z}{\partial x \partial y} = \left(\frac{\partial N}{\partial x}\right)_y \tag{7.5}$$

式(7.5)は, 式(7.2)の dz が全微分であるための条件である. また, これを熱力学的にいえば, z が状態量であるための条件式であるともいえる. もし z が状態量でない場合, たとえば, 熱量や仕事のように変化の経路により変わる量であれば, 式(1.7)で説明したように, dz は全微分でなくなり, 式(7.5)は成立しない. したがって, 式(7.5)はある量が状態量であるかどうかを確かめるために用いることもできる.

ここで, よく知られているエンタルピーと仕事が, 状態量であるかを調べてみる.

例題 7.1　(a) 理想気体に対するエンタルピーの式 $dh = c_p\,dT$, (b) 可逆変化に対する絶対仕事の式 $dw = p\,dv$, が全微分であるかを調べよ.

解答　(a) $dh = c_p\,dT = M dT + N dv$ とおくと,

$$\frac{\partial M}{\partial v} = \frac{\partial c_p}{\partial v} = 0, \quad \frac{\partial N}{\partial T} = 0$$

となり, 式(7.5)を満足するので全微分である.

(b) $dw = p\,dv = M\,dv + N\,dp$ とおくと,

$$\frac{\partial M}{\partial p} = \frac{\partial p}{\partial p} = 1, \quad \frac{\partial N}{\partial v} = 0$$

となり, 式(7.5)を満足しないので全微分ではない.

以上の結果から, エンタルピー h は状態量であり, 仕事 w は状態量ではないということがわかり, 全微分が状態量であるための条件であることが確認できる.

いま, 物質の微小な状態変化が z の変化を生じない, すなわち $dz = 0$ となるよう

なものであれば，式(7.3)において，両辺を dy で除したときの dx/dy は，z が一定であるから $(\partial x/\partial y)_z$ と表記される．このとき式(7.3)は次式となる．

$$\left(\frac{\partial z}{\partial x}\right)_y \left(\frac{\partial x}{\partial y}\right)_z + \left(\frac{\partial z}{\partial y}\right)_x = 0 \tag{7.6}$$

また，式(7.6)の第二項は x と y の関数である z を，x を一定として微分したものであるから，次式のように逆数で表すことができる．

$$\left(\frac{\partial z}{\partial y}\right)_x = \frac{1}{\left(\dfrac{\partial y}{\partial z}\right)_x} \tag{7.7}$$

式(7.7)を式(7.6)に代入すると，次式が得られる．

$$\left(\frac{\partial x}{\partial y}\right)_z \left(\frac{\partial y}{\partial z}\right)_x \left(\frac{\partial z}{\partial x}\right)_y = -1 \tag{7.8}$$

式(7.3)～(7.8)の x，y，z にいろいろな状態量を代入することにより，多くの一般関係式が得られる．

7.2 マクスウェルの関係式

熱力学の第一法則，第二法則の式より，

$$dq = T\,ds = du + p\,dv = dh - v\,dp \tag{7.9}$$

となるから，比内部エネルギーと比エンタルピーは次式で表される．

$$du = T\,ds - p\,dv \tag{7.10}$$

$$dh = T\,ds + v\,dp \tag{7.11}$$

また，第5章で定義されたヘルムホルツの自由エネルギーの式 $f = u - Ts$ とギブスの自由エネルギーの式 $g = h - Ts$ を微分して，式(7.10)，(7.11)の関係を用いると，次式が得られる．

$$df = du - d(Ts) = -p\,dv - s\,dT \tag{7.12}$$

$$dg = dh - d(Ts) = v\,dp - s\,dT \tag{7.13}$$

式(7.10)～(7.13)はいずれも式(7.2)に相当した微分式であり，また u，h，f，g はいずれも状態量であるから，du，dh，df，dg はそれぞれ全微分である．ゆえに，その条件式(7.5)に相当する式をそれぞれの場合に対して表すと，以下の関係式が得られる．

$$\left(\frac{\partial T}{\partial v}\right)_s = -\left(\frac{\partial p}{\partial s}\right)_v \tag{7.14}$$

$$\left(\frac{\partial T}{\partial p}\right)_s = \left(\frac{\partial v}{\partial s}\right)_p \tag{7.15}$$

$$\left(\frac{\partial p}{\partial T}\right)_v = \left(\frac{\partial s}{\partial v}\right)_T \tag{7.16}$$

$$\left(\frac{\partial v}{\partial T}\right)_p = -\left(\frac{\partial s}{\partial p}\right)_T \tag{7.17}$$

式(7.14)～(7.17)は，**マクスウェルの熱力学関係式**(Maxwell thermodynamic relation)として知られている．

式(7.10)において，たとえば v を一定と考えて $dv = 0$ とおけば，$(\partial u/\partial s)_v = T$ となり，また，s を一定と考えて $ds = 0$ とおけば，$(\partial u/\partial v)_s = -p$ となる．このようなことを，式(7.11)～(7.13)についても行うと次式が得られる．

$$\left(\frac{\partial u}{\partial s}\right)_v = T = \left(\frac{\partial h}{\partial s}\right)_p \tag{7.18}$$

$$\left(\frac{\partial u}{\partial v}\right)_s = -p = \left(\frac{\partial f}{\partial v}\right)_T \tag{7.19}$$

$$\left(\frac{\partial h}{\partial p}\right)_s = v = \left(\frac{\partial g}{\partial p}\right)_T \tag{7.20}$$

$$\left(\frac{\partial f}{\partial T}\right)_v = -s = \left(\frac{\partial g}{\partial T}\right)_p \tag{7.21}$$

式(7.21)の比エントロピー s に，ヘルムホルツの自由エネルギーの式 $f = u - Ts$ と，ギブスの自由エネルギーの式 $g = h - Ts$ を代入すると，次式となる．

$$f - u = T\left(\frac{\partial f}{\partial T}\right)_v \tag{7.22}$$

$$g - h = T\left(\frac{\partial g}{\partial T}\right)_p \tag{7.23}$$

式(7.22)，(7.23)は**ギブス‐ヘルムホルツの式**(Gibbs-Helmholtz equation)といい，f と g の温度による変化を計算するときに用いられる．

また，式(7.7)，(7.8)の関係を用いて，状態量 x，y，z に v，T，p をそれぞれあてはめると，次式が得られる．

$$\left(\frac{\partial v}{\partial T}\right)_p = -\left(\frac{\partial p}{\partial T}\right)_v \left(\frac{\partial v}{\partial p}\right)_T \tag{7.24}$$

上式の各微係数は次の量と対応している．

等温圧縮率　$\alpha = -\dfrac{1}{v}\left(\dfrac{\partial v}{\partial p}\right)_T$ (7.25)

体膨張係数　$\beta = \dfrac{1}{v}\left(\dfrac{\partial v}{\partial T}\right)_p$ (7.26)

圧力係数　$\gamma = \dfrac{1}{p}\left(\dfrac{\partial p}{\partial T}\right)_v$ (7.27)

ここで，理想気体の体膨張係数を求めてみる．

例題 7.2　理想気体の体膨張係数が $\boldsymbol{\beta = 1/T}$ であることを確かめよ．

解答　理想気体の状態式を変形すると $v = RT/p$ であるから，式(7.26)に代入すると，

$$\beta = \frac{1}{v}\left(\frac{\partial v}{\partial T}\right)_p = \frac{1}{v}\frac{R}{p} = \frac{1}{T} \quad [1/\mathrm{K}]$$

となる．上式は，空気の体膨張係数など，気体を近似的に理想気体として取り扱ってもよい場合に用いられる．

7.3 比熱に関する一般関係式

一般の物質の比熱は一定ではなく，温度や圧力により変わる量である．ここで，比熱と他の状態量との関係を求めてみる．

閉じた系の第一法則の式 $dq = du + p\,dv$ と第二法則の式 $dq = T\,ds$ を用い，等容変化のもとでは $dv = 0$ であるから，定容比熱は次式で表される．

$$c_v = \left(\frac{\partial q}{\partial T}\right)_v = \left(\frac{\partial u}{\partial T}\right)_v = T\left(\frac{\partial s}{\partial T}\right)_v \tag{7.28}$$

同様に，開いた系の第一法則の式 $dq = dh - v\,dp$ と第二法則の式 $dq = T\,ds$ を用い，等圧変化のもとでは $dp = 0$ であるから，定圧比熱は次式で表される．

$$c_p = \left(\frac{\partial q}{\partial T}\right)_p = \left(\frac{\partial h}{\partial T}\right)_p = T\left(\frac{\partial s}{\partial T}\right)_p \tag{7.29}$$

式(7.28)，(7.29)を温度一定として，それぞれ v と p で偏微分すると次式となる．

$$\left(\frac{\partial c_v}{\partial v}\right)_T = T\left(\frac{\partial^2 s}{\partial T \partial v}\right) \tag{7.30}$$

$$\left(\frac{\partial c_p}{\partial p}\right)_T = T\left(\frac{\partial^2 s}{\partial T \partial p}\right) \tag{7.31}$$

式(7.30), (7.31)の右辺に，マクスウェルの関係式(7.16), (7.17)をそれぞれ代入すると，次式が得られる．

$$\left(\frac{\partial c_v}{\partial v}\right)_T = T\left(\frac{\partial^2 p}{\partial T^2}\right)_v \tag{7.32}$$

$$\left(\frac{\partial c_p}{\partial p}\right)_T = -T\left(\frac{\partial^2 v}{\partial T^2}\right)_p \tag{7.33}$$

上式は，c_v および c_p に対する容積および圧力の影響を表す重要な式である．式(7.32)は，状態式が $p = p(v, T)$ の形で与えられている場合，式(7.33)は，$v = v(p, T)$ の形で与えられる場合に用いられる．

物質の比エントロピーを $s = s(T, v)$ および $s = s(p, T)$ と表し，その全微分をとると，次式となる．

$$ds = \left(\frac{\partial s}{\partial T}\right)_v dT + \left(\frac{\partial s}{\partial v}\right)_T dv \tag{7.34}$$

$$ds = \left(\frac{\partial s}{\partial T}\right)_p dT + \left(\frac{\partial s}{\partial p}\right)_T dp \tag{7.35}$$

式(7.34), (7.35)に T を乗じたものに，それぞれ式(7.28), (7.29)およびマクスウェルの関係式(7.16), (7.17)を適用すると，次式となる．

$$T\,ds = c_v\,dT + T\left(\frac{\partial p}{\partial T}\right)_v dv \tag{7.36}$$

$$T\,ds = c_p\,dT - T\left(\frac{\partial v}{\partial T}\right)_p dp \tag{7.37}$$

式(7.36), (7.37)より $T\,ds$ を消去すると，次式が得られる．

$$dT = \frac{T}{c_p - c_v}\left[\left(\frac{\partial v}{\partial T}\right)_p dp + \left(\frac{\partial p}{\partial T}\right)_v dv\right] \tag{7.38}$$

一方，温度を $T = T(v, p)$ で表し，全微分をとると，次式となる

$$dT = \left(\frac{\partial T}{\partial p}\right)_v dp + \left(\frac{\partial T}{\partial v}\right)_p dv \tag{7.39}$$

式(7.38), (7.39)の対応する項，たとえば dp の項を等しいとおき，式(7.7)の関係を用いると，次式となる．

$$c_p - c_v = T\left(\frac{\partial v}{\partial T}\right)_p \left(\frac{\partial p}{\partial T}\right)_v \tag{7.40}$$

上式に式(7.24)の $(\partial p/\partial T)_v$ を代入すると，次式となる．

$$c_p - c_v = -T\left(\frac{\partial v}{\partial T}\right)_p^2 \bigg/ \left(\frac{\partial v}{\partial p}\right)_T \tag{7.41}$$

式(7.41)において，物質を圧縮($\Delta p \to$ 正)すれば，つねにその容積は減少($\Delta v \to$ 負)するから，$(\partial v/\partial p)_T$ はつねに負である．したがって，$c_p > c_v$ であることがわかる．式(7.41)に，式(7.25)，(7.26)を代入すると，

$$c_p - c_v = \frac{vT\beta^2}{\alpha} \tag{7.42}$$

が得られる．式(7.42)を**マイヤーの関係式**(Mayer relation)という．この式は気体，液体，固体について，c_p から c_v を求めるために用いられる重要な関係式である．

ここで，上記の一般関係式を用いて，理想気体の比熱の関係式を再確認してみる．

例題 7.3 理想気体においては $\boldsymbol{c_p - c_v = R}$ となることを確かめよ．また，比熱が温度のみの関数であることを示せ．

解答 $pv = RT$ を偏微分すると，

$$\left(\frac{\partial v}{\partial T}\right)_p = \frac{R}{p}, \quad \left(\frac{\partial v}{\partial p}\right)_T = -\frac{RT}{p^2}$$

であるから，式(7.41)に代入すると，

$$c_p - c_v = -T\left(\frac{R}{p}\right)^2\left(-\frac{p^2}{RT}\right) = R$$

が得られる．

また，$pv = RT$ の二階偏微分をとると，

$$\left(\frac{\partial^2 p}{\partial T^2}\right)_v = 0, \quad \left(\frac{\partial^2 v}{\partial T^2}\right)_p = 0$$

であるから，式(7.32)，(7.33)から，

$$\left(\frac{\partial c_v}{\partial v}\right)_T = 0, \quad \left(\frac{\partial c_p}{\partial p}\right)_T = 0$$

となる．このことは，比熱は比容積や圧力により変化せず，温度のみの関数であることを意味している．

Coffee Break なぜ液体では一般に定圧比熱と定容比熱を区別しない？

定圧比熱と定容比熱の値を比較するとわかります．たとえば，20°C ($T = 293.15$ K)の水について考えてみると，圧縮率 $\alpha = 0.45 \times 10^{-9}$ [1/Pa]，体膨張係数 $\beta = 0.21 \times 10^{-3}$ [1/K]，比容積 $v = 0.001$ m^3/kg であるので，式(7.42) に代入すると，$c_p - c_v = 28.7$ J/(kg·K) となります．20°C の水の比熱は 4182 J/(kg·K) なので，その差はわずか 0.7%程度にすぎません．

このように，液体では定圧比熱と定容比熱がほとんど同じ値となるので，一般には区別しなくてもとくに問題が起こらないのです．

7.4 ジュール-トムソン効果

図 7.2 に示すように，管内を流れている実在気体を弁などで絞って圧力を低下させると，気体の温度が下がる．この現象は**ジュール-トムソン効果**(Joule-Thomson effect)とよばれており，状態変化としては等エンタルピー変化に基づいている．

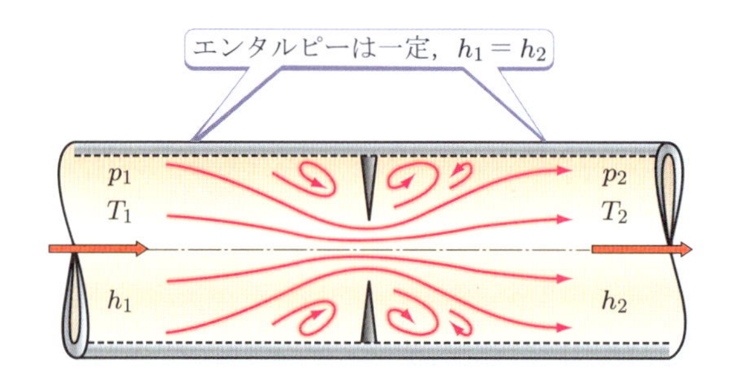

図 **7.2** 絞り膨張

第一法則，第二法則の式より得られた比エンタルピーの式(7.11)に，比エントロピーの全微分の式(7.35)を代入し，式(7.17)，(7.29)の関係を用いると，次式のように表せる．

$$dh = c_p\,dT - \left[T\left(\frac{\partial v}{\partial T}\right)_p - v\right]dp \tag{7.43}$$

上式は，等エンタルピー変化($dh = 0$)のもとでは次式となる．

$$\mu = \left(\frac{\partial T}{\partial p}\right)_h = \frac{1}{c_p}\left[T\left(\frac{\partial v}{\partial T}\right)_p - v\right] \tag{7.44}$$

式(7.44)は，気体が絞り膨張するとき，単位圧力降下に対する温度低下を表している．これを μ で表し，**ジュール-トムソン係数**(Joule-Thomson coefficient)という．図 7.3 には，エンタルピー一定のもとでの絞り膨張における圧力変化に対する温度変化を示す．たとえば，一定 h_1 において圧力を下げると，色なしの領域ではその勾配 $(\partial T/\partial p)_h$ は負となり，温度は上昇することがわかる．さらに，圧力の低い　　の領域では，逆にその勾配 $(\partial T/\partial p)_h$ が正となり，温度が低下することがわかる．すなわち，ジュール-トムソン効果を用いて冷却する場合は，　　の $\mu > 0$ の領域で膨張させることが必要である．なお，$\mu = 0$ では式(7.44)より以下の関係があり，ジュール-トムソン効果は生じない．

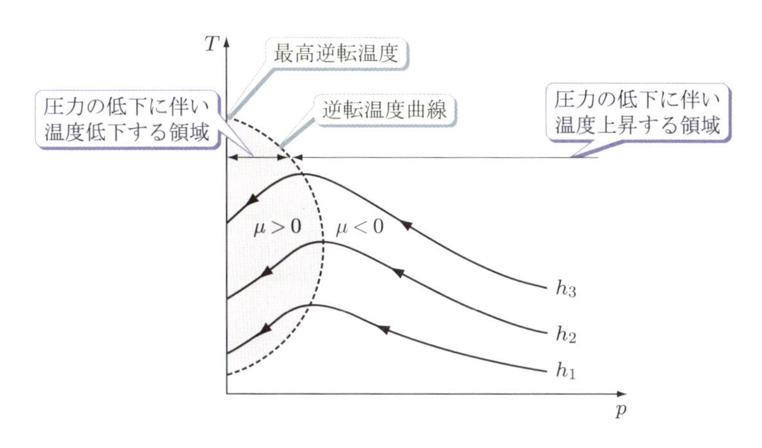

図 **7.3** ジュール‐トムソン効果

$$\left(\frac{\partial v}{\partial T}\right)_p = \frac{v}{T} \tag{7.45}$$

上式が成立する温度は，温度上昇と温度低下の境目であり，これを**逆転温度**(inversion temperature)という．

逆転温度を結んだものを逆転温度曲線といい，その高温度側と縦軸 $p = 0$ との交点を**最高逆転温度**(maximun inversion temperature)という．この効果を用いて気体の温度を下げるためには，最高逆転温度以下に予冷することが必要であり，空気やヘリウムなどの液化にはこの方法を用いている．図 7.4 に実在気体の逆転温度曲線を示す．

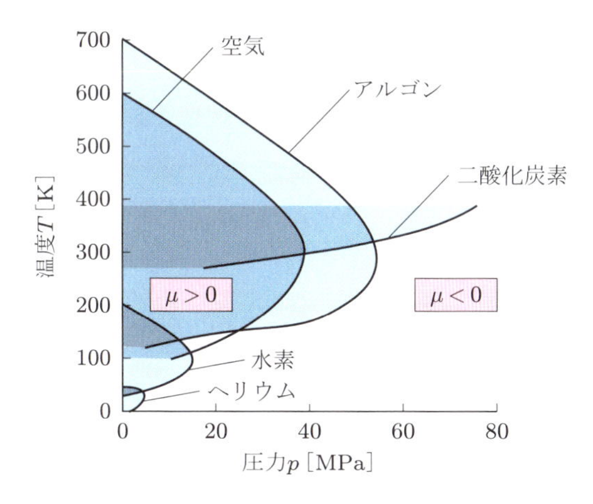

図 **7.4** 実在気体の逆転温度曲線

Coffee Break　気体を圧縮・膨張すると温度が変化するのはなぜ？

図 7.5 は，例としてアルゴンガスなど実在気体の分子間距離 $\boldsymbol{r}$ と位置エネルギー φ の関係を示しています．実在気体は近似的にこのような関係があり，これをレナード-ジョーンズのポテンシャルといいます．気体の圧力変化に伴う圧縮や膨張は，分子間距離の変化と考えることができます．圧力低下に伴い分子間距離が大きくなると，**A** → **B** の変化では位置エネルギーが減少するので，その分運動エネルギーが増加し温度が上昇します．一方，**D** → **E** の変化では逆に位置エネルギーが増加するので，その分運動エネルギーが減少し温度が低下します．点 **C** はそれらの境目となり逆転温度に相当します．

なお分子間力 $\boldsymbol{F}$ は，位置エネルギーと分子間距離を用いて次式で求められます．

$$\boldsymbol{F} = -\frac{\partial \varphi}{\partial \boldsymbol{r}}$$

分子間距離が点 **C** より大きい場合には $\boldsymbol{F} < 0$ となり，分子間に引力が作用し，点 **C** より小さい場合には $\boldsymbol{F} > 0$ となり，斥力が作用します．

理想気体は，分子間力がはたらかないため，位置エネルギーは零となります．

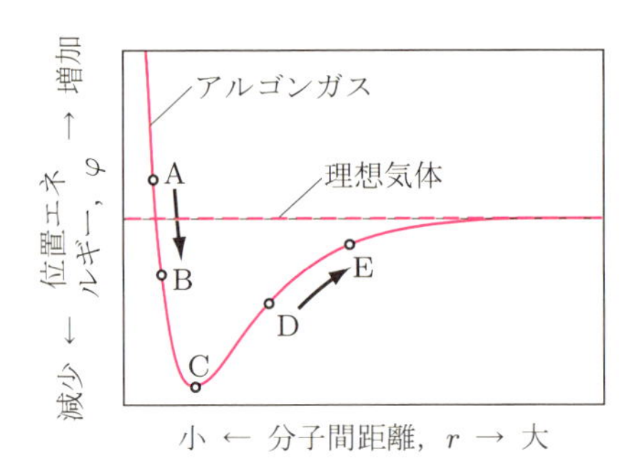

図 **7.5**　レナード-ジョーンズのポテンシャル

理想気体を絞りに通すと $T_1 = T_2$ となることは，第 3 章で述べた．すなわち，ジュール-トムソン効果は生じないことになる．ここで，それを確かめてみる．

例題 7.4　理想気体では，ジュール-トムソン効果が生じないことを示せ．

解答　理想気体の状態式 $pv = RT$ に式(7.44)右辺第一項の偏微分を適用すると

$$\left(\frac{\partial v}{\partial T}\right)_p = \frac{R}{p}$$

であるから，式(7.44)は

$$\mu = \frac{1}{c_p}\left[T\left(\frac{\partial v}{\partial T}\right)_p - v\right] = \frac{1}{c_p}\left(\frac{TR}{p} - v\right) = 0$$

となり，ジュール-トムソン係数が零となるため，ジュール-トムソン効果が生じない．

7.5 相平衡とクラペイロン–クラウジウスの式

液体と蒸気が共存する場合の圧力と温度の関係を求めてみる．図 7.6 には，第 6 章の図 6.1，6.2 で述べた液体の等圧蒸発過程の p-v 線図を示す．飽和液 A が蒸発し，乾き飽和蒸気 B に相変化する場合を考える．この相変化の過程 A-B は，等圧線であり，かつ等温線でもあるから，$dp = 0$ であり，かつ $dT = 0$ となる．このとき，ギブスの自由エネルギーは式(7.13)において，

$$dg = dh - d(Ts) = v\,dp - s\,dT = 0 \tag{7.46}$$

となる．すなわち，A-B においてギブスの自由エネルギーは変化しないので，飽和液と乾き飽和蒸気のギブスの自由エネルギーは等しく，次式となる．

$$g'(p, T) = g''(p, T) \tag{7.47}$$

次に，圧力を p から $p + dp$ へ微小変化させると，温度は T から $T + dT$ に変化する．このときギブスの自由エネルギーは g から $g + dg$ となるが，飽和液と乾き飽和蒸気のギブスの自由エネルギーは等しいので，次式となる．

$$g' + dg' = g'' + dg'' \tag{7.48}$$

式(7.47)，(7.48)より，

$$dg' = dg'' \tag{7.49}$$

であるから，式(7.46)に上式の関係を適用すると次式が得られる．

$$v'dp - s'dT = v''dp - s''dT \tag{7.50}$$

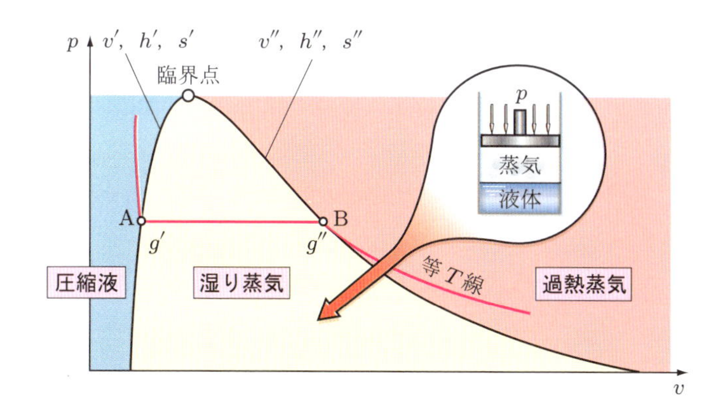

図 7.6　蒸気の p-v 線図

また，蒸発熱 r は式(6.11)より与えられる．

$$r = T_s(s'' - s') \tag{7.51}$$

ここに，T_s は飽和温度(蒸発温度)である．式(7.50)を変形し，式(7.51)の関係を代入すると，次式が得られる．

$$\frac{dp}{dT} = \frac{s'' - s'}{v'' - v'} = \frac{r}{T_s(v'' - v')} \tag{7.52}$$

上式は，相変化における重要な式で，**クラペイロン‐クラウジウスの式**(Clapeyron-Clausius equation)とよばれる．上式は，蒸発温度 T_s における蒸発熱 r，比容積の変化 $(v'' - v')$，および蒸発曲線の勾配 dp/dT の関係を表している．また，この式は液体の蒸発だけでなく，融解や昇華などの相変化に対しても適用できる．

クラペイロン‐クラウジウスの式を用いると，凝固熱や蒸発熱などを計算で求めることができる．ここで，蒸発熱を計算で求めてみる．

例題 7.5　**0.13 MPa の水蒸気の飽和温度，比容積を巻末の飽和表から求めて，クラペイロン‐クラウジウスの式から蒸発熱を算出せよ．また，それを蒸気表の値と比較せよ．**

解答　式(7.52)左辺を微小量で近似すると，

$$r = \frac{\Delta p}{\Delta T} T_s(v'' - v')$$

となる．付表 2 より $T_s = 107.11°\mathrm{C} = 380.26\ \mathrm{K}$，$v' = 0.00104917\ \mathrm{m^3/kg}$，$v'' = 1.32541\ \mathrm{m^3/kg}$ と読み取れる．微小圧力差を $\Delta p = 0.135 - 0.125 = 0.01\ \mathrm{MPa}$ とすると，それに対応する微小温度差は $\Delta T = 108.22 - 105.97 = 2.25°\mathrm{C}$ であるから，上式へ代入すると，

$$r = \frac{0.01 \times 10^6}{2.25} \times 380.26 \times (1.32541 - 0.00104917) = 2238.2 \quad \mathrm{kJ/kg}$$

となる．蒸気表の値とほぼ同じ値となることが確認できる．

図 7.7 には，クラペイロン‐クラウジウスの式を用いて表される相平衡の p–T 線図を示す．平衡曲線の傾きは，式(7.52)よりわかるように，比容積 $(v'' - v')$ の大小と相変化潜熱 r の符号により決まる．気相，液相，固相をそれぞれ添え字 v，l，s で表すと $v_v > v_l > v_s$ となる．また，液相→気相，固相→気相，固相→液相の過程では加熱を伴うことより $r > 0$ であるから，各曲線の傾斜は図 7.7 に示すように $dp/dT > 0$ の勾配となる．なお，水の場合は，氷になると体積が増すので，$v_l < v_s$ となるため，$dp/dT < 0$ の勾配となり，融解曲線は図 7.7 の破線 A′ で示される．

一方，蒸発曲線 B は，次のように考察することができる．液体の比容積は蒸気の比容積に比べて十分小さいので，次式となる．

$$v'' \gg v' \tag{7.53}$$

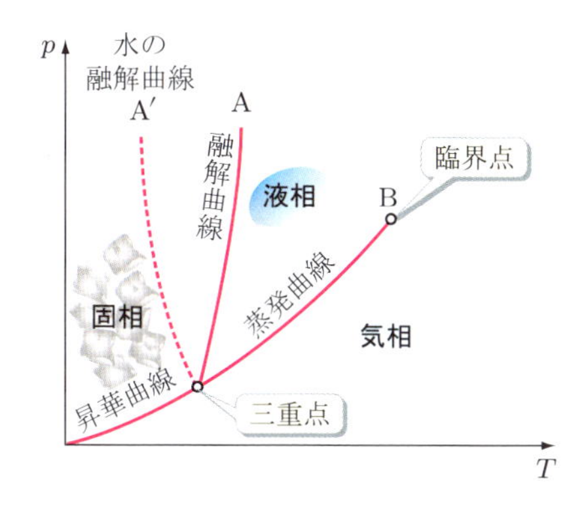

図 7.7 相平衡と三重点

蒸気が理想気体の状態式に従うとすれば，$v'' = RT/p$ であるから，式(7.52)の T_s を変数 T で置き換え v' を省略すると，次式が得られる．

$$\frac{dp}{dT} = \frac{rp}{RT^2} \tag{7.54}$$

相変化潜熱 r を一定として積分すると，

$$\ln p = -\frac{r}{R}\frac{1}{T} + C \tag{7.55}$$

となる．飽和蒸気に近い状態の気相は理想気体として取り扱えないので，式(7.55)はあくまで近似的な気液間の平衡条件であるが，実用的に用いられることがある．

演習問題

7.1 0.2 MPa，200°C の過熱蒸気の定圧比熱を求めよ．

7.2 0.5 MPa，250°C の過熱蒸気のジュール‐トムソン係数を求め，絞りにより温度が下がるか調べよ．

7.3 0°C における水の比容積は $v_l = 0.001\ \mathrm{m^3/kg}$，氷の比容積は $v_s = 0.00109\ \mathrm{m^3/kg}$ であり，氷の融解熱は 334 kJ/kg である．氷の融解温度の圧力による変化の割合 [K/MPa] を求めよ．

7.4 気体がファン・デル・ワールスの状態式に従うとき，ジュール‐トムソン効果による逆転温度を表す式を求めよ．

第8章 ガスサイクル

自動車や航空機などのエンジンは，熱エネルギーを仕事に変換することにより動力を生み出している．また，ガスタービンなどの熱機関では，LNG（液化天然ガス）などの燃料を燃焼させて発電などに利用している．石油，石炭，LNGなどの化石燃料の用途のおよそ半分が，自動車を含めた運輸のための燃料や発電のために利用されている．これらの熱機関の構造やその理論サイクルを理解し，熱効率向上などの方策を学習することは，限りある資源を有効に活用するためだけでなく，温暖化ガスの一つである二酸化炭素の排出量を抑制するためにも不可欠である．

本章では，自動車のエンジンなどに代表される基本的なガスサイクルについて，動力を生み出すしくみやその熱効率などについて学ぶ．

8.1 熱機関

熱機関(heat engine)とは，熱エネルギーを仕事に変換して動力を生み出す装置のことをいい，すでに学習したカルノーサイクルも熱機関の一つである．この動力は人や荷物の移動，発電などに幅広く利用されている．

図8.1に，一般に利用されている熱機関の分類を示す．熱機関は大きく分けて，**外燃機関**(external combustion engine)と**内燃機関**(internal combustion engine)に分類できる．外燃機関とは，機関の外部から熱を加えることにより作動流体を加熱する熱機関をいい，内燃機関とは，自動車のエンジンなどのように，機関の内部で燃料を燃焼させることによって作動流体を加熱する熱機関をいう．また，外燃および内燃機関は，それぞれピストンを往復運動させ，動力を生み出す**ピストン式**(往復動式)と，作動流体を連続的に加熱し膨張させてタービンを回転させ，動力を生み出す**タービン式**に大別できる．

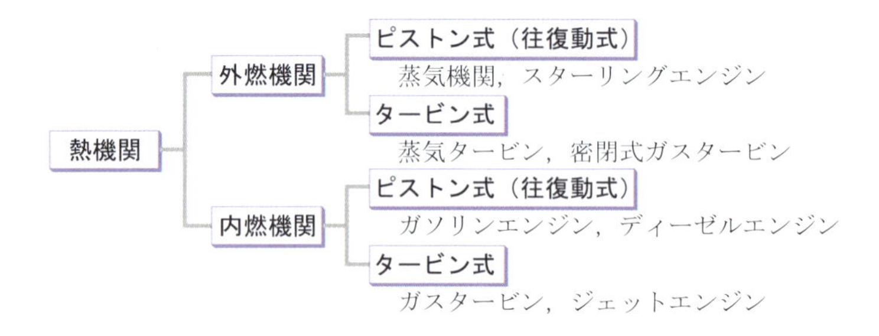

図8.1 熱機関の分類

8.2 ガスサイクル

ガソリンなどの燃料に空気を混合し，燃焼させることにより，作動流体である空気を加熱し，ピストンやタービンを動作させて仕事を生み出す場合，燃焼したガスは近似的に理想気体として扱うことができる(3.1 節参照)．また，外部から空気などの作動流体を加熱して，ピストンなどを動作させることにより仕事を生み出す場合も，同様に近似的に理想気体とみなせる．この作動流体となるガスを近似的に理想気体として扱うことができるサイクルを，**ガスサイクル**(gas cycle)という．一方，作動流体がサイクルの中で気体と液体の間を相変化するような場合を，ガスサイクルと区別して**蒸気サイクル**(steam cycle)といい，次章で扱う．

一般にサイクルは，圧力と容積の変化および温度とエントロピーの変化が，それぞれの線図上を時計回りに動作することにより，高温熱源から受けた熱量を仕事に変換し，低温熱源に熱量を排出して，一つのサイクルを構成する．すでに熱力学第二法則で学習したように，高温熱源から受けた熱エネルギーをすべて動力に変換することは不可能である．

ガスサイクルの理論サイクルの一つに，すでに学習した**カルノーサイクル**(Carnot cycle)がある．ここではまずカルノーサイクルを例にとり，ガスサイクルの p-v 線図，T-s 線図，理論熱効率について復習する．図 8.2 に示すように，カルノーサイクルは等温膨張，断熱膨張，等温圧縮，断熱圧縮の 4 行程から構成されている．これら

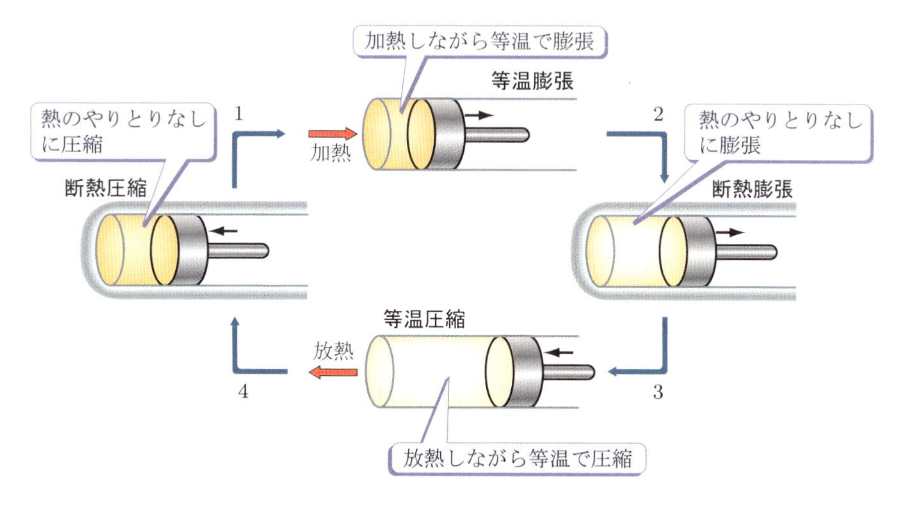

図 8.2　カルノーサイクルの動作

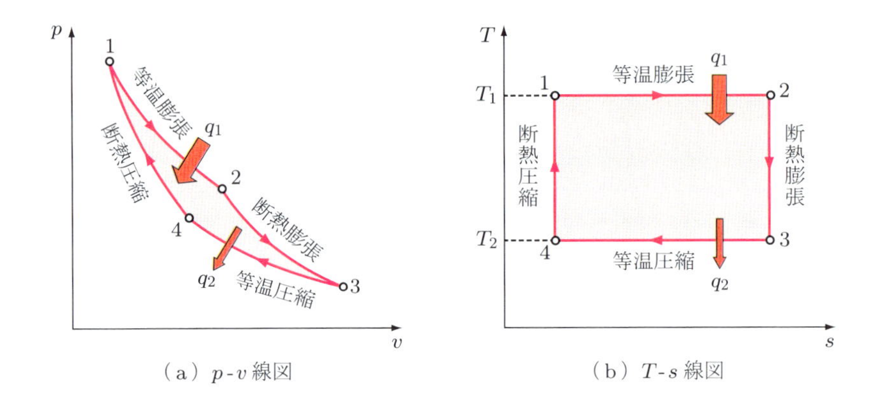

図 **8.3** カルノーサイクル

の過程は，図 8.3 で示すカルノーサイクルの p-v 線図，T-s 線図上を時計回りに動作することとなる．ここで，サイクルの**理論熱効率**（theoretical thermal efficiency）η_{th} は，高温熱源から得た熱量 q_1 のうち，仕事 w に変換できた割合を表し，次のように表せる．

$$\eta_{th} = \frac{w}{q_1} = \frac{q_1 - q_2}{q_1} \tag{8.1}$$

ここで，q_2 は低温熱源に排出した熱量であり，とくにカルノーサイクルの場合には，高温熱源の温度 T_1 と低温熱源の温度 T_2 を用いて，次のように表すことができる．

$$\eta_{th} = \frac{w}{q_1} = \frac{T_1 - T_2}{T_1} \tag{8.2}$$

高温熱源と低温熱源の温度が与えられている場合，可逆サイクルであるカルノーサイクル以上の熱効率を得ることはできないため，カルノーサイクルの熱効率は各種の熱機関の熱効率の向上を図るうえで指標の一つとなる．また，任意のサイクルの場合にも同様に，p-v 線図および T-s 線図上を時計回りに動作し，受けた熱量と生み出した仕事の比として，式(8.1)のように熱効率を算出することができる．

8.3 ピストンエンジンのサイクル

ピストンエンジンは，作動流体の膨張，圧縮によってピストンを往復運動させることにより，クランクなどを用いて回転運動に変換する熱機関であり，広く自動車や船舶などのエンジンとして用いられている．先にも述べたように，エネルギーの有効活用のためにはそれぞれのサイクルの特徴を理解するとともに，理論熱効率などを把握する必要がある．本節では，ピストンエンジンサイクルの基本サイクルとなるオットーサイクル，ディーゼルサイクルなどについて学ぶ．

8.3.1 実際のサイクル

理論サイクルを示す前に，自動車のエンジンなどの実際の動作について説明する．一般に用いられるピストンエンジンサイクルは，**4 サイクルエンジン**(4 ストロークエンジン)と **2 サイクルエンジン**(2 ストロークエンジン)に大別できる．図 8.4 (a)に示すように，4 サイクルエンジンでは，ピストンが**上死点**(top dead center)→**下死点**(bottom dead center)→上死点へと動作することにより，吸気，圧縮，燃焼・膨張，排気の行程が行われる．ここで，上死点とは，ピストンが最上部まで到達し，作動ガスがもっとも圧縮された状態の点をいい，下死点とは，ピストンが最下部に到達し，作動ガスがもっとも膨張した状態の点をいう．つまり，上死点から下死点(または下死点から上死点)の動作を一つのサイクルとして，四つの行程から構成されるエンジンを 4 サイクルエンジンとよぶ．

4 サイクルエンジンでは，ピストンが 2 往復で 1 回の燃焼を行う．なお，熱力学的なサイクルとしては，図 8.3 などで示したように，圧縮，膨張などを経て，元の状態に戻ることによって，一つのサイクルと考えることが一般的であり，4 サイクルエンジンの「サイクル」とは意味が異なる点に注意しなければならない．一方，図 8.4 (b)の 2 サイクルエンジンでは，吸気・圧縮，燃焼・膨張・排気の二つの行程から構成されている．つまり，2 サイクルエンジンでは，1 往復で 1 回の燃焼を行う．

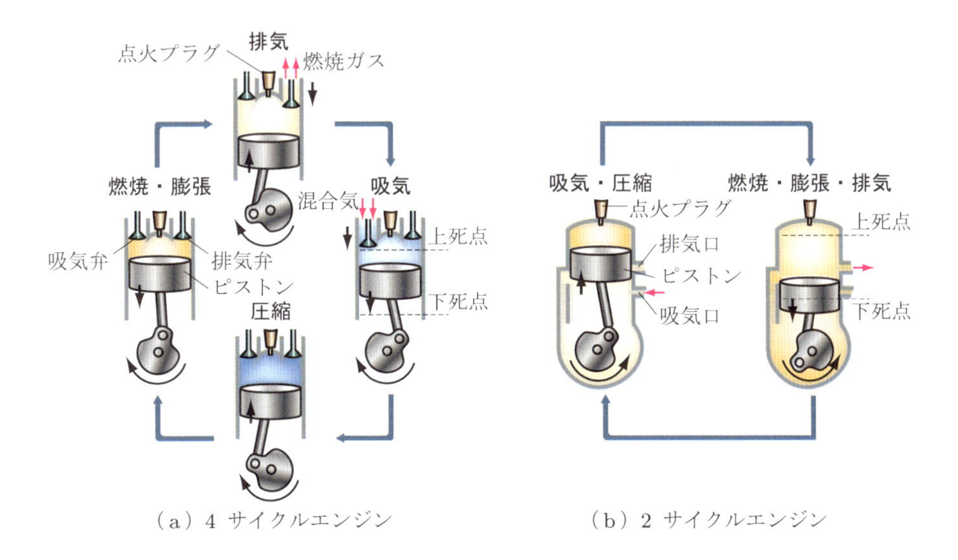

図 8.4　4 サイクルと 2 サイクル

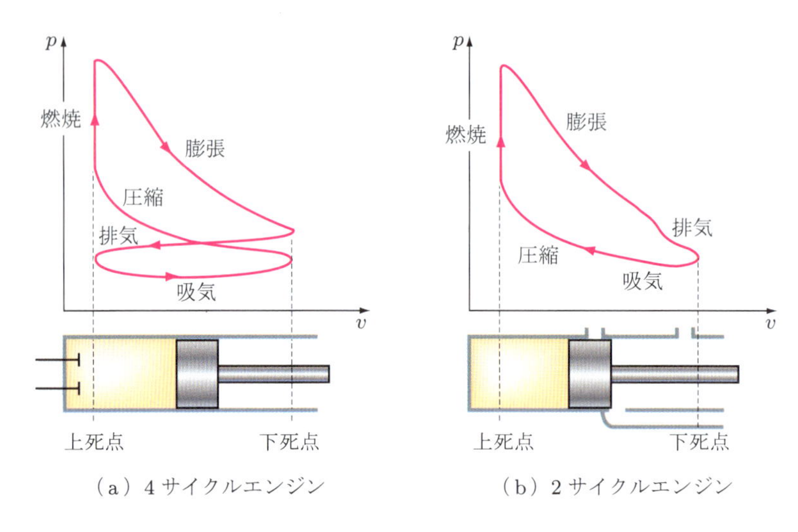

図 8.5 4 サイクルおよび 2 サイクルエンジンの p-v 線図

図 8.5 には，それぞれの p-v 線図を示す．4 サイクルエンジンでは，吸気および排気の行程はほぼ大気圧下で行われるため，理想的なサイクルとして考える場合にこの吸排気の行程において，仕事をした(された)とは考えず，大気中に燃焼ガスを排出し，常温の空気を吸入することにより，低温熱源へ熱を放出したと考える．つまり，理想的な条件で熱効率を算出する場合には，吸排気の行程によって単に作動流体が冷却された過程であると考える．このように，4 サイクルエンジンと 2 サイクルエンジンでは，熱力学的に一つのサイクルを構築する行程は異なるものの，理論熱効率などを考えるうえでの大きな違いはない．次節以降で示す基本サイクルでは，実際のエンジンの動作を理想化することにより，理論熱効率などについての議論を進めていくこととなる．

Coffee Break 2 サイクルエンジンの現状

1980 年から 90 年代には，2 サイクルエンジンはスクーター(原動機付自転車)や小排気量のオートバイのエンジンとして圧倒的な割合を占めていて，高いエンジン音と白い排気ガスが特徴的でした．一般に，2 サイクルエンジンでは，1 回転で 1 回の燃焼となるため高出力を得やすい特徴をもっており，小排気量のエンジンでも十分な性能を発揮することができます．しかし，サイクルの機構上完全な燃焼が難しいため，排気ガスには不完全燃焼ガスが含まれることとなり，4 サイクルエンジンと比較すると，環境への影響はより大きいものでした．

現在では，2 サイクルエンジンのスクーターは生産中止となり，4 サイクルエンジンが用いられています．

8.3.2 オットーサイクル

オットーサイクル(Otto cycle)とは，ガソリンエンジンに代表される火花点火式のピストンエンジンサイクルをいう．火花点火式のサイクルでは，燃料と空気を混合した状態のガスを火花点火により燃焼させるため，きわめて急速に燃焼させることができる．そのため，気体の燃焼は体積の変化のない等容条件で起こると考える．

図 8.6 に，オットーサイクルの p-v 線図と T-s 線図を示す．先にも述べたとおり，実際のピストンエンジンサイクルの一つである 4 サイクルエンジンの場合，図(a)の $0 \leftrightarrow 1$ の過程において，ピストンを 1 往復させることにより燃焼ガスの排気と燃焼前のガスの吸気を行うが，オットーサイクルの理論サイクルとしては，この過程を理想化し，単に等容放熱 $4 \to 1$ として取り扱う．

次に，それぞれの過程における状態変化について説明する．なお，図 8.6 (a), (b) の状態の番号はそれぞれ対応している．

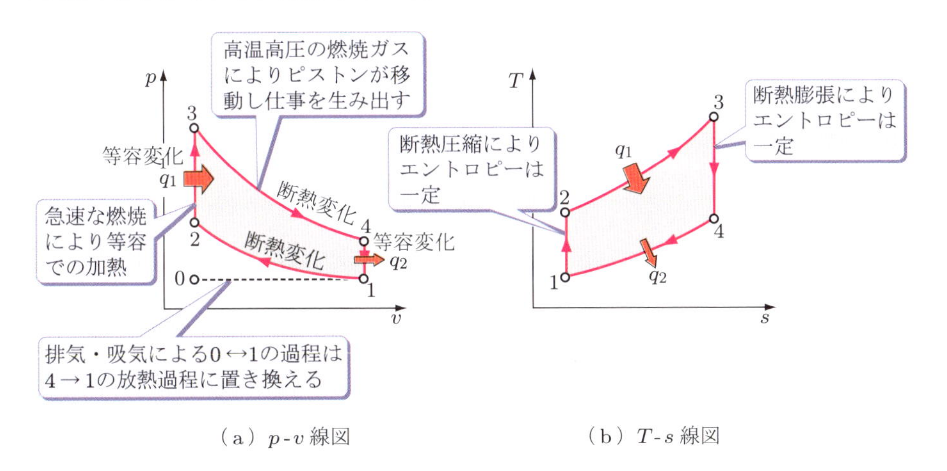

(a) p-v 線図　　(b) T-s 線図

図 8.6　オットーサイクル

① 断熱圧縮過程($1 \to 2$)：ピストンが下死点から上死点までガスを圧縮する過程であり，断熱過程であるため，燃焼ガスの比熱比を κ とすると，$pv^{\kappa} = (\text{一定})$ の関係より，

$$p_1 v_1^{\kappa} = p_2 v_2^{\kappa} \tag{8.3}$$

であり，理想気体の状態式 $pv = RT$ の関係を用いると，

$$\frac{T_1}{T_2} = \left(\frac{v_2}{v_1}\right)^{\kappa - 1} \tag{8.4}$$

の関係が得られる．ここで，下死点での比容積 v_1 と上死点での比容積 v_2 の比である**圧縮比**（compression ratio）を，以下のように定義する．

$$\varepsilon = \frac{v_1}{v_2} \tag{8.5}$$

式(8.4)は式(8.5)を用いると，次のようになる．

$$\frac{T_1}{T_2} = \left(\frac{1}{\varepsilon}\right)^{\kappa-1} \tag{8.6}$$

② 等容加熱過程($2 \to 3$)：火花点火により，燃料を含んだガスが燃焼する過程である．燃焼は急速に伝播するため等容過程であり，単位質量あたりの燃焼ガスが受ける熱量を q_1 とすると，熱力学第一法則の式 $dq = du + p\,dv$ において $dv = 0$ であるから，

$$q_1 = c_v\,(T_3 - T_2) \tag{8.7}$$

となる．また，等容過程であるから，次式の関係がある．

$$\frac{p_2}{p_3} = \frac{T_2}{T_3} \tag{8.8}$$

③ 断熱膨張過程($3 \to 4$)：ガスが燃焼することによって生じた高温高圧のガスが膨張して，仕事を生み出す過程であり，断熱膨張することから，①の断熱圧縮過程と同様に，次の関係が得られる．

$$\frac{T_4}{T_3} = \left(\frac{v_3}{v_4}\right)^{\kappa-1} = \left(\frac{v_2}{v_1}\right)^{\kappa-1} = \left(\frac{1}{\varepsilon}\right)^{\kappa-1} \tag{8.9}$$

④ 等容放熱過程($4 \to 1$)：等容での放熱過程であり，燃焼ガス単位質量あたりの放熱量を q_2 とすると，

$$q_2 = c_v\,(T_4 - T_1) \tag{8.10}$$

である．また，②の等容加熱過程と同様，次式の関係がある．

$$\frac{p_4}{p_1} = \frac{T_4}{T_1} \tag{8.11}$$

以上のことから，オットーサイクルの理論熱効率を考えてみる．先にも述べたとおり，理論熱効率は加熱量 q_1 と生み出した仕事 w の比として表すことができることから，

$$\eta_{th} = \frac{w}{q_1} = \frac{q_1 - q_2}{q_1} = 1 - \frac{q_2}{q_1} \tag{8.12}$$

であり，式(8.6)，(8.7)，(8.9)および(8.10)の関係を用いると，次のようになる．

$$\eta_{th} = 1 - \frac{q_2}{q_1} = 1 - \frac{T_4 - T_1}{T_3 - T_2}$$

$$= 1 - \left[T_3 \left(\frac{1}{\varepsilon} \right)^{\kappa-1} - T_2 \left(\frac{1}{\varepsilon} \right)^{\kappa-1} \right] \bigg/ (T_3 - T_2) = 1 - \left(\frac{1}{\varepsilon} \right)^{\kappa-1} \tag{8.13}$$

ここで，オットーサイクルの理論熱効率と最高温度，および最高圧力を計算してみる．

例題 8.1 圧縮比が 9.5 のオットーサイクルにおいて，断熱圧縮前の圧力，温度がそれぞれ 0.1 MPa，290 K である．断熱膨張後の温度が 700 K であるとき，(a) 理論熱効率，(b) サイクル中の最高温度，(c) サイクル中の最高圧力，を求めよ．なお，比熱比は 1.4 とする．

解答 (a) 理論熱効率は式(8.13)より，次のように求められる．

$$\eta_{th} = 1 - \left(\frac{1}{\varepsilon} \right)^{\kappa-1} = 1 - \left(\frac{1}{9.5} \right)^{1.4-1} = 0.594$$

(b) 図 8.6 より，サイクル中の最高温度は等容加熱後の温度 T_3 である．断熱膨張後の温度が $T_4 = 700$ K であるので，式(8.9)より次式となる．

$$T_{\max} = T_3 = T_4 \left(\frac{v_4}{v_3} \right)^{\kappa-1} = T_4 \left(\frac{v_1}{v_2} \right)^{\kappa-1} = T_4 \varepsilon^{\kappa-1} = 700 \times 9.5^{1.4-1} = 1723 \quad \text{K}$$

(c) 図 8.6 からわかるように，サイクル中の最高圧力は等容燃焼後の圧力 p_3 である．ただし，p_3 を直接求めることはできないため，p_4 を求めた後に $p_3 v_3^\kappa = p_4 v_4^\kappa$ から計算する．式(8.11)より次の結果が得られる．

$$p_4 = p_1 \frac{T_4}{T_1} = 0.1 \times \frac{700}{290} = 0.2414 \quad \text{MPa}$$

$$p_{\max} = p_3 = p_4 \left(\frac{v_4}{v_3} \right)^{\kappa} = p_4 \left(\frac{v_1}{v_2} \right)^{\kappa} = p_4 \varepsilon^{\kappa} = 0.2414 \times 9.5^{1.4} = 5.64 \quad \text{MPa}$$

式(8.13)より，圧縮比を増加させることで理論熱効率の向上が望める．しかし，圧縮比を高くしすぎると，断熱圧縮時にピストンが上死点に到達する前にガスの温度が上昇し，点火プラグで着火する前に早期燃焼してしまうため，一般のガソリンエンジンの場合，圧縮比は 9 から 10 程度である．

8.3.3 ディーゼルサイクル

軽油や重油を燃料として，船舶や機関車などに利用されているディーゼルエンジンの基本サイクルを，サイクルの考案者の名前にちなみ，**ディーゼルサイクル**(Diesel cycle)という．ディーゼルサイクルでは，燃料を含まない空気のみを圧縮し，ピストンが上死点に到達してシリンダー内の空気が高温高圧となった中に燃料を噴射すると，自発的に点火が起こり，燃料が燃焼する．この際，比較的緩やかに燃焼が伝播するために，圧力一定の条件下での燃焼過程となるのがディーゼルサイクルの特徴であり，大型でかつ低速回転エンジンの基本サイクルである．

図 8.7 に，ディーゼルサイクルの p-v 線図と T-s 線図を示す．それぞれの過程における状態変化について説明する．なお，図(a)，(b)の状態の番号は対応している．

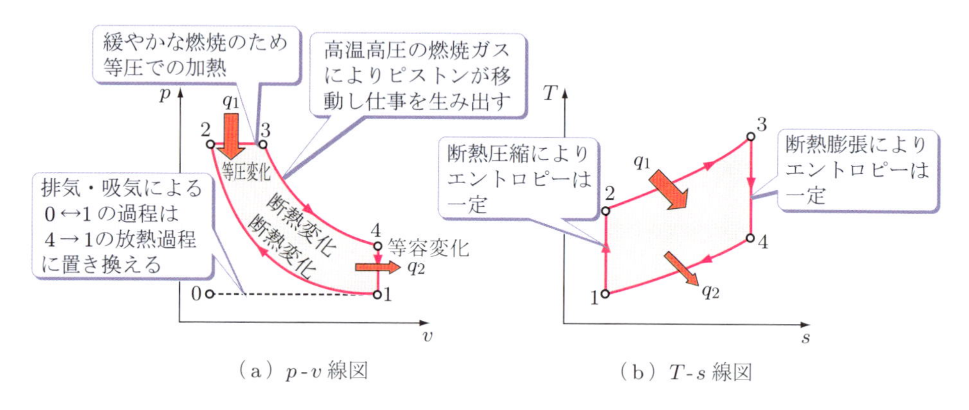

（a）p-v 線図　　（b）T-s 線図

図 8.7　ディーゼルサイクル

① 断熱圧縮過程($1 \to 2$)：オットーサイクルと同様，断熱過程であるから $pv^\kappa =$ (一定) の関係より，

$$p_1 v_1^\kappa = p_2 v_2^\kappa \tag{8.14}$$

であり，理想気体の状態式 $pv = RT$ の関係を用いると，圧縮比 ε を用いて，

$$\frac{T_1}{T_2} = \left(\frac{v_2}{v_1}\right)^{\kappa-1} = \left(\frac{1}{\varepsilon}\right)^{\kappa-1} \tag{8.15}$$

の関係が得られる．

② 等圧加熱過程($2 \to 3$)：ピストンが上死点に到達した後，燃料が噴射されて燃焼が開始する．この際，燃焼は緩やかに伝播し，その間ピストンが移動するために等圧過程と考える．厳密には，燃料噴射によりガスの質量は変化することとなるが，理想的には質量の変化はないものとする．燃焼による発熱により単位質量あたりの燃焼ガスが受ける熱量を q_1 とすると，熱力学第一法則の式 $dq = dh - v\,dp$ において $dp = 0$ であるから，

$$q_1 = c_p(T_3 - T_2) \tag{8.16}$$

となる．また，等圧過程であるから，次式の関係がある．

$$\frac{v_2}{v_3} = \frac{T_2}{T_3} \tag{8.17}$$

ディーゼルサイクルでは，燃料噴射が終了するときのシリンダー容積 v_3 と上死点での容積 v_2 との比を**等圧膨張比**，または噴射の**締切比**(cut off ratio) σ として，次式で定義する．

$$\sigma = \frac{v_3}{v_2} \tag{8.18}$$

③ 断熱膨張過程($3 \to 4$)：仕事を生み出す過程であり，断熱膨張することから，①の断熱圧縮過程と同様に，次の関係が得られる．

$$\frac{T_4}{T_3} = \left(\frac{v_3}{v_4}\right)^{\kappa-1} \tag{8.19}$$

④ 等容放熱過程($4 \to 1$)：等容での放熱過程であり，燃焼ガス単位質量あたりの放熱量を q_2 とすると，

$$q_2 = c_v\,(T_4 - T_1) \tag{8.20}$$

である．また，等容での状態変化となるため，次式の関係がある．

$$\frac{p_4}{p_1} = \frac{T_4}{T_1} \tag{8.21}$$

ここで，ディーゼルサイクルの理論熱効率を考える．理論熱効率の定義式と式(8.16)，(8.20)から，

$$\eta_{th} = 1 - \frac{q_2}{q_1} = 1 - \frac{c_v\,(T_4 - T_1)}{c_p\,(T_3 - T_2)} = 1 - \frac{1}{\kappa}\,\frac{T_4 - T_1}{T_3 - T_2} \tag{8.22}$$

となる．ここで，圧縮比 ε $(= v_1/v_2)$ および締切比 σ $(= v_3/v_2)$ を用いると，

$$\frac{T_2}{T_1} = \varepsilon^{\kappa-1}, \qquad \frac{T_3}{T_2} = \sigma, \qquad \frac{T_4}{T_3} = \left(\frac{v_3}{v_4}\right)^{\kappa-1} = \left(\frac{\sigma}{\varepsilon}\right)^{\kappa-1} \tag{8.23}$$

の関係から，ディーゼルサイクルの理論熱効率は，次のように求めることができる．

$$\eta_{th} = 1 - \frac{1}{\varepsilon^{\kappa-1}}\,\frac{\sigma^{\kappa} - 1}{\kappa\,(\sigma - 1)} \tag{8.24}$$

また，サイクル中の最高圧力は等圧燃焼時の圧力であり，式(8.14)より次式で求められる．

$$p_{\max} = p_2 = p_3 = p_1\varepsilon^{\kappa} \tag{8.25}$$

ここで，ディーゼルサイクルの熱効率などを計算してみる．

例題 8.2 圧縮比が 18 のディーゼルサイクルにおいて，断熱圧縮前の圧力および温度が **0.1 MPa, 300 K** であり，燃焼ガスの単位質量あたりの加熱量 q_1 が **1200 kJ/kg** である．燃焼ガスの比熱比を **1.4**，定圧比熱を **1.005 kJ/(kg·K)** として，(a) サイクル中の最高温度，(b) サイクル中の最高圧力，(c) 理論熱効率，を求めよ．

解答 (a) サイクル中の最高温度は図 8.7 (b) より，T_3 である．断熱圧縮後 1200 kJ/kg の熱量を受けることから，式(8.15), (8.16) より次のように求められる．

$$T_2 = T_1 \left(\frac{v_1}{v_2}\right)^{\kappa-1} = T_1 \varepsilon^{\kappa-1} = 300 \times 18^{1.4-1} = 953.3 \quad \text{K}$$

$$T_{\max} = T_3 = \frac{q_1}{c_p} + T_2 = \frac{1200}{1.005} + 953.3 = 2147 \quad \text{K}$$

(b) サイクル中の最高圧力は図 8.7 (a) より，p_2 および p_3 であるから，式(8.14) より次のように求められる．

$$p_2 = p_1 \left(\frac{v_1}{v_2}\right)^{\kappa} = p_1 \varepsilon^{\kappa} = 0.1 \times 18^{1.4} = 5.72 \quad \text{MPa}$$

(c) 締切比 σ は式(8.17), (8.18) より，

$$\sigma = \frac{T_3}{T_2} = \frac{2147}{953.3} = 2.25$$

であるから，理論熱効率は式(8.24) より次のようになる．

$$\eta_{th} = 1 - \frac{1}{\varepsilon^{\kappa-1}} \frac{\sigma^{\kappa} - 1}{\kappa(\sigma - 1)} = 1 - \frac{1}{18^{1.4-1}} \frac{2.25^{1.4} - 1}{1.4 \times (2.25 - 1)} = 0.620$$

図 8.8 に，オットーサイクルとディーゼルサイクルの圧縮比と熱効率の関係を示す．オットーサイクルと同様，圧縮比の増加とともに熱効率は向上する．同じ圧縮比で考えると，ディーゼルサイクルの熱効率は，オットーサイクルよりも高くないものの，オットーサイクルに比べて圧縮比を高くできる特徴があり，実際のディーゼルエンジ

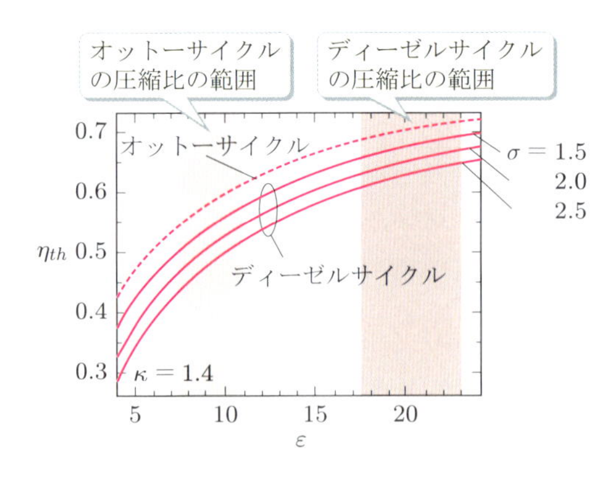

図 8.8　オットーサイクルとディーゼルサイクルの圧縮比と熱効率の関係

ンでは，圧縮比を17〜22程度に設定されていることから，高い経済性が期待できる．

8.3.4 サバテサイクル

サバテサイクル(Sabathé cycle)は，自動車用のディーゼルエンジンのような，高速回転する場合のディーゼルエンジンの基本サイクルである．圧縮時にシリンダー内に燃料が噴射され，その一部は直ちに燃焼することから，等容過程での燃焼と考え，残りの燃料が等圧過程での燃焼と考える．すなわち，オットーサイクルとディーゼルサイクルを複合させたようなサイクルであるために，複合サイクルとよばれることもある．

図8.9に，サバテサイクルの p-v 線図および T-s 線図を示す．それぞれの過程における状態変化について説明する．なお，図(a)，(b)の状態の番号は対応している．

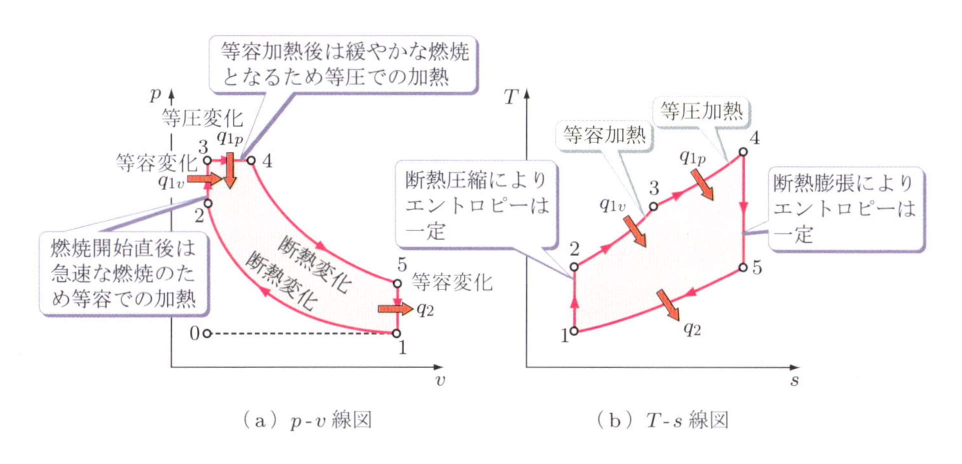

図 8.9　サバテサイクル

① 断熱圧縮過程(1 → 2)：断熱過程であるから，$pv^\kappa =$ (一定) の関係，および $pv = RT$ の関係を用いると，次の関係が得られる．

$$\frac{T_1}{T_2} = \left(\frac{v_2}{v_1}\right)^{\kappa-1} = \left(\frac{1}{\varepsilon}\right)^{\kappa-1} \tag{8.26}$$

② 等容燃焼過程(2 → 3)：ピストンが上死点近傍で燃料が噴射され，燃料と空気が混合したガスの一部は急速に燃焼するため，燃焼の初期では等容過程となる．単位質量あたりの燃焼ガスが受ける熱量を q_{1v} とすると，

$$q_{1v} = c_v\,(T_3 - T_2) \tag{8.27}$$

となる．また，等容過程であるから，次式の関係がある．

$$\frac{p_2}{p_3} = \frac{T_2}{T_3} \tag{8.28}$$

サバテサイクルでは，この等容変化の初期と終期の圧力の比を**等容圧力比**，または単に**圧力比**(pressure ratio) α といい，次式で定義する．

$$\alpha = \frac{p_3}{p_2} \tag{8.29}$$

③ 等圧燃焼過程(3 → 4)：等容燃焼後，残りのガスの燃焼が開始する．この際の燃焼は緩やかに伝播するため，等圧過程と考えることができる．単位質量あたりの燃焼ガスが受ける熱量を q_{1p} とすると，

$$q_{1p} = c_p\,(T_4 - T_3) \tag{8.30}$$

となる．また，等圧過程であるから，次式の関係がある．

$$\frac{v_3}{v_4} = \frac{T_3}{T_4} \tag{8.31}$$

④ 断熱膨張過程(4 → 5)：仕事を生み出す過程であり，断熱膨張することから，①の断熱圧縮過程と同様に，次の関係が得られる．

$$\frac{T_5}{T_4} = \left(\frac{v_4}{v_5}\right)^{\kappa-1} \tag{8.32}$$

⑤ 等容放熱過程(5 → 1)：等容での放熱過程であり，燃焼ガス単位質量あたりの放熱量を q_2 とすると，

$$q_2 = c_v\,(T_5 - T_1) \tag{8.33}$$

である．また，②の等容燃焼過程と同様に次式の関係がある．

$$\frac{p_5}{p_1} = \frac{T_5}{T_1} \tag{8.34}$$

サバテサイクルの理論熱効率は，圧縮比 ε，締切比 σ のほか，圧力比 α $(= p_3/p_2)$ を用いて，次のように表すことができる．

$$\eta_{th} = 1 - \frac{q_2}{q_{1v} + q_{1p}} = 1 - \frac{1}{\varepsilon^{\kappa-1}}\frac{\alpha\sigma^{\kappa} - 1}{\alpha - 1 + \alpha\kappa\,(\sigma - 1)} \tag{8.35}$$

8.3.5 スターリングサイクル

スターリングサイクル(Stirling cycle)は，スターリングにより発案され，外部から熱量を供給する外燃機関の一つである．スターリングサイクルには，図 8.10 に示すように，図(a)の 2 ピストン型と，図(b)のディスプレーサー型とよばれる 2 種類の構

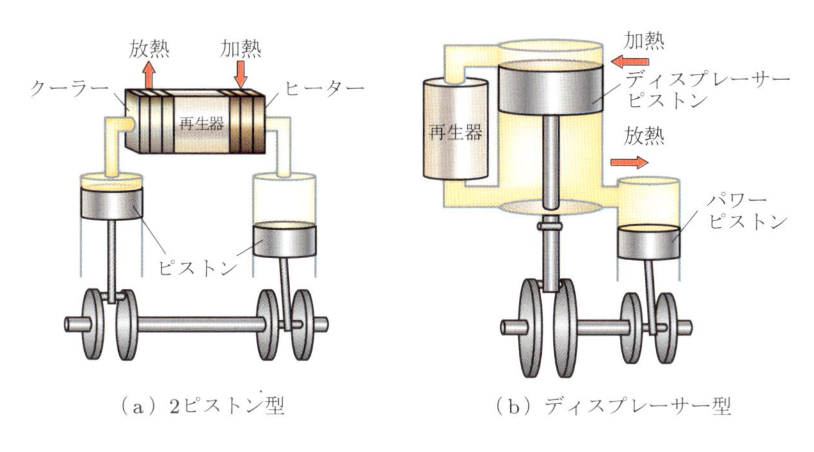

図 **8.10** スターリングエンジンの構造

造がある．スターリングサイクルでは，作動ガスが再生器を通過する際に容積一定で温度変化をし，さらにヒーターとクーラーによる熱のやり取りに伴う圧力変化によって，ピストンを動作させる構造となっている．再生器とは熱交換器の一種であり，たとえば，高温ガスが通過すると，再生器は高温に蓄熱され，その後通過する低温ガスを加熱するしくみとなっている．

ここでは，図 8.10 (a)の 2 ピストン型のスターリングサイクルを例にとり，図 8.11 のような状態の変化の過程を説明する．実際のサイクルでは図 8.10 に示すように，クランクを用いて位相を 90°ずらして運転させるため，厳密には等容過程などを実現することは難しいが，ここでは理想的な動作をするものとして考える．

図 8.11 に基づいて，それぞれの過程における状態変化について説明する．また，この過程の p-v 線図と T-s 線図を図 8.12 に示す．状態の番号は図 8.11 と対応している．

① 等容加熱過程(1 → 2)：作動ガスを一定の容積に保ちながら，再生器に蓄えられた熱量により作動ガスが加熱され，作動ガスの温度が上昇する．容積が一定であるから等容加熱過程であり，作動ガスの単位質量あたりの受熱量を q_{R1} とすると，

$$q_{R1} = c_v\,(T_2 - T_1) \tag{8.36}$$

となる．この際，再生器の温度は低温ガスと熱交換するために低下する．

② 等温膨張過程(2 → 3)：ヒーターによって加熱されて二つのピストンが下降し，作動ガスが膨張することにより仕事を生み出す．ここでは，ヒーターの温度 T_2 ($=T_3$)のもとでの等温変化と考えることができるので，作動ガス単位質量あたりの加熱量 q_1 は，次のようになる．

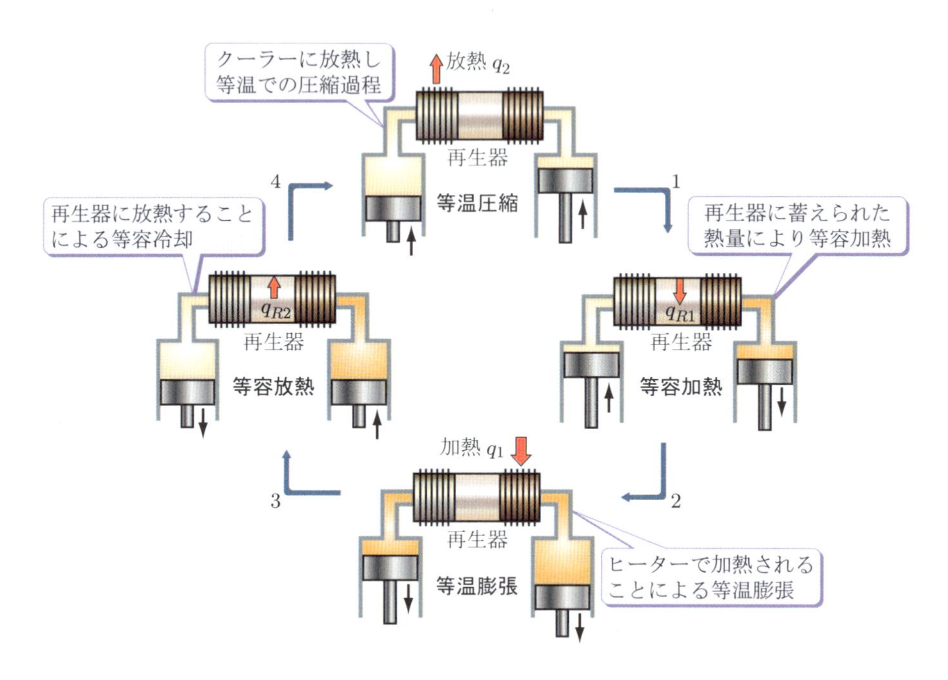

図 **8.11**　スターリングサイクルの動作

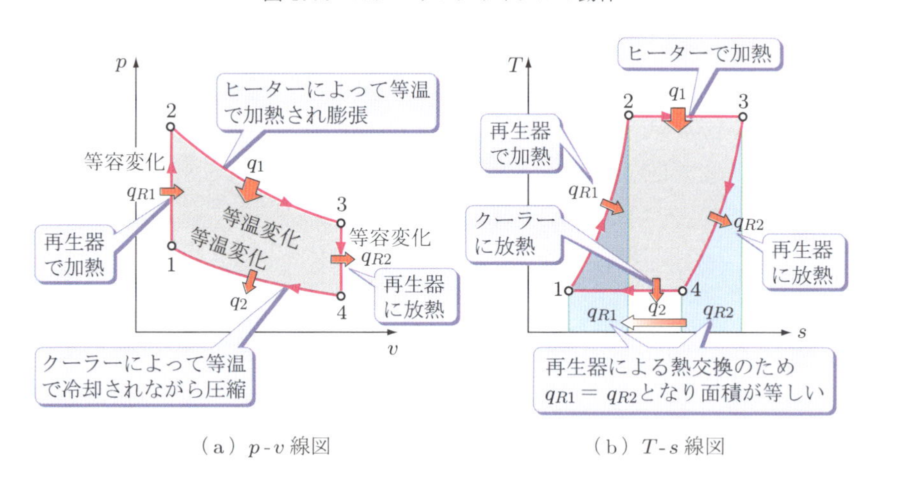

（a）p-v 線図　　（b）T-s 線図

図 **8.12**　スターリングサイクル

$$q_1 = RT_2 \ln \frac{v_3}{v_2} \tag{8.37}$$

③　等容放熱過程(3 → 4)：一定の容積を保ちながら，作動ガスが再生器を通過する際に放熱する．放熱した熱量は再生器に蓄えられ，①の過程において等容加熱に用いられる．容積が一定の過程であるため，作動ガスの単位質量あたりの放熱

量を q_{R2} とすると，次のようになる．

$$q_{R2} = c_v (T_3 - T_4) = c_v (T_2 - T_1) \tag{8.38}$$

④　等温圧縮過程($4 \to 1$)：クーラーによって冷却されて二つのピストンが上昇し，作動ガスを圧縮する．ここでは，クーラーの温度 T_4 ($= T_1$)のもとでの等温変化と考えるので，作動ガス単位質量あたりの放熱量 q_2 は，次のようになる．

$$q_2 = RT_4 \ln \frac{v_4}{v_1} = RT_4 \ln \frac{v_3}{v_2} \tag{8.39}$$

以上のことより，等容過程での加熱量 q_{R1} および放熱量 q_{R2} は，再生器との熱交換によるものであることから，$q_{R1} = q_{R2}$ となり，正味の加熱量および放熱量は，それぞれ q_1 および q_2 となる．したがって，スターリングサイクルの理論熱効率は，

$$\eta_{th} = 1 - \frac{q_2}{q_1} = 1 - \frac{T_4}{T_2} \tag{8.40}$$

となり，理想的にはカルノーサイクルと同等の熱効率が得られることがわかる．そのため，高い熱効率が期待できるだけでなく，外燃機関であるために加熱源として種々の排熱を利用できるなどの利点がある．しかし，実際には，熱交換部の伝熱過程によって性能が律則されてしまうなどの問題点や，また，最高温度が材料により制限を受けるため，高い熱効率も望めないのが現状であり，広く使用されるまでには至っていない．

8.4 ガスタービンのサイクル

ガスタービン(gas turbine)は，圧縮機を用いて連続的に空気を取り込み，燃料を用いて燃焼させた高温高圧の燃焼ガスでタービンを回転させて，仕事を生み出す熱機関である．小型で高い出力が得られる特徴があるものの，ピストンエンジンのように回転数を変動させることが容易でないため，用途は限られる．たとえば，天然ガスなどを燃料として蒸気タービンとガスタービンとを用いた複合サイクル発電に用いるなどである．

本節では，ガスタービンの理論サイクルであるブレイトンサイクルと排熱を利用した再生サイクルなどについて学ぶ．

8.4.1 ブレイトンサイクル

ガスタービンの基本サイクルを**ブレイトンサイクル**(Brayton cycle)といい，燃焼過程が等圧で行われるため，等圧燃焼サイクルともよばれる．ガスタービンサイクルには，密閉型と開放型がある．密閉型は，高温の排熱などを利用することにより外部から作動ガスを加熱して高温高圧状態にし，そのガスでタービンを回転させた後，空気などでガスを冷却して循環させる方式であり，開放型は，空気を取り込み燃焼させて排気ガスを大気中に放出する方式である．

図 8.13 に開放型ブレイトンサイクルの構成図を，図 8.14 にその p-v 線図と T-s 線図を示す．次に，それぞれの過程における状態変化について説明する．なお，図 8.13 と 8.14 の状態の番号はそれぞれ対応している．

① 断熱圧縮過程($1 \rightarrow 2$)：圧縮機により断熱的に圧縮がなされるため，$pv^{\kappa} = $（一定）

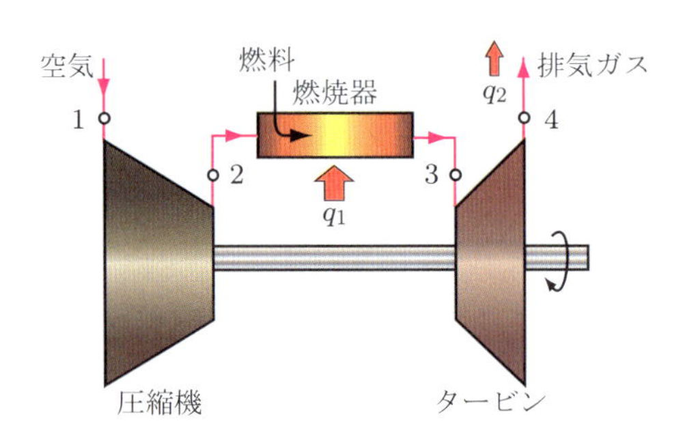

図 8.13 ブレイトンサイクルの構成図

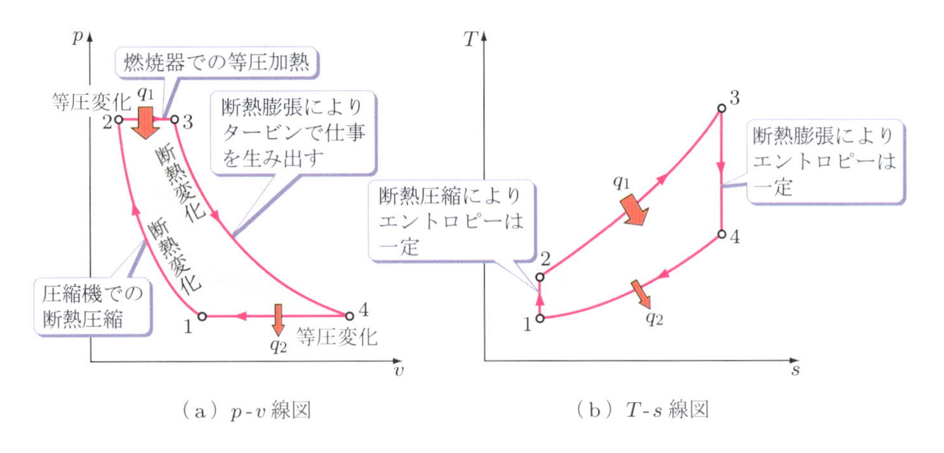

(a) p-v 線図　　(b) T-s 線図

図 8.14 ブレイトンサイクル

の関係より，

$$p_1 v_1^{\kappa} = p_2 v_2^{\kappa} \tag{8.41}$$

であり，状態式 $pv = RT$ の関係を用いると，次式の関係が得られる．

$$\frac{T_1}{T_2} = \left(\frac{p_1}{p_2}\right)^{(\kappa-1)/\kappa} \tag{8.42}$$

ブレイトンサイクルの圧縮過程における**圧力比** φ を，次式で定義する．

$$\varphi = \frac{p_2}{p_1} \tag{8.43}$$

② 等圧加熱過程$(2 \to 3)$：燃焼器において，燃料が供給されながら連続的に作動ガスが加熱される．ここでは等圧条件下での加熱となるため，単位質量あたりの燃焼ガスが受ける熱量を q_1 とすると，次のようになる．

$$q_1 = c_p (T_3 - T_2) \tag{8.44}$$

③ 断熱膨張過程$(3 \to 4)$：タービンを回転させて仕事を生み出す過程であり，断熱膨張することから，①の断熱圧縮過程と同様に，次式の関係が得られる．

$$\frac{T_4}{T_3} = \left(\frac{p_4}{p_3}\right)^{(\kappa-1)/\kappa} = \left(\frac{p_1}{p_2}\right)^{(\kappa-1)/\kappa} \tag{8.45}$$

④ 等圧放熱過程$(4 \to 1)$：ここでは，実際には作動ガスが放熱するわけではなく，燃焼ガスを大気中へ放出し，大気中から新しい空気を取り込むことから，等圧での放熱過程とみなす．燃焼ガス単位質量あたりの放熱量を q_2 とすると，次のようになる．

$$q_2 = c_p (T_4 - T_1) \tag{8.46}$$

以上のことから，理論熱効率は，式(8.42)～(8.46)より次のように求められる．

$$\eta_{th} = 1 - \frac{q_2}{q_1} = 1 - \frac{T_4 - T_1}{T_3 - T_2} = 1 - \frac{1}{\varphi^{(\kappa-1)/\kappa}} \tag{8.47}$$

式(8.47)より，圧力比の上昇により熱効率が向上することがわかる．

8.4.2 ブレイトン再生サイクル

ブレイトンサイクルの排気ガスは比較的高温であるため，この排熱を利用して圧縮機で圧縮された空気を熱交換器で予熱することで，熱効率の向上が期待できる．このサイクルを**ブレイトン再生サイクル**(regeneration Brayton cycle)という．ブレイトン再生サイクルの構成図を図 8.15 に，p-v 線図と T-s 線図を図 8.16 に示す．それぞれの状態の番号は対応している．

図 8.15 に示す熱交換器での熱交換が理想的に行われたとすれば，図 8.16 (b)の T-s 線図のように，

$$T_2 = T_{4'}, \quad T_{2'} = T_4 \tag{8.48}$$

となる．つまり，$T_4 \to T_{4'}$ の排熱が $T_2 \to T_{2'}$ の加熱のために，再利用することができる($q_{R1} = q_{R2}$)．このとき，正味の加熱量および放熱量は，

$$\text{加熱量} \quad q_1 = c_p(T_3 - T_{2'}) \tag{8.49}$$

$$\text{放熱量} \quad q_2 = c_p(T_{4'} - T_1) \tag{8.50}$$

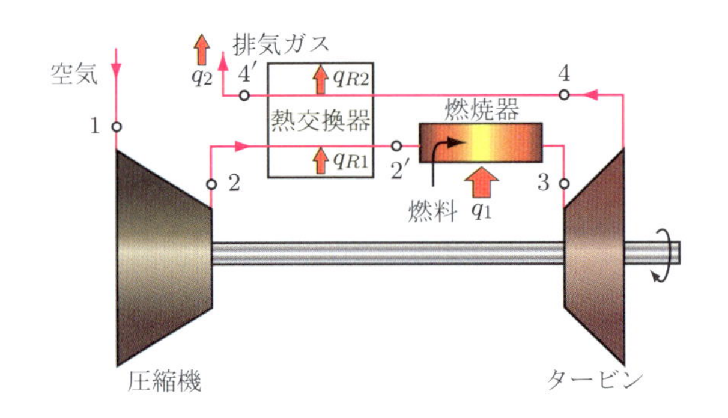

図 8.15 ブレイトン再生サイクルの構成図

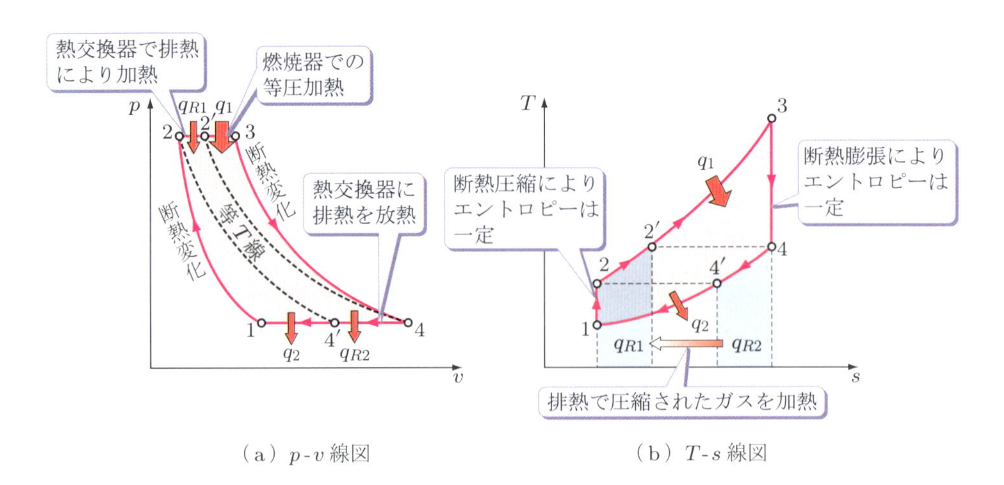

(a) p-v 線図　　(b) T-s 線図

図 8.16 ブレイトン再生サイクル

となり，理論熱効率は式(8.42)，(8.45)より $T_1/T_2 = T_4/T_3$ であるから，

$$\eta_{th} = 1 - \frac{q_2}{q_1} = 1 - \frac{T_2 - T_1}{T_3 - T_4} = 1 - \frac{T_2(1 - T_1/T_2)}{T_3(1 - T_4/T_3)}$$
$$= 1 - \frac{T_2}{T_3} = 1 - \frac{T_1}{T_3}\frac{T_2}{T_1} = 1 - \frac{T_1}{T_3}\varphi^{(\kappa-1)/\kappa} \tag{8.51}$$

となる．

ここで，ブレイトンサイクルとブレイトン再生サイクルの熱効率を比較してみる．

例題 8.3 圧縮機に流入する前の気体の圧力，温度がそれぞれ，**0.1 MPa**，**300 K**，タービン入口の温度が **1200 K** であるとき，(a) 圧力比が **8**，(b) 圧力比が **15**，の条件におけるブレイトンサイクルとブレイトン再生サイクルの理論熱効率を求めよ．ただし，燃焼ガスの比熱比は **1.4** とする．

解答 (a) 圧力比が 8 であるので，式(8.47)，(8.51)を用いると，次のようになる．

ブレイトンサイクル　$\eta_{th} = 1 - \dfrac{1}{\varphi^{(\kappa-1)/\kappa}} = 1 - \dfrac{1}{8^{0.4/1.4}} = 0.448$

ブレイトン再生サイクル　$\eta_{th} = 1 - \dfrac{T_1}{T_3}\varphi^{(\kappa-1)/\kappa} = 1 - \dfrac{300}{1200} \times 8^{0.4/1.4} = 0.547$

(b) 圧力比が 15 であることから，(a)と同様に，次のようになる．

ブレイトンサイクル　$\eta_{th} = 1 - \dfrac{1}{\varphi^{(\kappa-1)/\kappa}} = 1 - \dfrac{1}{15^{0.4/1.4}} = 0.539$

ブレイトン再生サイクル　$\eta_{th} = 1 - \dfrac{T_1}{T_3}\varphi^{(\kappa-1)/\kappa} = 1 - \dfrac{300}{1200} \times 15^{0.4/1.4} = 0.458$

以上のことから，動作条件が同じであっても，圧力比によって熱効率の大小関係が異なることがわかる．図 8.17 には，$T_1 = 300$ K，$\kappa = 1.4$ としたときの圧力比と理論熱効率の関係を示す．圧力比 φ の低い条件では，ブレイトン再生サイクルのほうが熱効率が高くなるのに対し，圧力比が高くできる条件では，ブレイトンサイクルのほうが高い効率を示すことがわかる．

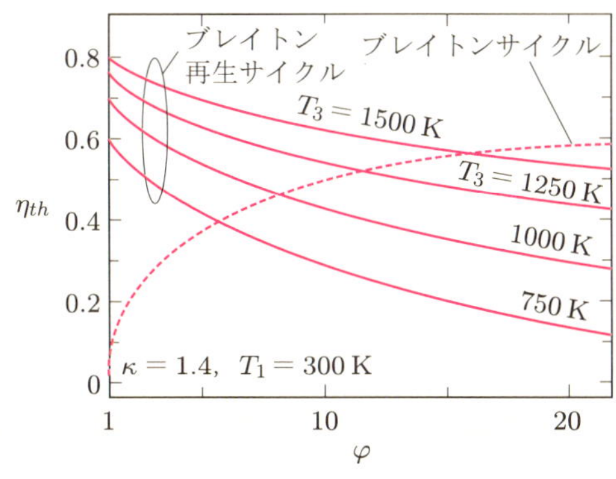

図 8.17　ブレイトンサイクルとブレイトン再生サイクルの効率の比較

8.4.3 再熱・中間冷却を行う場合のブレイトンサイクル

ブレイトンサイクルのタービン出力を向上させるためには，受熱量を高くすることにより，図 8.14 (b)の T-s 線図の 1-2-3-4-1 で囲まれた面積を増加させることが有効である．しかし，受熱量を高くしすぎるとタービン入口温度が上昇してしまい，タービンの損傷の原因となる．そのため，実際にはタービンが許容温度以上となるような熱量を与えることはできない．そこで，タービンを多段にして，ガスを再度燃焼させることにより，温度を抑えたままサイクルの出力を向上させることができる．このサイクルを**ブレイトン再熱サイクル**(reheat Brayton cycle)という．

図 8.18 に，タービンを 2 段とした場合の構成図と T-s 線図を示す．図(b)の破線は，単純なブレイトンサイクルの場合である．再熱することにより，図(b)に示すように，燃焼ガスの最高温度を下げることができ，タービンの最高許容温度の制限に対して，タービン出力を増加できる効果がある．また，タービンを 2 軸に分割できるため，負荷変動に対しても 1 基は定格運転とすることができるので，熱効率を高めることが可能となる．

図 8.19 には，圧縮機を 2 段にして空気を中間冷却する場合の構成図と T-s 線図を示す．図(b)に示すように，中間冷却により温度を T_2 から T_3 まで下げることにより，圧縮機 2 の出口温度 T_4 が低下する．その結果，燃焼ガスの最高温度が低下し，ブレイトン再熱サイクルと同様の効果が得られる．

ブレイトン再熱サイクルおよび中間冷却を用いるサイクルの熱効率は，単純なブレイトンサイクルの熱効率と比べて低くなるものの，比出力(単位質量のガスが単位時間にする仕事)を高くできるという特徴がある．

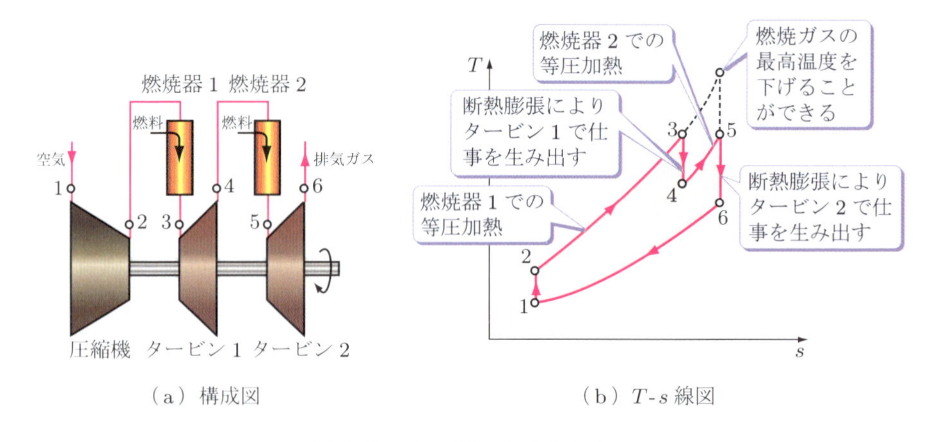

図 8.18 ブレイトン再熱サイクル

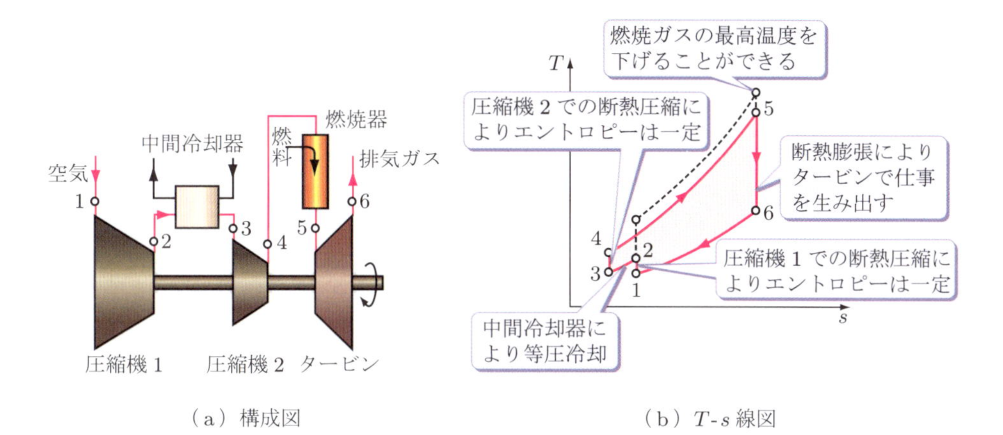

（a）構成図　　（b）T-s 線図

図 **8.19**　中間冷却を行うブレイトンサイクル

Coffee Break　ガスタービンの熱効率を改善する方法は？

熱効率のもっとも高いカルノーサイクルは，熱機関の目標です．したがって，カルノーサイクルに近づける工夫をすればよいことになります．図 **8.20** (**a**) は，ブレイトン再熱サイクル (**5** → **8**) と中間冷却 (**1** → **4**) を組み合わせたサイクルを示しています．カルノーサイクルは等温変化と断熱変化から構成されるので，図 (**b**) のように再熱と中間冷却を無限に繰り返すと，**1** → **4** および **5** → **8** の過程はそれぞれ等温変化と考えることができます．そうすると，図 (**b**) のように平行四辺形に近いサイクルとなるので，カルノーサイクルの長方形に近くなり，熱効率が向上します．このサイクルをエリクソンサイクルといいます．

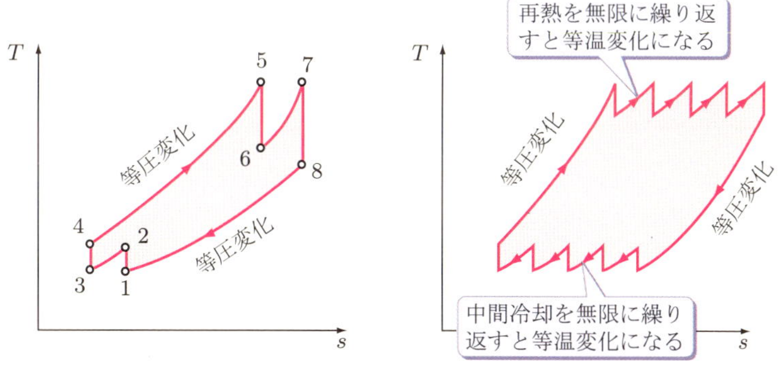

（a）中間冷却と再熱を組み合わせたサイクル　　（b）多段の中間冷却・再熱サイクル

図 **8.20**　ブレイトンサイクルの熱効率向上

8.4.4 エリクソンサイクル

前項の Coffee Break で述べた再熱および中間冷却を無限に多段にすることにより，理論的には等温圧縮および等温膨張が可能である．さらに，圧縮および膨張前後の温度が同一であることから，等圧放熱時の排熱を等圧加熱に利用することができる．このサイクルを**エリクソンサイクル**(Ericsson cycle)という．エリクソンサイクルの p-v 線図と T-s 線図を図 8.21 に示す．それぞれの過程を以下に説明する．なお，図(a)，(b)の状態の番号は対応している．

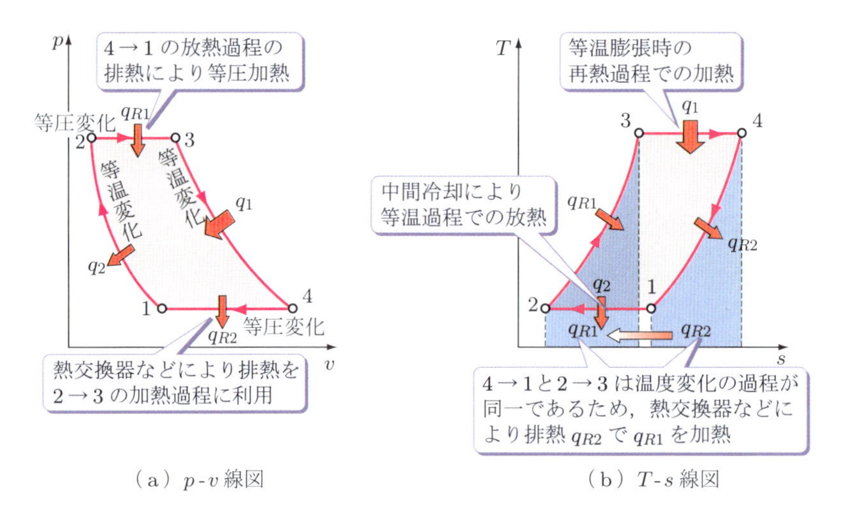

（a）p-v 線図　（b）T-s 線図

図 8.21 エリクソンサイクル

① 等温圧縮過程(1 → 2)：圧縮機と中間冷却器を無限に多段にしたと仮定すると，わずかに圧縮して大気などで冷却する過程を繰り返すことができるので，等温での圧縮過程と考えることができる．冷却する温度を T_1 $(= T_2)$，作動ガス単位質量あたりの放熱量 q_2 とすると，次のようになる．

$$q_2 = RT_1 \ln \frac{p_2}{p_1} \tag{8.52}$$

② 等圧加熱過程(2 → 3)：等圧放熱時の熱により，熱交換器などを介して作動ガスの加熱を行う．等圧での加熱過程となるため，作動ガス単位質量あたりの受熱量 q_{R1} は，次のようになる．

$$q_{R1} = c_p (T_3 - T_2) \tag{8.53}$$

③ 等温膨張過程(3 → 4)：タービンで作動ガスをわずかに膨張させて仕事を生み

出した後に再熱器で加熱する，という過程を繰り返したと考えると，等温での膨張過程と考えることができる．加熱する温度を T_3（$=T_4$），作動ガス単位質量あたりの加熱量 q_1 とすると，次のようになる．

$$q_1 = RT_3 \ln \frac{p_3}{p_4} = RT_3 \ln \frac{p_2}{p_1} \tag{8.54}$$

④ 等圧放熱過程（$4 \to 1$）：温度変化の過程が，②の過程と同じであることから，熱交換器などを介して等圧加熱時の作動ガスと熱交換することにより放熱すると考える．加熱時と同様，等圧過程であり，作動ガス単位質量あたりの放熱量 q_{R2} は，次のようになる．

$$q_{R2} = c_p (T_4 - T_1) = c_p (T_3 - T_2) = q_{R1} \tag{8.55}$$

以上のことより，正味の加熱量および放熱量は，それぞれ q_1 および q_2 であることから，エリクソンサイクルの理論熱効率は，

$$\eta_{th} = 1 - \frac{q_2}{q_1} = 1 - \frac{T_1}{T_3} \tag{8.56}$$

となり，理想的にはカルノーサイクルと同等の熱効率が得られることがわかる．

8.5 ジェットエンジンのサイクル

ジェットエンジンは，熱エネルギーを動力に変換して発電などに用いる熱機関と異なり，噴流を噴出することにより推進力を得るためのエンジンとして，航空機のエンジンなどに利用されている．

本節では，航空機のエンジンとして一般的に用いられる，ターボジェットエンジンおよびターボファンジェットエンジンについて学ぶ．

8.5.1 ターボジェットエンジンサイクル

ターボジェットエンジンは，図 8.22 のように吸気口と圧縮機，燃焼器，タービン，推進ノズルから構成されている．流入した空気を吸気口で動圧により圧縮した後，圧縮機により断熱圧縮する．その後，燃焼器で等圧加熱し，燃焼ガスによりタービンを回転させて圧縮機が必要とする仕事を得た後，推進ノズルで膨張させることにより推進力を生み出す．このときの p-v 線図を図 8.23 に示す．図中の状態の番号は図 8.22 と対応している．大気中を状態 0 とすると，状態 $0 \to 1$ は動圧による断熱圧縮，状態 $1 \to 2$ は圧縮機による断熱圧縮，状態 $2 \to 3$ は燃焼器での等圧加熱，状態 $3 \to 4$ は

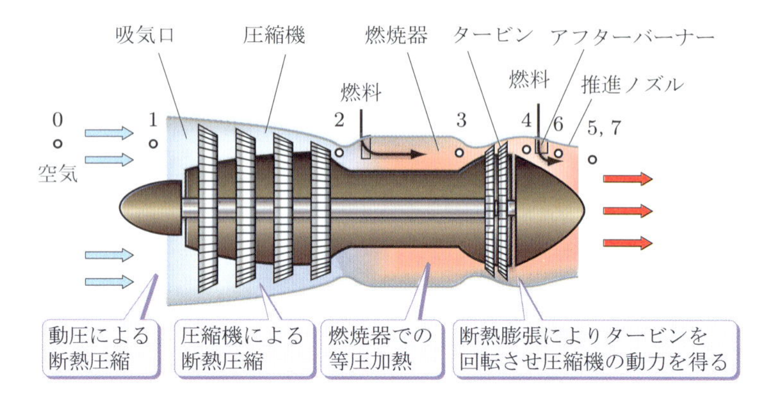

図 **8.22** ターボジェットエンジンの構成図

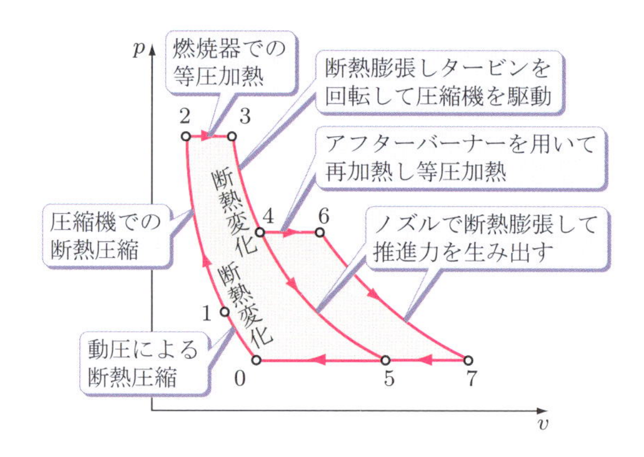

図 **8.23** ターボジェットエンジンサイクルの p-v 線図

タービンでの膨張，状態 $4 \to 5$ は推進ノズルでの膨張，となる．推進ノズルから噴射されるガスの運動エネルギーの増加分は面積 02350 となり，燃料による加熱量に対する運動エネルギーの増加分で定義される内部効率は，ブレイトンサイクルの理論熱効率と等しく，飛行マッハ数 M を用いると，

$$\eta_{\rm in} = 1 - \frac{\left(\dfrac{p_1}{p_2}\right)^{(\kappa-1)/\kappa}}{1 + \dfrac{\kappa-1}{2}M^2} \tag{8.57}$$

と表される．

また，推進力を増加させるために，アフターバーナーを設置し，推進ノズル内で再度燃焼させる場合もある．この場合には，図 8.23 の面積 0234670 が有効な仕事となる．

8.5.2 ターボファンジェットエンジンサイクル

ターボファンジェットエンジンは，図 8.24 に示すように，大型のファンを用い大量の空気を吸入，噴出させることにより推進力を得るエンジンである．ファンにより導入された空気の一部を圧縮機で圧縮し，燃焼器で燃焼して，圧縮機およびファン駆動用のタービンを駆動する．燃焼ガスをファンで圧縮された空気とともに，ノズルから噴出させることにより推進力を生み出す．ターボファンジェットエンジンの推進力は，燃焼器を経由してきた燃焼ガスによる推進力 F_1 と，ファンによって得られた空気の推進力 F_2 の和となる．飛行速度を c_a [m/s]，燃焼器を経由した燃焼ガスの流量および噴出速度を G_1 [kg/s]，c_1 [m/s]，ファンによって噴出する空気の流量および速度を G_2，c_2 とすると，推進力 F [N] は，

$$F = F_1 + F_2 = G_1(c_1 - c_a) + G_2(c_2 - c_a) \tag{8.58}$$

と表される．ここで，燃料の発熱量を H_f [J/kg]，燃料の流量を G_f [kg/s] とすると，全効率 η_{jet} は，

$$\eta_{\mathrm{jet}} = \frac{\text{推進のための仕事}}{\text{燃料の発熱量}} = \frac{c_a\left[G_1(c_1 - c_a) + G_2(c_2 - c_a)\right]}{G_f H_f} \tag{8.59}$$

となる．

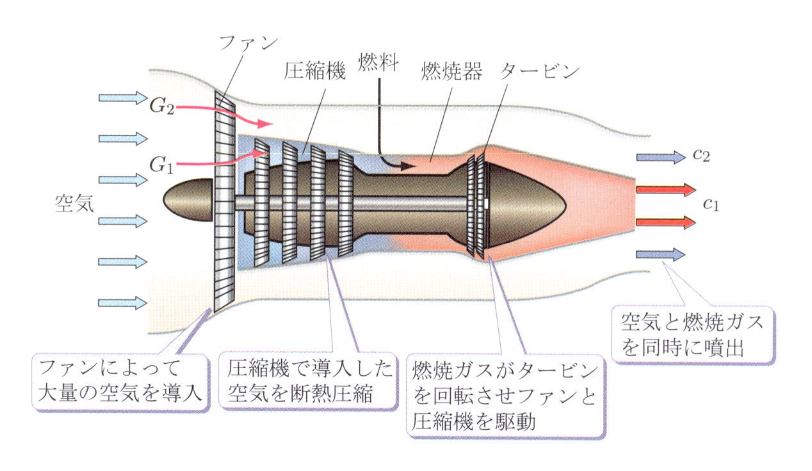

図 8.24 ターボファンジェットエンジンの構成図

演習問題

8.1 1000 K の高温熱源から 100 kJ の熱量を受けて，65 kJ の仕事をする熱機関があるとき，低温熱源の条件を求めよ．

8.2 圧縮比が 20，締切比が 2 のディーゼルサイクルにおいて，断熱圧縮前の圧力が 0.1 MPa であり，断熱膨張後の温度が 500 K であるとき，(a) サイクルの理論熱効率，(b) サイクル中の最高温度，(c) サイクル中の最高圧力，を求めよ．なお，比熱比は 1.4 とする．

8.3 圧縮比が 16 のサバテサイクルにおいて，断熱圧縮前の圧力および温度が 0.1 MPa，300 K であり，等容過程での燃焼ガスの単位質量あたりの受熱量が 200 kJ/kg，等圧過程での受熱量が 100 kJ/kg である．燃焼ガスの比熱比を 1.4，定圧比熱を 1.005 kJ/(kg·K)，定容比熱を 0.7171 kJ/(kg·K) として，(a) サイクル中の最高温度，(b) サイクル中の最高圧力，(c) サイクルの理論熱効率，を求めよ．

8.4 ブレイトンサイクルにおいて，圧縮機に流入する前の気体の圧力，温度がそれぞれ，0.1 MPa，300 K であり，断熱膨張後の温度が 600 K とする．圧力比および比熱比をそれぞれ 10，1.4 として，(a) 理論熱効率，(b) サイクル中の最高温度，を求めよ．

8.5 圧縮機に流入する前の気体の温度が 300 K であり，タービン入口の温度が 1200 K であるブレイトンサイクルとブレイトン再生サイクルがある．ブレイトン再生サイクルの熱効率がブレイトンサイクルより良くなるための圧力比の条件を，比熱比を 1.4 として求めよ．

第9章 蒸気タービンのサイクル

火力発電所や原子力発電所では，ボイラで水を沸騰させて高温高圧の過熱蒸気を発生させ，そのエネルギーを蒸気タービンで機械的仕事に変換している．また，仕事を終えた蒸気は低温低圧の湿り蒸気となるが，そのまま捨てることはせず，冷却水を用いて水に復水し，再びボイラに戻される．このように，作動物質である水は，気体（蒸気）と液体（水）の間を相変化しながら循環し，サイクルを形成して連続的に蒸気タービンを回して発電するシステムとなっている．これを蒸気原動機サイクルという．火力発電所と原子力発電所の違いは，蒸気を発生するための熱源として，天然ガス，石炭，石油など化石燃料の燃焼熱を用いるか，核分裂のエネルギーを用いるかであり，水蒸気から仕事を取り出す方法は両者とも同じである．

本章では，蒸気タービンを用いて仕事を生み出す方法について学ぶ．

9.1 ランキンサイクル

火力発電所や原子力発電所で運転される蒸気原動機サイクルを，**ランキンサイクル**（Rankine cycle）という．その基本構成は，図 9.1 (a)に示すように，ボイラ，蒸気タービン，復水器，ポンプからなっており，作動流体は水である．図(b)はランキンサイクルの配置図を示しており，図(a)の簡易表示として用いられる．両図の状態の番号はそれぞれ対応している．

ランキンサイクルは以下のように運転される．まず，低圧の水（状態 1）がポンプで断熱的に加圧されて高圧の圧縮水になり（状態 2），ボイラで過熱蒸気になるまで等圧

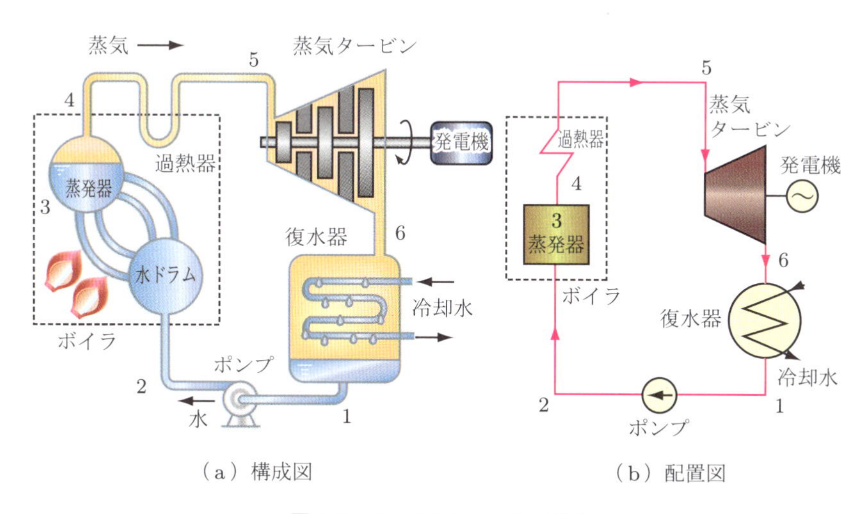

（a）構成図　（b）配置図

図 9.1　ランキンサイクルの構成

加熱される(状態 5). 高温高圧になった蒸気は，蒸気タービンで断熱膨張して仕事を発生(発電)し，低温低圧の湿り蒸気になる(状態 6). 湿り蒸気は，復水器内で冷却水により等圧冷却されて凝縮し，飽和水に戻る(状態 1).

図 9.2 に，ランキンサイクルの T-s 線図を示す. 図中の状態を表す番号は，図 9.1 に対応している. ランキンサイクルは，二つの等圧変化と二つの可逆断熱変化から構成されている. ポンプ(状態 1 → 2)では可逆断熱圧縮，ボイラで圧縮水を過熱蒸気に加熱する過程(状態 2 → 5)では等圧変化，蒸気タービンで仕事を生み出す過程(状態 5 → 6)では可逆断熱膨張，仕事を終了した蒸気が飽和水に復水する過程(状態6 → 1)では等圧変化である[†].

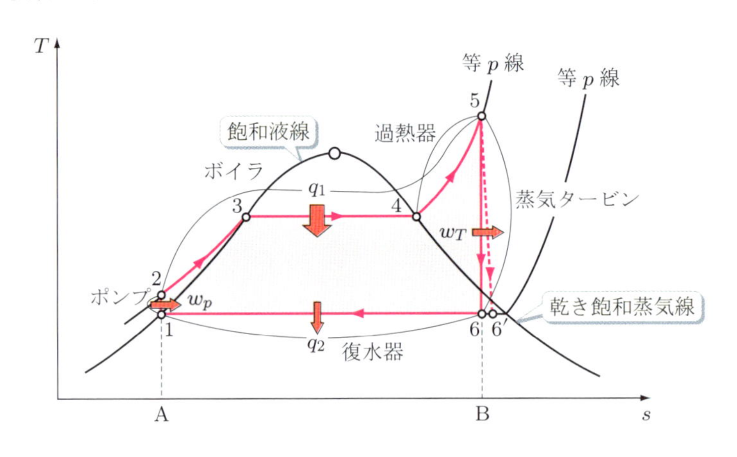

図 9.2 ランキンサイクルの T-s 線図

9.1.1 ランキンサイクルの理論熱効率

ランキンサイクルの熱収支を考えると，T-s 線図においては面積が熱量を表すから，図 9.2 において，次のように表せる.

q_1 :ボイラでの受熱量(面積 A2345B)

q_2 :復水器への放熱量(面積 A16B)

w :正味仕事 $= q_1 - q_2$ (面積 123456)

受熱量 q_1 および放熱量 q_2 は等圧変化($dp = 0$)のもとにおける熱の出入りであるから，第一法則の式 $dq = dh - v\,dp$ より，比エンタルピー差で表され，蒸気 1 kg あたりについては次式となる.

[†] 圧縮液の領域では，等圧線は飽和液線にほとんど重なってしまうが，図 9.2 の状態 1 → 2 の変化はわかりやすいように大きく描いてある.

$$q_1 = h_5 - h_2 \tag{9.1}$$

$$q_2 = h_6 - h_1 \tag{9.2}$$

ここで，h_1，h_2 はそれぞれ状態 1，2 の水の比エンタルピー，h_5，h_6 はそれぞれ状態 5，6 の蒸気の比エンタルピーである．上式より正味仕事は，

$$w = q_1 - q_2 = (h_5 - h_2) - (h_6 - h_1) = (h_5 - h_6) - (h_2 - h_1) \tag{9.3}$$

となる．蒸気タービンの仕事 w_T と給水ポンプに要する仕事 w_p をそれぞれ次式で表すと，

$$w_T = h_5 - h_6 \tag{9.4}$$

$$w_p = h_2 - h_1 \tag{9.5}$$

となるから，式(9.3)は，

$$w = w_T - w_p \tag{9.6}$$

となる．なお，損失のない蒸気タービン内の可逆断熱膨張はエンタルピー差 $\Delta h = h_5 - h_6$ で表され，これを**断熱熱落差**(adiabatic heat drop)という．

式(9.6)からわかるように，ランキンサイクルが生み出す正味仕事は，蒸気タービンで発生する仕事から給水ポンプの仕事を差し引いたものになる．ここで，ポンプ仕事について考えてみる．ポンプで搬送するのは水であるから，図 9.2 の圧縮(状態 $1 \to 2$)による比容積の変化は無視でき，比容積は一定($v_1' = v_2$)と考えてよい．したがって，ポンプ仕事は工業仕事の定義式を用いて次式で表される．

$$w_p = \int_1^2 v\,dp = v_1'(p_2 - p_1) \tag{9.7}$$

ここに，v_1' は状態 1 における飽和水の比容積であり，p_1，p_2 はそれぞれ給水ポンプ入口，出口の圧力である．

以上から，ランキンサイクルの理論熱効率 η_R は次式で与えられる．

$$\eta_R = \frac{w}{q_1} = \frac{h_5 - h_6 - w_p}{h_5 - h_2} = \frac{h_5 - h_6 - w_p}{h_5 - h_1 - w_p} \tag{9.8}$$

ポンプ仕事がタービン仕事に比べて無視できるときは，理論熱効率は次式で表すことができる．

$$\eta_R = \frac{w}{q_1} = \frac{h_5 - h_6}{h_5 - h_1} \tag{9.9}$$

実際の蒸気タービン内での断熱膨張は，蒸気の渦や乱れなどのために不可逆変化となり，エントロピーが増加するため，その状態変化は図 9.2 の $5 \to 6'$ のように表され

る．このとき，

$$\eta_T = \frac{h_5 - h_{6'}}{h_5 - h_6} \tag{9.10}$$

を蒸気タービンの**断熱効率**(adiabatic efficiency)といい，ランキンサイクルの理論熱効率は式(9.9)に η_T を乗じた値となり，その分低下することとなる．

ここで，ランキンサイクルの理論熱効率を計算し，ポンプ仕事などの大きさを調べてみる．

例題 9.1 **タービン入口の蒸気圧力 10 MPa，温度 600°C，タービン出口の蒸気圧力 5 kPa のランキンサイクルがある．ポンプ仕事を考慮した理論熱効率を求めよ．**

解答 状態量の添え字は，図 9.2 の状態番号に対応させて表示する．

タービン入口の比エンタルピーおよび比エントロピーは，過熱蒸気表から以下のように読み取れる．

$$h_5 = 3625.84 \quad \mathrm{kJ/kg}, \qquad s_5 = s_6 = 6.9045 \quad \mathrm{kJ/(kg{\cdot}K)}$$

タービンの出口圧力における飽和水の比エンタルピーおよび比エントロピーは，圧力基準飽和表から以下のように読み取れる．

$$h_1 = h' = 137.77 \quad \mathrm{kJ/kg}, \ \ h'' = 2560.77 \quad \mathrm{kJ/kg}, \ \ v_1' = 0.00100532 \quad \mathrm{m^3/kg}$$

$$s' = 0.47625 \quad \mathrm{kJ/(kg{\cdot}K)}, \qquad s'' = 8.39391 \quad \mathrm{kJ/(kg{\cdot}K)}$$

タービン出口蒸気の乾き度を x_6 とすると，次式のように表せる．

$$x_6 = \frac{s_6 - s'}{s'' - s'} = \frac{h_6 - h'}{h'' - h'}$$

$$h_6 = h' + (h'' - h')\frac{s_6 - s'}{s'' - s'}$$

$$= 137.77 + (2560.77 - 137.77) \times \frac{6.9045 - 0.47625}{8.39391 - 0.47625} = 2105.0 \quad \mathrm{kJ/kg}$$

ポンプ仕事は，式(9.7)より計算できる．

$$w_p = v_1'(p_2 - p_1) = 0.00100532 \times (10 \times 10^6 - 5 \times 10^3) = 10.05 \quad \mathrm{kJ/kg}$$

よって，理論熱効率は式(9.8)より次のように求められる．

$$\eta_R = \frac{h_5 - h_6 - w_p}{h_5 - h_1 - w_p} = \frac{3625.84 - 2105.0 - 10.05}{3625.84 - 137.77 - 10.05} = 0.434$$

ポンプ仕事を無視した場合は，次のようになる．

$$\eta_R = \frac{h_5 - h_6}{h_5 - h_1} = \frac{3625.84 - 2105.0}{3625.84 - 137.77} = 0.436$$

タービン仕事は $h_5 - h_6 = 1520.84$ kJ/kg の大きさであるから，ポンプ仕事 $w_p = 10.05$ kJ/kg は，タービン仕事に比べて無視できるほど小さい値であることがわかる．

9.1.2 理論熱効率に及ぼす蒸気圧力と温度の影響

ランキンサイクルの理論熱効率を高める方法として，次のことが考えられる．式(9.9)より明らかなように，まずは，蒸気タービンの断熱熱落差 $h_5 - h_6$ を大きくすることが必要である．図 9.3 に示す T-s 線図でいえば，仕事の面積を大きくすることに相当する．具体的には以下の二つの方法が考えられる．

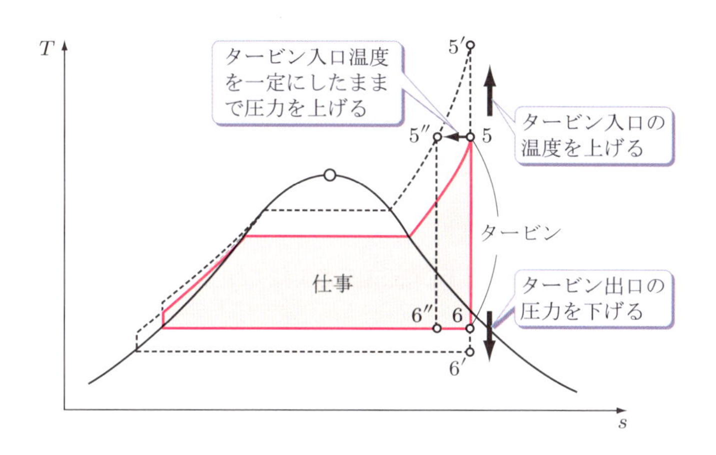

図 9.3　ランキンサイクルに及ぼすタービン出入口圧力の影響

タービン入口の蒸気温度または圧力を高める

図 9.4 には，タービン入口圧力 p_1 と入口温度 t_1 [°C] の影響を示す．図より，入口温度を上昇させると，どんな入口圧力においても効率が増加することがわかる．これは，図 9.3 においてタービン入口温度を $5 \to 5'$ へ上昇させることに対応しており，仕

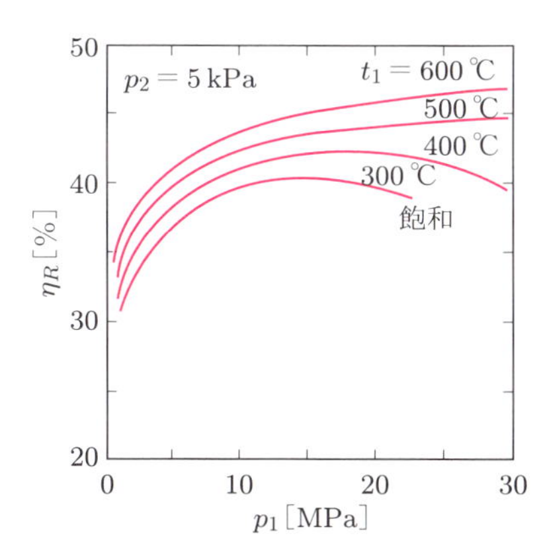

図 9.4　ランキンサイクルの効率に及ぼすタービン入口圧力と温度の影響[1]

事の面積が増加し，効率が向上することとなる．しかし，タービン入口温度は無制限に上昇できるものではなく，タービン羽根の耐熱性により限界があり，その上限値は約 600°C 程度である．

一方，図 9.4 において入口温度を一定とし，入口圧力を増加させると，効率は 10 MPa くらいまでは急激に増すが，それ以上になると増加割合は小さくなり，温度によっては効率が悪くなる傾向が見られる．これは，図 9.3 においてタービン入口温度一定のまま圧力を $5 \to 5''$ へ上昇させることに対応している．なお，この場合，蒸気タービン出口の湿り蒸気の状態が $6 \to 6''$ となるため乾き度が減少し，蒸気中の水分が増すため，その水分がタービン羽根に高速で衝突してタービン羽根侵食の原因となる．そのため，圧力上昇による効果は理論上予期されるほどは得られない．タービン出口の乾き度を一定に保ちながら，圧力上昇の効果を得ようとするときは，後述する再熱サイクルを用いる方法がある．

復水器の真空度を高めてタービン出口圧力を低くする

図 9.5 には，タービン出口圧力(排圧) p_2 の影響を示す．出口圧力が低下すると効率が大きく向上することがわかる．これは，図 9.3 においてタービン出口圧力を $6 \to 6'$ へ低めることに対応しており，仕事の面積が増加して効率が向上することとなる．なお，この場合，蒸気タービン出口の湿り蒸気の状態が $6 \to 6'$ となり，乾き度が減少するため，出口圧力を低めすぎるとタービン羽根侵食の原因ともなる．そのため，乾き度は 0.9 以上($x > 0.9$)にするのが一般的である．

蒸気タービンの出口圧力は，復水器の真空度を高めることにより低くすることができる．そのためには復水器の性能の向上が重要であり，また，復水器に用いる冷却水

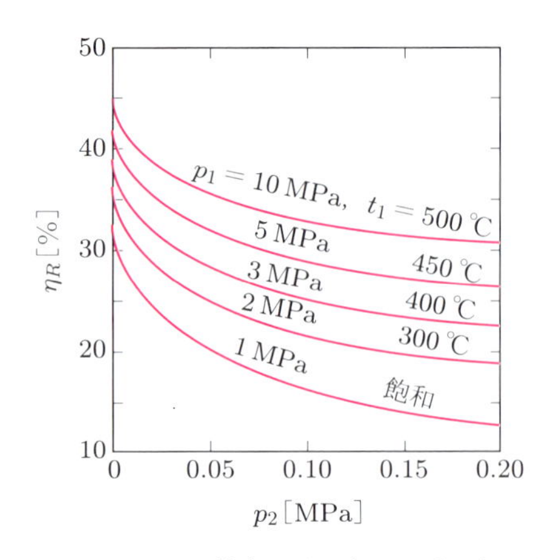

図 9.5　ランキンサイクルの効率に及ぼすタービン出口圧力の影響[1]

の温度，およびその流量によっても影響される．わが国では $p_2 = 4\sim 5\ \mathrm{kPa}$ 程度のものが多い．

9.1.3 カルノーサイクルとの比較

ランキンサイクルの理論熱効率を向上させるには，上に述べたように，蒸気の状態を適切にコントロールすることが必要である．しかし，それだけでは限界があるため，サイクルそのものを工夫して効率を高めることが求められる．第4章で述べたように，もっとも熱効率のよいサイクルは可逆カルノーサイクルである．したがって，ランキンサイクルの効率を高める方法として，カルノーサイクルに近づけることが目標となる．カルノーサイクルは二つの等温変化と二つの可逆断熱変化からなるサイクルであり，T-s 線図では矩形(長方形)で表される．

図9.6には，ランキンサイクルとカルノーサイクルの相違点を示す．飽和水を乾き飽和蒸気にする過程 $3 \to 4$ は等温変化であるため，3-4-B-A-3はカルノーサイクルと同一である．しかし，圧縮水を飽和水に加熱する過程 $2 \to 3$，および乾き飽和蒸気を過熱蒸気にする過程 $4 \to 5$ は等温変化ではないため，カルノーサイクルとは大きく異なったものとなっている．以下では，これらの状態変化をカルノーサイクルに近づけて熱効率を向上させる方法について述べる．それらは再熱サイクルと再生サイクルである．

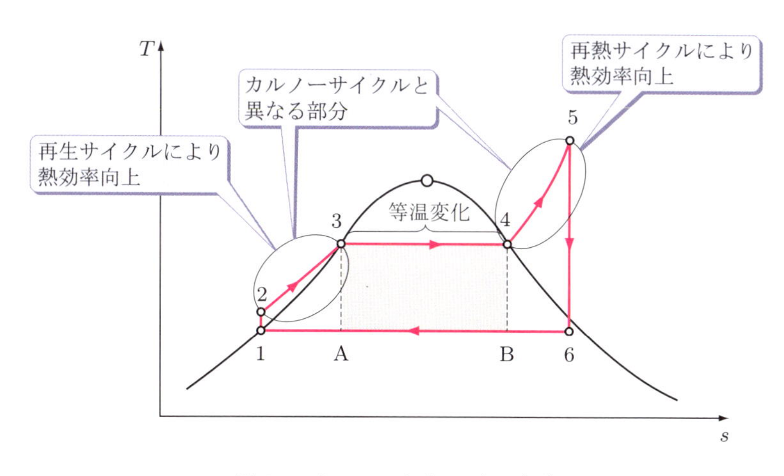

図 9.6　カルノーサイクルとの相違

Coffee Break 火力発電所や原子力発電所が海岸沿いにあるのはなぜ？

ランキンサイクルでは，水を加熱して高温高圧の蒸気を発生し，タービンで発電しますが，仕事を終えた蒸気は捨てることなく復水して再びボイラで加熱されます．この復水器では，蒸気を水に凝縮させるために，蒸気から凝縮の潜熱を奪ってやる必要があります．凝縮の潜熱は，たとえば飽和圧力 **5 kPa** においては $\boldsymbol{r = 2423.0}$ **kJ/kg** であり，これを比熱 $\boldsymbol{c = 4.2}$ **kJ/(kg·K)** の冷却水を用い，かつ，冷却水の温度上昇を $\boldsymbol{\Delta t = 5}$**°C** に抑えて冷却すると，顕熱は $\boldsymbol{c\Delta t = 21}$ **kJ/kg** であるから，蒸気の約 **115** 倍の質量の冷却水が必要になることがわかります．すなわち，大量の水を利用できることが建設の条件になるため，日本では海岸沿いに建設されることが多いのです．

9.2 再熱サイクル

ランキンサイクルにおいて，蒸気タービン入口温度を一定としてタービン入口圧力を高めると，タービン出口の乾き度が減少し，タービン羽根損傷の原因となることを前節で述べた．この問題を解決するために，タービン入口圧力を高め，かつ，タービン出口の乾き度を減少させない方法として考えられたのが，**再熱サイクル**(reheat cycle)である．

図 9.7 (a)には，再熱サイクルの配置図を示す．蒸気タービンを高圧タービンと低圧タービンの二つに分けてあるのが特徴であり，高圧タービンからの蒸気をボイラで再び加熱する**再熱器**(reheater)がある．図 9.7 (b)に示すように，ボイラからの過熱蒸気

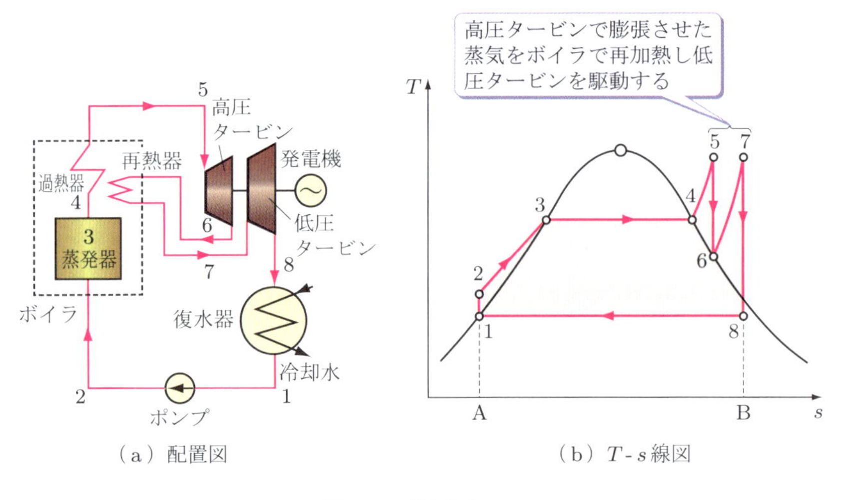

(a) 配置図　(b) T-s 線図

図 **9.7** 再熱サイクル

(状態 5) を高圧タービンで膨張させた後，ボイラで高圧タービン入口温度 (状態 5) 近くの温度まで等圧加熱し (状態 6 → 7)，再び低圧タービンで膨張させる．このようなサイクルとすれば，タービン入口温度を一定値以下に抑えることができ，断熱熱落差を大きくできるので，サイクルの理論効率を高めることができる．さらに，タービン出口蒸気の乾き度 (状態 8) を適切にとることができる．

この場合の理論熱効率は以下のように求められる．

q_1 ：ボイラおよび再熱器での受熱量 (面積 A234567B)
q_2 ：復水器への放熱量 (面積 A18B)
w ：正味仕事 $= q_1 - q_2$ (面積 12345678)
w_p ：給水ポンプ仕事 $= h_2 - h_1$

受熱量 q_1 および放熱量 q_2 は，等圧変化のもとにおける熱の出入りであるから，比エンタルピー差で表され，蒸気 1 kg あたりについては次式となる．

$$q_1 = (h_5 - h_2) + (h_7 - h_6) = (h_5 - h_1) + (h_7 - h_6) - w_p \tag{9.11}$$

$$q_2 = h_8 - h_1 \tag{9.12}$$

$$w = q_1 - q_2 = (h_5 - h_6) + (h_7 - h_8) - w_p \tag{9.13}$$

したがって，再熱サイクルの理論熱効率は，次式で与えられる．

$$\eta_{\mathrm{reh}} = \frac{w}{q_1} = \frac{(h_5 - h_6) + (h_7 - h_8) - w_p}{(h_5 - h_1) + (h_7 - h_6) - w_p} \tag{9.14}$$

給水ポンプの仕事を無視すれば，次式となる．

$$\eta_{\mathrm{reh}} = \frac{w}{q_1} = \frac{(h_5 - h_6) + (h_7 - h_8)}{(h_5 - h_1) + (h_7 - h_6)} \tag{9.15}$$

図 9.8 は，再熱サイクルの熱効率のよさを示すために，蒸気タービン出口の圧力と乾き度を一定 ($s_{\mathrm{B}} - s_{\mathrm{A}} =$ (一定)) として，ランキンサイクルと比較したものである．図 (a) は，ランキンサイクルとカルノーサイクルとを比較したものであり，▒ で示すカルノーサイクルとの差が大きいことがわかる．

一方，図 9.8 (b) は，再熱によりタービン入口温度を低く抑えることができるため，カルノーサイクルの受熱温度が低くなり，▒ の面積が図 (a) より小さくなっている．このことは，ランキンサイクルよりも再熱サイクルのほうがカルノーサイクルに近いことを意味しており，熱効率が大きいことがわかる．また，このサイクルの適用によって，高圧，とくに超臨界圧の蒸気利用が可能になり，蒸気原動機の大出力化が図られてきた．

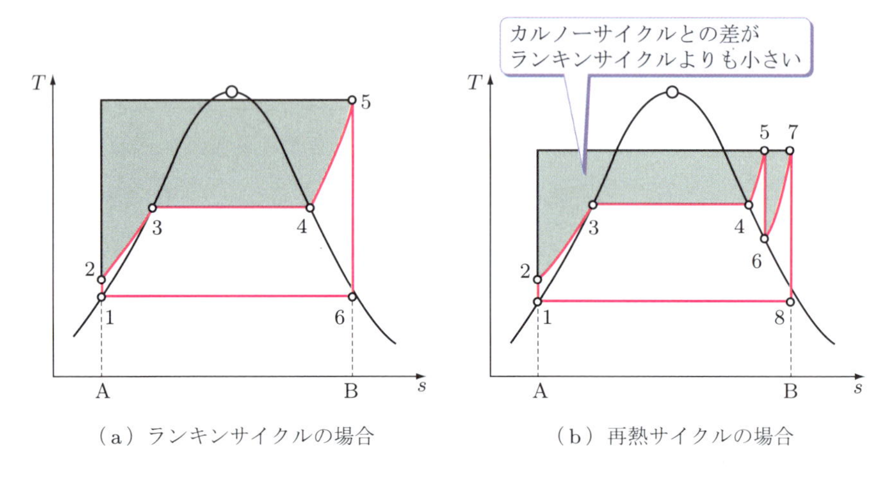

（a）ランキンサイクルの場合　　（b）再熱サイクルの場合

図 **9.8**　カルノーサイクルとの比較

9.3　再生サイクル

ランキンサイクルがカルノーサイクルと異なるもう一つの点は，図 9.6 に示したように，給水を加熱する過程が等圧変化であるということである．ここで，図 9.9 (a) に示すようなサイクル 1-2-3-4-1 を考えてみる．このサイクルをカルノーサイクルに近づけるためには，状態変化 $1 \rightarrow 2$ をなんらかの方法により状態変化 $1 \rightarrow 2'$ に変え，その面積 C2′1D が状態変化 $3 \rightarrow 4$ での面積 A34B と等しくなるようにしてやると，

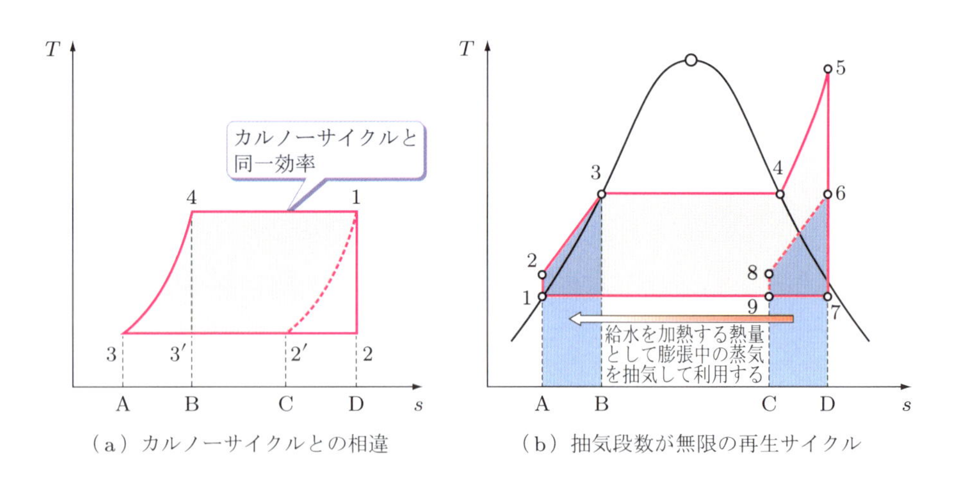

（a）カルノーサイクルとの相違　　（b）抽気段数が無限の再生サイクル

図 **9.9**　カルノーサイクルに近づける工夫

変更後のサイクル 1-2′-3-4-1 の熱効率は，同じ温度範囲で動作するカルノーサイクル 1-2-3′-4-1 と理論的に等しくなる．

ランキンサイクルにおいては，図 9.8 (a) に示したように，カルノーサイクルと比較して発生仕事が少ないのに，復水器に捨てる熱量は同じになっている．すなわち，発生仕事の割合に復水器に捨てる熱量が多すぎることが，熱効率が上がらない要因となっている．

以上のことから，ランキンサイクルの熱効率を上げる方法として，図 9.9 (b) に示したように，蒸気タービンで膨張中の蒸気（状態 5 → 7）の一部を抽出して，その熱量を給水を加熱するための熱量に利用すれば，復水器へ捨てる熱量は面積 A19C となり，ランキンサイクルに比べて面積 C97D だけ減少し，カルノーサイクルに近づき熱効率が向上する．このようなサイクルを**再生サイクル**（regenerative cycle）という．図 (b) は，抽気点が無数にある理想的な場合を示したものであり，給水加熱量（面積 A23B）と抽気蒸気熱量（面積 C86D）を等しくとってある．なお，この場合，抽気量は蒸気の一部であるので，サイクルとしては 1-2-3-4-5-7-1 であり，抽気の有無にかかわらず変わらないことに注意しなければならない．また，抽気点を無限に設けることは不可能であり，実際には 6〜8 回の抽気段数が限度である．

再生サイクルは，タービン低圧部における蒸気量が抽気により減少するため，タービン羽根を短くすることができ，羽根の回転に伴う遠心力に対する設計を容易にすることができる．再生サイクルには，混合給水加熱器型および表面給水加熱器型の二種類があり，それらについて以下に説明する．

9.3.1 混合給水加熱器型再生サイクル

図 9.10 は，抽気を一箇所より行う一段抽気の場合で，蒸気タービンからの抽気蒸気が給水加熱器で復水器からの給水と直接混合し，加熱するタイプを示す．このようなサイクルを**混合給水加熱器型**（open feed water heater type）**再生サイクル**という．この場合，図 (a) に示すように，タービンから抽気した蒸気圧力と給水圧力とが給水加熱器で一緒になるため，それらをつねに等しくコントロールすることが必要である．

この場合の理論熱効率は，以下のように求められる．図 (b) において，蒸気 1 kg あたりについて考えると，抽気量が m [kg] のときタービン出口の蒸気量は $(1-m)$ [kg] であるから，ボイラでの受熱量 q_1，復水器への放熱量 q_2，正味仕事 w および給水ポンプ仕事 w_p は，それぞれ次のように表せる．

$$q_1 = h_7 - h_4 \tag{9.16}$$

$$q_2 = (1-m)(h_9 - h_1) \tag{9.17}$$

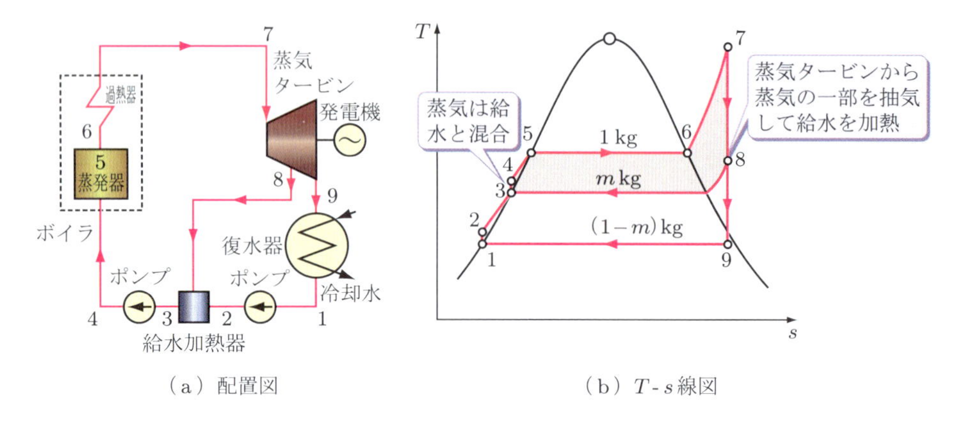

図 **9.10**　一段再生サイクル(混合給水加熱器型)

$$w = q_1 - q_2 \tag{9.18}$$

$$w_p = (1 - m)(h_2 - h_1) + h_4 - h_3 \tag{9.19}$$

給水ポンプの仕事を無視すると，$w_p = 0$ より，$h_2 = h_1$ および $h_4 = h_3$ であるから理論熱効率は次式となる．

$$\eta_{\mathrm{reh,o}} = \frac{w}{q_1} = 1 - \frac{(1 - m)(h_9 - h_1)}{h_7 - h_3} \tag{9.20}$$

給水加熱器での熱量のつり合いを考えると次式となる．

$$mh_8 + (1 - m)h_2 = h_3 \tag{9.21}$$

抽気割合はポンプ仕事を無視すると $h_2 = h_1$ であるから，上式より，

$$m = \frac{h_3 - h_1}{h_8 - h_1} \tag{9.22}$$

となる．抽気段数が多い場合も同様な考え方で理論熱効率を計算できる．

ここで，再生サイクルとランキンサイクルの熱効率を計算し，再生サイクルがどの程度の効率向上となるかを調べてみる．

例題 9.2　**例題 9.1 のランキンサイクルにおいて，蒸気タービンで 2 MPa まで膨張した蒸気を一段抽気した場合，混合給水加熱器型再生サイクルの理論熱効率を求め，ランキンサイクル効率と比較せよ．ただし，ポンプ仕事は無視できるものとする．**

解答　式(9.20)，(9.22)より計算できるので，図 9.10 (b)の状態番号で示す h_1，h_3，h_7，h_8，h_9 を求めればよい．例題 9.1 の解より次の値がわかる．

$$h_1 = 137.77 \quad \mathrm{kJ/kg}, \qquad h_7 = 3625.84 \quad \mathrm{kJ/kg}$$

$$h_9 = 2105.0 \quad \text{kJ/kg}, \qquad s_7 = 6.9045 \quad \text{kJ/(kg·K)}$$

また，h_3 は 2 MPa における飽和水の比エンタルピーであるから，飽和表より次の値が読み取れる．

$$h_3 = 908.62 \quad \text{kJ/kg}$$

状態 8 における比エンタルピー h_8 は，$s_8 = s_7 = 6.9045$ kJ/(kg·K) の関係を用いて計算する．過熱蒸気表の 2 MPa において，

$$320^\circ\text{C のとき} \quad s_{320} = 6.8472 \quad \text{kJ/(kg·K)}, \qquad h_{320} = 3070.16 \quad \text{kJ/kg}$$

$$340^\circ\text{C のとき} \quad s_{340} = 6.9221 \quad \text{kJ/(kg·K)}, \qquad h_{340} = 3115.28 \quad \text{kJ/kg}$$

であるから，内挿法を用いると次式となる．

$$\frac{s_{340} - s_8}{s_{340} - s_{320}} = \frac{h_{340} - h_8}{h_{340} - h_{320}}$$

上式に値を代入すると，$h_8 = 3104.7$ kJ/kg となる．よって，抽気割合は式(9.22)より，

$$m = \frac{h_3 - h_1}{h_8 - h_1} = \frac{908.62 - 137.77}{3104.7 - 137.77} = 0.260$$

となるので，理論熱効率は式(9.20)より次のように求められる．

$$\eta_{\text{reh,o}} = 1 - \frac{(1-m)(h_9 - h_1)}{h_7 - h_3} = 1 - \frac{(1 - 0.26) \times (2105.0 - 137.77)}{3625.84 - 908.62} = 0.464$$

例題 9.1 のランキンサイクルの理論熱効率は $\eta_R = 0.436$ であるから，本例題の場合，再生サイクルにすることにより熱効率が 0.028 向上することがわかる．

9.3.2 表面給水加熱器型再生サイクル

図 9.11 は，一段抽気の場合で，蒸気タービンからの抽気蒸気が復水器からの給水を表面熱交換器を介して加熱するタイプを示す．このようなサイクルを**表面給水加熱器型**(closed feed water heater type)**再生サイクル**という．この場合，図 9.11 (a)に示すように，抽気蒸気と復水器からの給水が直接混合することはないので，給水圧力と抽気の圧力とを等しくする必要はないが，混合給水加熱器型に比べ，熱交換効率が劣るため，システムの熱効率も小さくなる．

この場合の理論熱効率は，以下のように求められる．図 9.11 (b)において，蒸気 1 kg あたりについて考えると，抽気量が m [kg] のとき，タービン出口の蒸気量は $(1-m)$ [kg] であるから，ボイラでの受熱量 q_1，復水器への放熱量 q_2，正味仕事 w および給水ポンプ仕事 w_p はそれぞれ次のように表せる．

$$q_1 = h_6 - h_3 \tag{9.23}$$

$$q_2 = (1-m)(h_8 - h_{10}) + h_{10} - h_1 \tag{9.24}$$

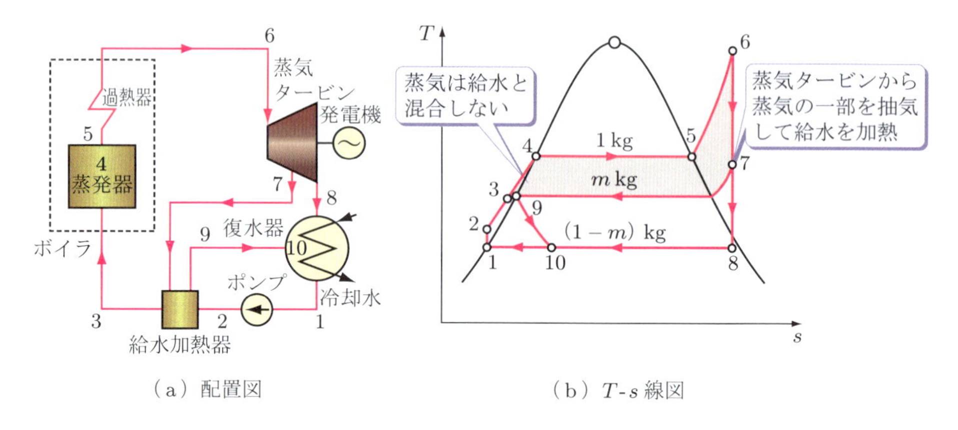

図 9.11　一段再生サイクル(表面給水加熱器型)

$$w = q_1 - q_2 \tag{9.25}$$

$$w_p = h_2 - h_1 \tag{9.26}$$

状態 9 → 10 は等エンタルピー変化となるため，次式の関係がある．

$$h_{10} = h_9 \tag{9.27}$$

また，給水加熱器における交換熱量は等しいから，熱バランスより次式となる．

$$h_3 - h_2 = m(h_7 - h_9) \tag{9.28}$$

ここで，熱交換が理想的に行われると仮定すると $h_3 = h_9$ である．給水ポンプの仕事を無視すると $h_2 = h_1$ であるから，以上より理論熱効率は次式となる．

$$\eta_{\mathrm{reh,c}} = \frac{w}{q_1} = 1 - \frac{h_9 - h_1 + (1-m)(h_8 - h_9)}{h_6 - h_1 - m(h_7 - h_9)} \tag{9.29}$$

抽気割合は，式(9.28)に $h_2 = h_1$ の関係を代入すると，次式となる．

$$m = \frac{h_3 - h_1}{h_7 - h_9} \tag{9.30}$$

多段抽気の場合も，同様にして理論熱効率を求めることができる．

9.4 再熱・再生サイクル

前節で述べた再熱および再生サイクルは，それぞれカルノーサイクルに近づけて理論熱効率を高める点では同一であるが，その基本的考え方は異なっている．すなわち，再熱サイクルでは，蒸気タービン入口温度を一定として，入口圧力を高めた場合に生じるタービン出口蒸気の乾き度の低下を防ぎ，断熱熱落差を大きくしている．一方，再生サイクルでは，蒸気タービンで膨張中の蒸気の一部を抽気して給水を加熱することにより，復水器へ捨てる熱量を減少させて熱効率を向上させている．この二つの方法は，それぞれ独自に実行できるため同一サイクルに適用してもなんら支障は生じず，サイクル効率のさらなる向上を図ることができる．このようなサイクルを**再熱・再生サイクル**(reheat-regenerative cycle)という．

図 9.12 には，一段再熱サイクルと二段再生サイクルとを組み合わせたサイクルを示す．再熱段および再生段が増すほど，カルノーサイクルに近づき，熱効率が向上する．このサイクルの理論熱効率は，両サイクルに対する考え方をそのまま加え合わせることにより，求めることができる．再熱・再生サイクルは設備が複雑になり，また制御面でもより複雑なコントロールが必要となるが，とくに高効率運転を目標とする大出力火力発電所に広く利用されている．

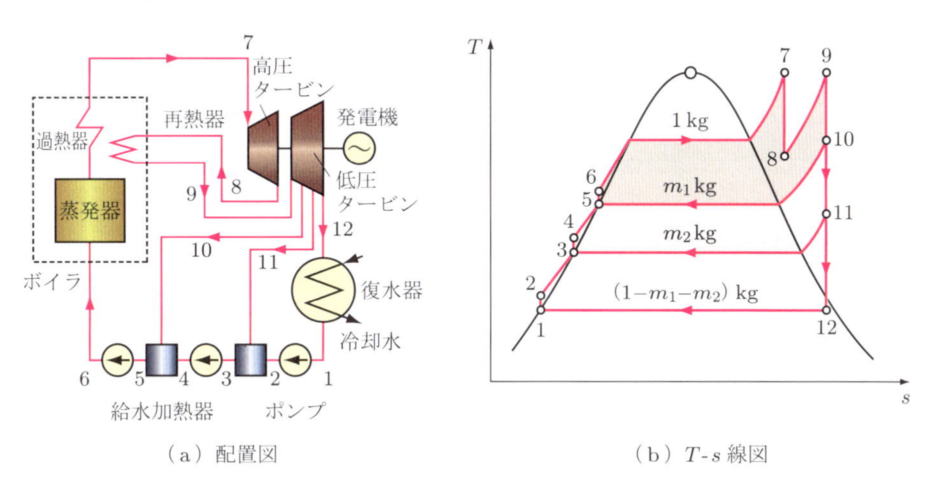

図 9.12 一段再熱・二段再生サイクル

9.5 複合サイクル

第 8 章で述べたガスタービンサイクルでは，排気ガス温度が 600～800℃ と高温であり，大きい熱エネルギーをもっている．その排熱をそのまま捨てるのではなく，排ガスを高温熱源として作動する別の熱機関に利用し，エネルギーを有効利用する技術が進んでいる．このような考え方で複数の熱機関を組み合わせ，高温度から低温度までの熱エネルギーを有効利用するシステムを**複合サイクル**(combined cycle)という．図 9.13 は，高温ガスタービンサイクルであるブレイトンサイクル(第 8 章参照)とランキンサイクルの組み合わせであり，もっとも実用化されているものである．図(a)に示

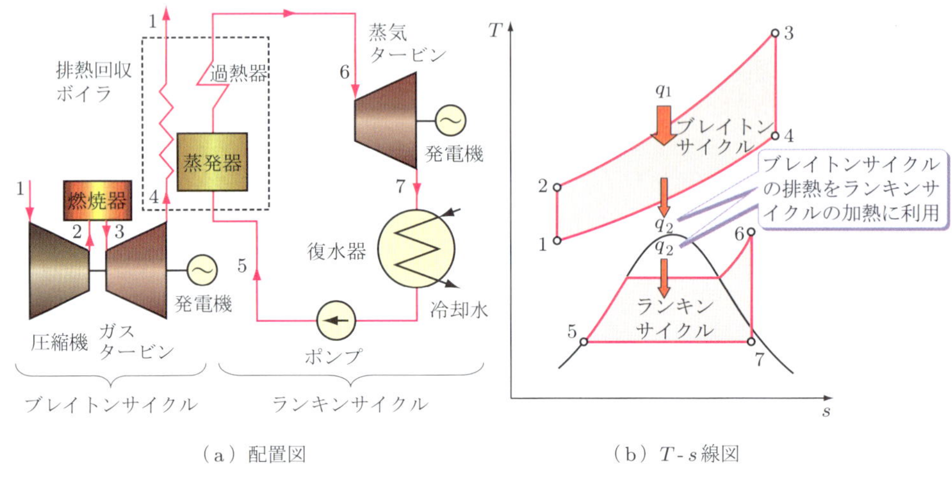

（a）配置図　　（b）T-s 線図

図 9.13　複合サイクルの例

すように，高温のガスタービンで発電し，仕事をした燃焼ガス(状態 4)は，その排気温度がまだ高いので，これを排熱回収ボイラに導いて蒸気を発生させ(状態 5 → 6)，その蒸気で蒸気タービンを駆動して，二つ目の発電機で電力に変換する．T-s 線図で示すと，図 9.13 (b)のように，ブレイトンサイクルの排熱部分 q_2 がランキンサイクルの受熱になる．

実際には，ガスタービンやランキンサイクルを再熱サイクルとして，ガスタービンの再熱燃焼室を再熱蒸気で冷却し，蒸気はその熱を再熱の熱源として利用する．また，蒸気タービンから抽気してその蒸気でガスタービン翼の冷却を行うなど，両者のサイクルの特徴を組み合わせて効率向上を図っている．

Coffee Break　原子力発電所の蒸気発生のしくみは？

原子炉には，沸騰水型原子炉(**boiling water reactor：BWR**)と加圧水型原子炉(**pressurized water reactor：PWR**)の二種類があります．沸騰水型は冷却水の中に気泡が発生し，炉心の冷却が不安定になるため，当初は，沸騰を抑制する加圧水型の開発が進められましたが，技術の進歩により沸騰水型も用いられるようになりました．図 **9.14** (a)に示す沸騰水型は，原子炉圧力容器で発生した蒸気がタービンへ直接入るので，タービン建屋を遮蔽して放射能漏れを防ぐ必要があります．図(b) に示す加圧水型は，放射能を一次冷却系に閉じ込めることができ，二次冷却系である蒸気発生器の蒸気をタービンへ送ります．原子力発電所では，ボイラの代わりに原子炉を用いて蒸気を発生しますが，その他のシステムはランキンサイクルと同じです．

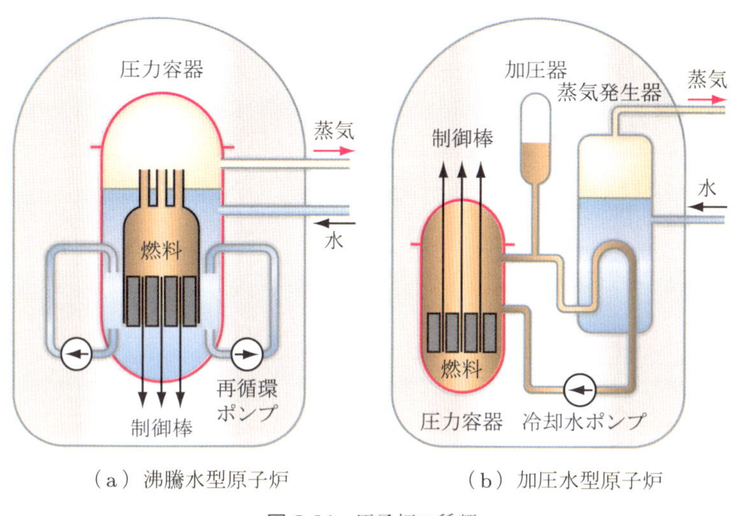

図 **9.14** 原子炉の種類

演習問題

9.1 ボイラで圧力 5 MPa，温度 500℃ の過熱蒸気が毎時 2000 kg 発生し，蒸気タービンへ送られるランキンサイクルがある．タービン出口圧力を 5 kPa，タービンの断熱効率を 0.85 としたとき，タービン出力を求めよ．

9.2 蒸気タービン入口の蒸気条件が 10 MPa，560℃，出口圧力が 5 kPa の理想ランキンサイクルについて，(a) ボイラでの加熱量，(b) 蒸気タービンの仕事，(c) 復水器への放熱量，(d) 給水ポンプの仕事，(e) 理論熱効率，を求めよ．

9.3 問題 9.2 において，ボイラで加熱中の，(a) 比エントロピーの増加量，(b) 無効エネルギーの増加量，(c) 有効エネルギーの増加量，(d) エクセルギー効率，を求めよ．ただし，周囲環境温度は 25℃ とする．

9.4 再熱サイクルにおいて，20 MPa，560℃ の蒸気が高圧タービンに入り 2 MPa で出ていき，さらにこの蒸気を再熱器で 560℃ まで加熱して低圧タービンに送り，5 kPa まで膨張仕事をさせるとき，理論熱効率を求めよ．ただし，ポンプ仕事は無視する．

参考文献

[1] 斎藤武，大竹一友，三田地紘史：工業熱力学通論，日刊工業新聞社，1991.

第10章 冷凍サイクル

第8章と第9章で説明した熱機関は，熱エネルギーを仕事に変換するのに対し，冷凍機やヒートポンプは，仕事を与えることにより低温熱源から高温熱源へ熱を移動させる機器である．これらの機器に代表される冷蔵庫やエアコンなどは，われわれの生活に欠かすことのできないものとなっている．とくに，近年，二酸化炭素の排出規制の観点から，これらの機器の一層の省エネルギー化が必要となっている．

本章では，冷凍サイクルの基本概念を理解し，性能評価の指針となる成績係数の算出方法などを学習するとともに，一般に用いられている蒸気圧縮式冷凍機，吸収式冷凍機の冷凍サイクルのしくみ，および極低温を得るためのサイクルについて学ぶ．

10.1 冷凍の発生

冷凍サイクルは，仕事を与えることにより，低温熱源から高温熱源へ熱を移動させるサイクルであり，冷媒とよばれる作動流体を介して熱を移動させている．サイクルを構成するためには，作動流体を膨張，圧縮させるなどして，作動流体の温度を低下させて低温熱源から吸熱し，温度を上昇させて高温熱源に放熱を繰り返す必要がある．冷凍サイクルのしくみは，次節以降で詳述することとし，まず本節では，作動流体の温度を低下させ，冷凍を発生させる状態変化について整理する．

10.1.1 可逆断熱膨張による冷凍の発生

気体を可逆断熱膨張させることにより，冷凍を発生させることができる．熱力学第一法則および第二法則より，

$$dh = T\,ds + v\,dp \tag{10.1}$$

であり，可逆断熱膨張の場合には，エントロピーが一定となるため，$ds = 0$ であり，膨張により圧力が低下することから $dp < 0$ となるため，エンタルピーは減少することとなる．エンタルピーの減少により気体の温度は低下し，冷凍を発生させることができる．この際，エンタルピーの減少分は，仕事として取り出すことができる．

一般に，可逆断熱膨張を用いた冷凍作用（低温）の発生には，図10.1で示すようなタービンを用いるが，空気冷凍サイクルなどの特殊な用途に限られている．

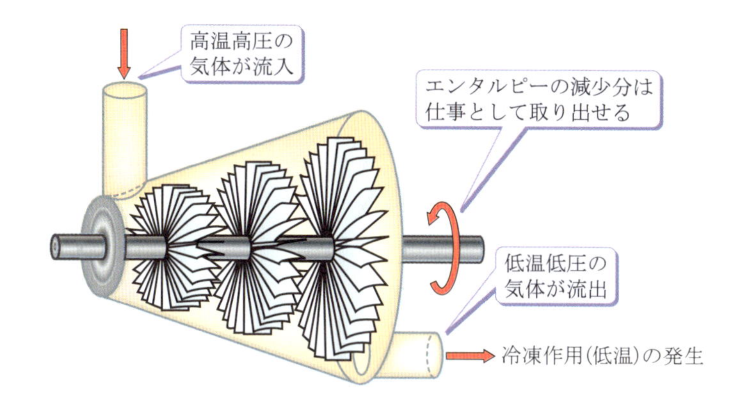

図 **10.1**　タービンでの断熱膨張

10.1.2 絞り膨張による冷凍の発生

気体が，図 10.2 に示すような細い管やオリフィスなどを通過することにより，圧力が降下する場合を考える．このようなものを**絞り**といい，絞りによって膨張する場合を**絞り膨張**という．絞り前後の速度が非常に小さく無視できるとすれば，7.4 節で説明したように，エンタルピー一定の条件の下，圧力が降下することとなる．絞り膨張を行ったときの圧力変化に対する温度変化の割合は，式(7.44)より，次式となる．

$$\mu = \left(\frac{\partial T}{\partial p} \right)_h \qquad (10.2)$$

ここで，μ は**ジュール - トムソン係数**で，理想気体の場合には，エンタルピーが一定であれば $\mu = 0$ であり，温度変化は起こらないが，実在気体の場合には，ジュール - トムソン効果により温度が変化する．ジュール - トムソン係数が正の場合には，絞り膨張により温度が低下し，負の場合には温度が上昇することとなる．

後述する蒸気圧縮式冷凍機や吸収式冷凍機では，絞り膨張を用いて気体を冷却する方法を用いており，絞り膨張は一般的な冷凍の発生方法といえる．

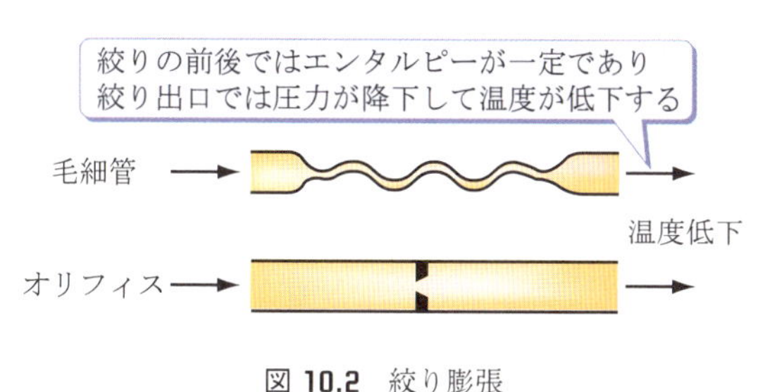

図 **10.2**　絞り膨張

10.2 冷凍サイクルとヒートポンプ

ガスサイクルなどの熱機関は，図 10.3 (a)に示すように，熱を仕事に変換する機関であるが，**冷凍サイクル**(refrigeration cycle) は，図(b)で示すように，外部から仕事を与えることにより，低温熱源から高温熱源へ熱を移動させる機器をいう．とくに，冷凍サイクルとしての機能は同一であるが，冷蔵庫のように，低温熱源の熱を奪って利用する場合に**冷凍機**(refrigerating machine)といい，空調機の暖房運転時のように，高温熱源に熱を汲み上げて利用する場合に**ヒートポンプ**(heat pump)という．

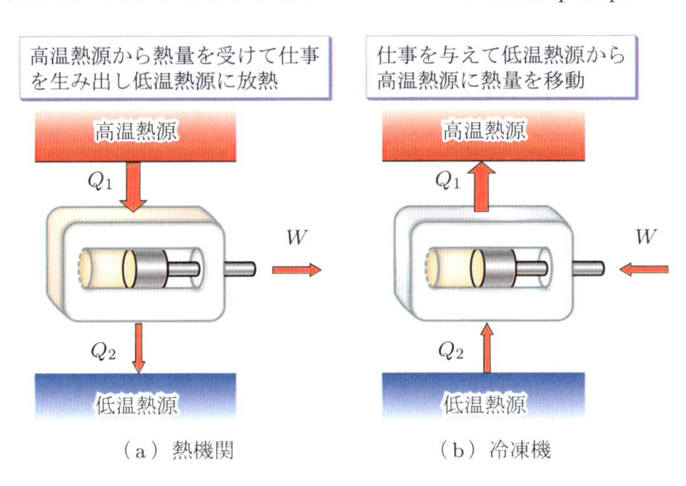

（a）熱機関　　（b）冷凍機

図 **10.3**　熱機関と冷凍機

これまで，熱機関の性能を評価するためには，効率を用いてきた．熱機関の効率は，高温熱源からの熱量のうち，仕事として取り出せる割合を示している．一方，冷凍サイクルの性能を評価するための指標としては，**成績係数**(COP)が用いられる．成績係数は，与えた仕事とその仕事により，移動させることができた熱量の比で表されており，次式で定義される．

冷凍機　$$\varepsilon_R = \frac{Q_2}{W} \tag{10.3}$$

ヒートポンプ　$$\varepsilon_H = \frac{Q_1}{W} \tag{10.4}$$

また，熱力学第一法則によれば，

$$Q_1 = Q_2 + W \tag{10.5}$$

であるから，冷凍機およびヒートポンプの COP は，以下の関係をもつ．

$$\varepsilon_H = \frac{Q_2 + W}{W} = \varepsilon_R + 1 \tag{10.6}$$

熱エネルギーを仕事に変換させる熱機関の場合，二つの熱源の間で動作する熱機関において，最大の効率を与えるサイクルは，カルノーサイクルであった．カルノーサイクルは，可逆過程で構成されていることから，逆向きに状態変化させることにより，冷凍サイクルとして動作させることができる．これを**逆カルノーサイクル**(inverse Carnot cycle)という．図 10.4 に示すように，逆カルノーサイクルの T-S 線図から吸熱量および放熱量が次のように求められる．

吸熱量　$Q_2 = T_2\,(S_2 - S_1)$ (10.7)

放熱量　$Q_1 = T_1\,(S_2 - S_1)$ (10.8)

これより，逆カルノーサイクルの成績係数は，次のように求めることができる．

冷凍機　$\varepsilon_R = \dfrac{Q_2}{W} = \dfrac{Q_2}{Q_1 - Q_2} = \dfrac{T_2}{T_1 - T_2}$ (10.9)

ヒートポンプ　$\varepsilon_H = \dfrac{Q_1}{W} = \dfrac{Q_1}{Q_1 - Q_2} = \dfrac{T_1}{T_1 - T_2}$ (10.10)

二つの熱源の間で動作する冷凍サイクルにおいても，最大の成績係数を与えるサイクルは逆カルノーサイクルであり，逆カルノーサイクルより成績係数が高くなることはない．

ここで，逆カルノーサイクルの効率を計算するとともに，仕事と移動する熱量の大きさの関係を求めてみよう．

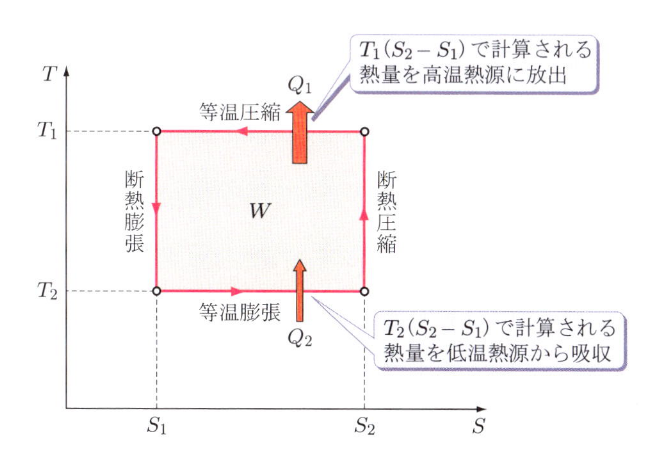

図 10.4　逆カルノーサイクルの T-S 線図

例題 10.1 外気温(低温熱源温度)が **0°C** であるときに，消費電力が **800 W** の逆カルノーサイクルヒートポンプにより，室内(高温熱源温度)を **25°C** に保っている．このとき，ヒートポンプの **COP** と単位時間あたり室内へ放熱している熱量を求めよ．

解答 逆カルノーサイクルヒートポンプのCOPの式(10.10)より，次のようになる．

$$\varepsilon_H = \frac{T_1}{T_1 - T_2} = \frac{298.15}{298.15 - 273.15} = 11.93$$

また，COPの定義式(10.4)より，次のようになる．

$$Q_1 = \varepsilon_H W = 11.93 \times 800 = 9544 \quad \mathrm{W}$$

これらの結果から，ヒートポンプは与えた仕事800 Wに比べて大きな熱量を移動させていることがわかる．電熱式のヒーターは，熱効率100%においても電力に対して同じだけの熱量しか発生させることができない．すなわち，電熱式ヒーターのCOPは最大1である．これより，ヒートポンプ暖房の省エネルギー効果が高いことがわかる．

10.3 蒸気圧縮式冷凍サイクル

第9章で述べたランキンサイクルは，作動流体となる水を蒸発，凝縮させることにより仕事を生み出すことができた．このランキンサイクルを，逆向きに動作させる場合を考えると，仕事を与えて低温熱源から熱を吸収し，高温熱源に熱を汲み上げることが可能となる．これが，**蒸気圧縮式冷凍サイクル**であり，作動流体である冷媒を相変化させることにより，低温熱源から高温熱源に熱を移動させることができ，一般の冷蔵庫や空調機で用いられている．

図10.5に蒸気圧縮式冷凍サイクルの構成図を示す．この冷凍サイクルは，圧縮機，凝縮器，膨張弁，蒸発器から構成されている．また，蒸気圧縮式冷凍サイクルのp-h線図を図10.6に示す．図中のサイクルに付いている番号は，図10.5の状態の番号と対応している．

それぞれの構成要素での変化は，次のようになる．

① 圧縮機($1 \to 2$)：蒸発器で低温乾き飽和蒸気となった作動流体は，圧縮機で過熱蒸気となる．この過程は，理想的には可逆断熱圧縮であり，エントロピー一定の変化となる．

② 凝縮器($2 \to 3$)：凝縮器では高温熱源に熱量q_1を放出することにより，飽和液となる．ここでは，等圧条件のもとでの凝縮過程となる．

③ 膨張弁($3 \to 4$)：膨張弁において絞り膨張することにより，低温低圧の湿り蒸気となる．作動流体の温度は，ジュール-トムソン効果により低下する．ここで

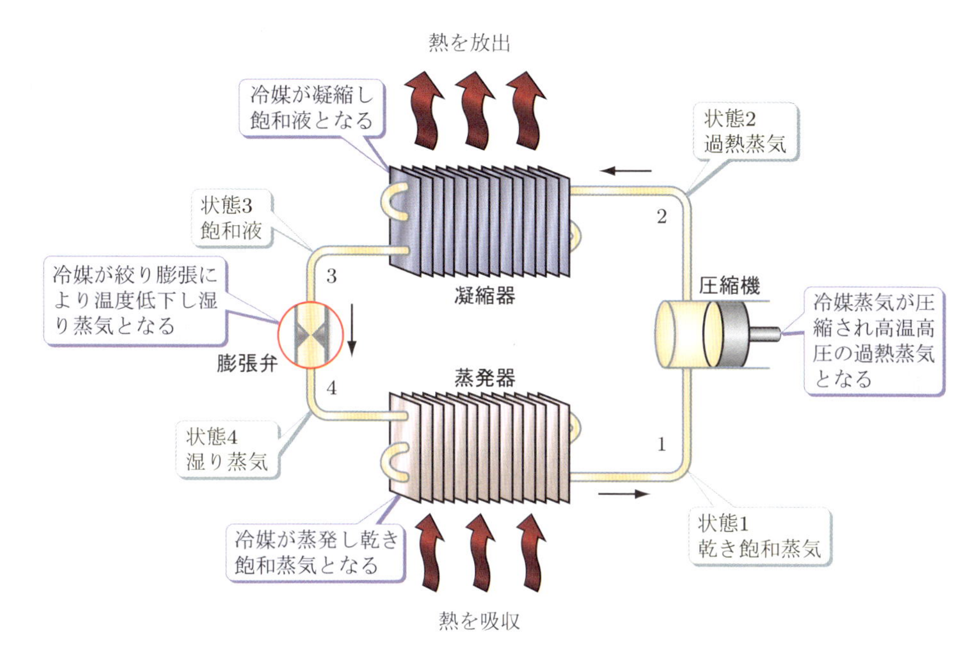

図 10.5　蒸気圧縮式冷凍サイクルの構成図

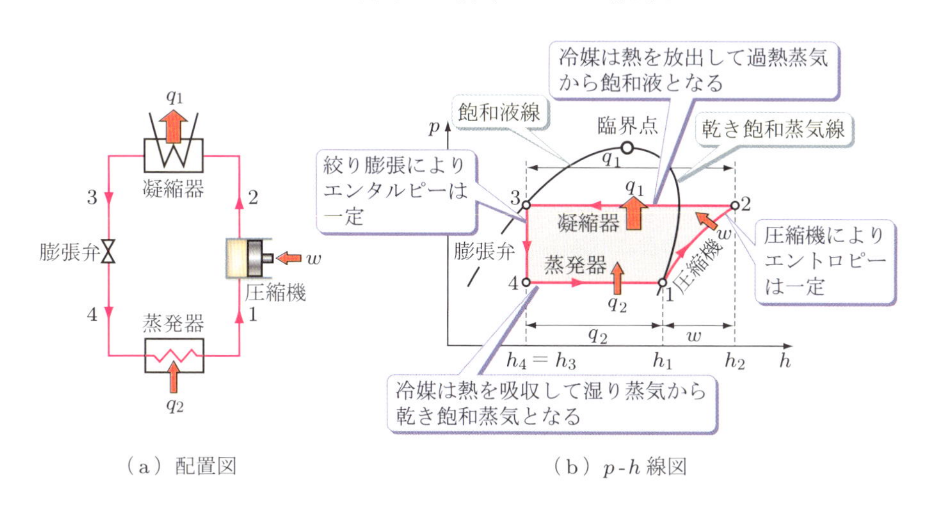

（a）配置図　　　（b）p-h 線図

図 10.6　蒸気圧縮式冷凍サイクル

は，等エンタルピー変化となる．

④　蒸発器(4 → 1)：低温の湿り蒸気は，低温熱源から熱量 q_2 を吸収することにより，乾き飽和蒸気となる．ここでも等圧条件下で蒸発する．

冷凍効果と COP

次に，蒸気圧縮式冷凍サイクルでの熱や仕事の授受について考える．圧縮機において，作動流体は単位質量あたり，

$$w = h_2 - h_1 \tag{10.11}$$

だけの仕事を受ける．また，低温熱源において作動流体単位質量あたり q_2 の熱量を吸収し，高温熱源で q_1 の熱量を放出すると考えると，それぞれの熱量は，

$$q_2 = h_1 - h_4 \tag{10.12}$$

$$q_1 = h_2 - h_3 \tag{10.13}$$

のようになる．ここで，q_2 [J/kg] をとくに**冷凍効果**(refrigerating effect)という．したがって，冷凍機，ヒートポンプの COP は次のようになる．

冷凍機　$$\varepsilon_R = \frac{q_2}{w} = \frac{h_1 - h_4}{h_2 - h_1} \tag{10.14}$$

ヒートポンプ　$$\varepsilon_H = \frac{q_1}{w} = \frac{h_2 - h_3}{h_2 - h_1} \tag{10.15}$$

なお，図 10.5 において，冷房運転の場合には蒸発器が室内熱交換器であり，凝縮器が室外熱交換器となる．それに対して暖房運転(ヒートポンプ)の場合はそれらを逆にする必要がある．一般的には，四方弁を用いて冷媒の流れ方向を逆にして，冷房運転と暖房運転を切り替える方法をとっている．

冷凍サイクルに用いられる各種の作動流体に対して，圧力と比エンタルピーの関係を示した p-h 線図が用意されており，これを**モリエ線図**という．この線図から比エンタルピーの値を読み取ることにより，COP を求めるのが一般的である．図 10.7 には，代表的な冷媒である R134a のモリエ線図を示す．

ここで，モリエ線図を使って，蒸気圧縮式冷凍機の COP を算出してみよう．

例題 10.2　**R134a を冷媒とした蒸気圧縮式冷凍サイクルを用いて，外気が 0°C であるときに，室内を 30°C に保っている．このとき，ヒートポンプの COP を求めよ．**

解答　状態量の添え字は，図 10.6 の状態番号に対応させて表示する．低温熱源を 0°C，高温熱源を 30°C として，図 10.7 のモリエ線図から，それぞれの状態における比エンタルピーの値を読み取る．圧縮前の飽和蒸気の比エンタルピーは，

$$h_1 = 398 \quad \text{kJ/kg}$$

圧縮は等エントロピーの変化となるので，

$$h_2 = 417 \quad \text{kJ/kg}$$

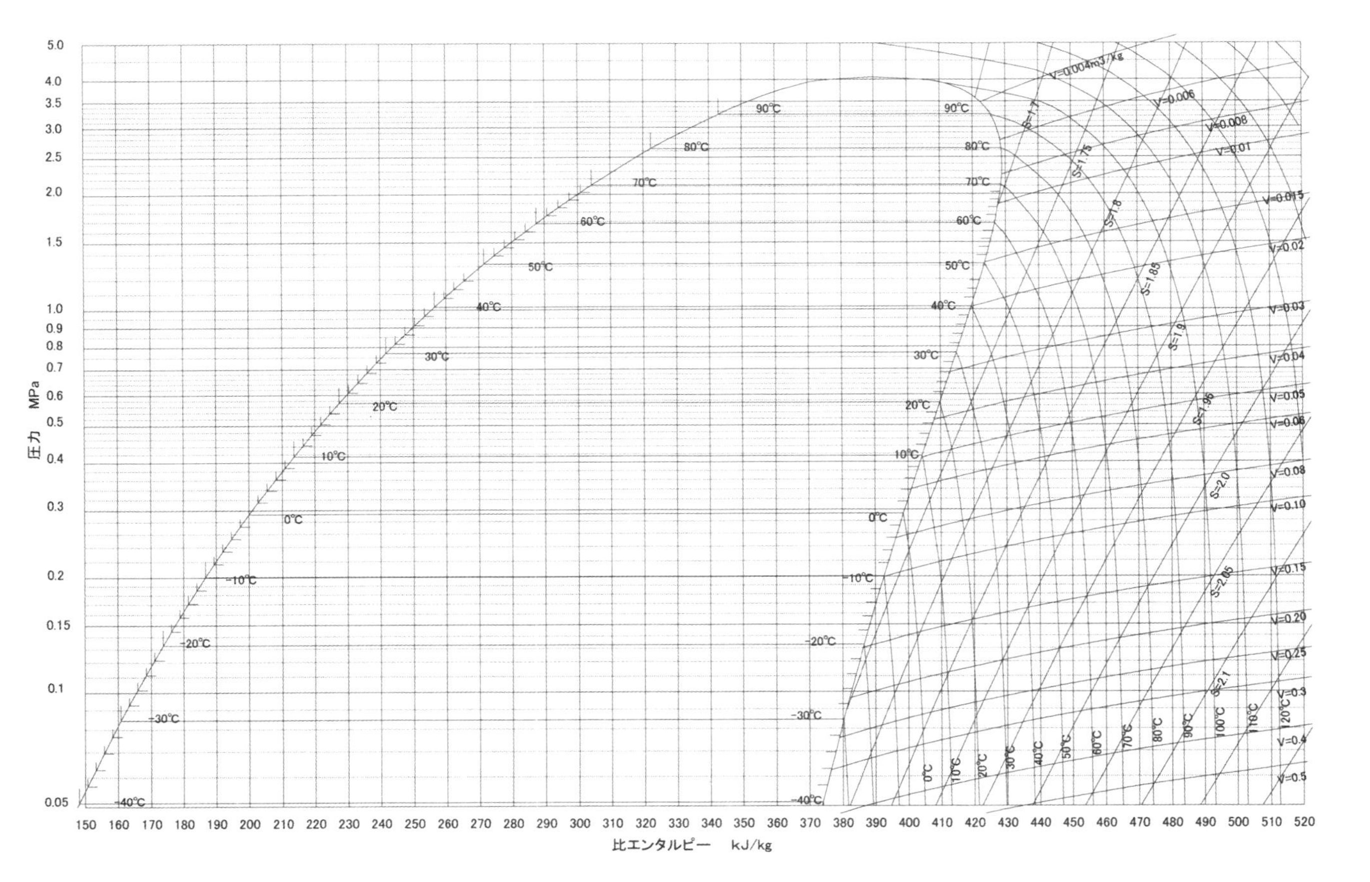

図 10.7 R134a のモリエ線図

凝縮後は30°Cにおける飽和液となるので，

$$h_3 = 242 \quad \mathrm{kJ/kg}$$

であるから，ヒートポンプのCOPの算出式(10.15)より，

$$\varepsilon_H = \frac{h_2 - h_3}{h_2 - h_1} = \frac{417 - 242}{417 - 398} = 9.2$$

となる．この計算では機械的損失などを考慮していないが，COPが9.2ということは消費電力の9.2倍の熱量が得られることを意味している．近年，ヒートポンプの利用が広まっていることが理解できる．

COP向上の方法

次に，冷凍サイクルのCOPを向上させる方法について考えてみる．実際の冷凍サイクルにおいて，凝縮器における放熱量が大きくなると，図10.8に示すように，凝縮器出口の冷媒の状態は，飽和液よりも温度の低い状態($3 \rightarrow 3'$)となる．この冷媒の状態を**過冷却**(subcool)という．このとき，蒸発器入口の比エンタルピーh_4が小さくなるので，吸熱量q_2を大きくとることができ，冷凍効果やCOPが大きくなるので，冷凍サイクルとして好ましい状態といえる．

また，実際のサイクルで蒸発器での熱負荷が大きい場合，図に示すように，蒸発器出口の冷媒の状態が乾き飽和蒸気よりもさらに過熱された状態($1 \rightarrow 1'$)になる．これを**過熱**(superheat)という．外部から蒸発器への入熱量が冷凍効果に比べて大きすぎるときに，このような状態となる．このとき，圧縮機に入る冷媒ガスの比容積は乾き

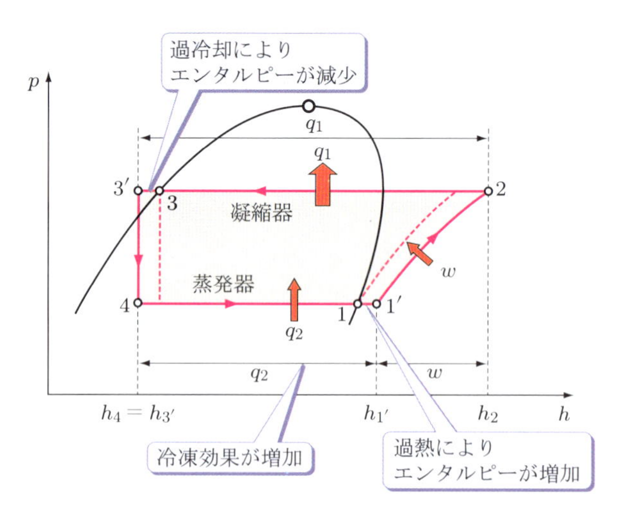

図 **10.8**　過冷却と過熱によるCOP向上

飽和蒸気の状態 h_1 よりも大きくなっており，圧縮機での圧縮仕事は大きくなるが，冷凍効果も増加する．

このことを利用して，冷凍サイクルの冷凍効果や COP を向上させることができる．過冷却や過熱が発生している場合のモリエ線図は，図 10.8 のようになっており，冷凍効果や COP は，式(10.11)〜(10.15)において $h_3 \to h_{3'}$，$h_1 \to h_{1'}$ とすれば計算できる．

冷媒としては，以前はフルオロカーボン(フロン)が用いられてきたが，オゾン層の破壊などの問題から，現在は代替フロンとして R22 などの冷媒が用いられている．ただし，これらの代替フロンも高い温室効果があるため，近年は，自然冷媒として二酸化炭素やアンモニアなどを用いることが多くなってきている．一般的な蒸気圧縮式の冷凍機の場合，ε_R は 4〜5 程度であり，高性能なヒートポンプでは ε_H が 6 を超えるものもある．

Coffee Break　エアコンは冷凍機？ それともヒートポンプ？

最近のエアコンは，冷暖房は当然のこと，除湿，空気清浄などさまざまな機能をもった製品が販売されています．さて，ではエアコンは一言でいうと，冷凍機なのでしょうか．ヒートポンプなのでしょうか．

エアコンは，季節によってその機能が異なります．夏場は室内の熱を外の高温熱源に捨てて冷房として使用するので冷凍機となり，冬場は外の低温熱源から部屋に熱を汲み上げて暖房として使用するのでヒートポンプということになります．

実際に販売されているエアコンの性能評価は **COP** を用いていますが，冷房と暖房時でその値は異なるため，これらの平均値である冷暖房平均 **COP**（平均エネルギー消費効率ともいう）としてその性能が示されています．

10.4 吸収式冷凍サイクル

蒸気圧縮式冷凍サイクルは，力学的エネルギーによって蒸気の圧縮を行い，冷凍を発生させているのに対し，**吸収式冷凍サイクル**(absorption refrigerator cycle)は，熱エネルギーで冷凍を発生させる冷凍サイクルである．

動作原理

まず，吸収式冷凍サイクルの動作原理を説明する．吸収式冷凍サイクルの作動流体には，吸収剤と冷媒の 2 種類の物質が用いられる．一般に吸収剤と冷媒の組み合わせとして，「臭化リチウム(LiBr)と水」および「水とアンモニア」がある．ここでは，臭化リチウムと水の組み合わせを例にとり説明する．アンモニア吸収冷凍サイクルにつ

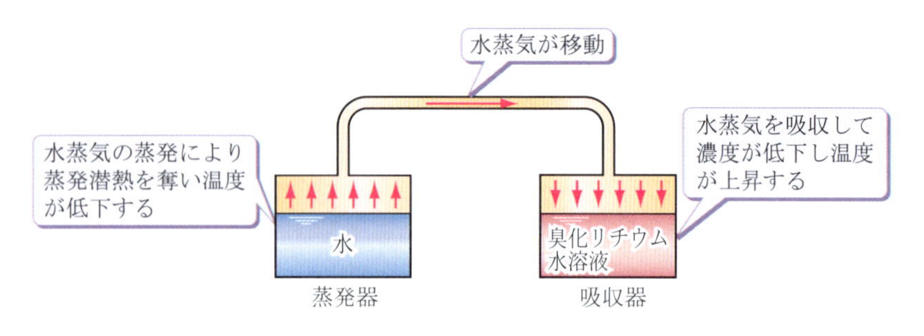

図 **10.9** 吸収式冷凍サイクルの動作原理

いては「基礎からの冷凍空調」(森北出版)を参照されたい.

吸収剤となる臭化リチウムには，冷媒となる水(水蒸気)を吸収しやすい性質があり，その水溶液も同様の性質をもつ．そのため，図 10.9 に示すように，水の入った蒸発器と臭化リチウム水溶液の入った吸収器を連結した場合，吸収器内の臭化リチウム水溶液は水蒸気を吸収し，それによって吸収器および蒸発器内の蒸気圧が低下するために，蒸発器内の水の蒸発が促進される．この際に，蒸発器内で発生する水蒸気が蒸発潜熱を奪うため，蒸発器内の温度の低下が起こることとなる．しかし，図に示す構成では，いずれ吸収器内の水溶液の濃度が低下するとともに，吸収器の水溶液温度が上昇するために水溶液の吸収作用が低下してしまう．そこで，低下した水溶液の濃度を再生器で上昇させて，再び吸収器に循環することによりサイクルを構築したものが，吸収式冷凍サイクルである．

図 10.10 に，吸収式冷凍サイクルの構成図を示す．ここで示すのは，単効用吸収式冷凍サイクルであり，再生器，凝縮器，蒸発器，吸収器，熱交換器，ポンプから構成されている．それぞれの要素の作用について説明する．

① 再生器：臭化リチウム水溶液をヒーターまたは排熱などの熱源により加熱し，吸収器で吸収した水分を蒸発させる．水蒸気の発生により，高濃度となった水溶液を吸収器に送り，また吸収器から低濃度の水溶液が補充されることにより，濃度を保持している．

② 凝縮器：再生器からの水蒸気を凝縮させ，冷却水にその凝縮潜熱の放熱を行う．一般に常温の冷却水を用いて冷却される．

③ 蒸発器：凝縮器から水が戻り，その水を蒸発させることにより，蒸発潜熱を冷水から奪うことで冷却効果を発生させている．

④ 吸収器：蒸発した水蒸気を，吸収剤となる臭化リチウム水溶液で吸収する．水蒸気の吸収により濃度が低下した水溶液は，ポンプにより再生器に送られる．同時に，再生器より高濃度の水溶液が補充されることにより，濃度が保持される．

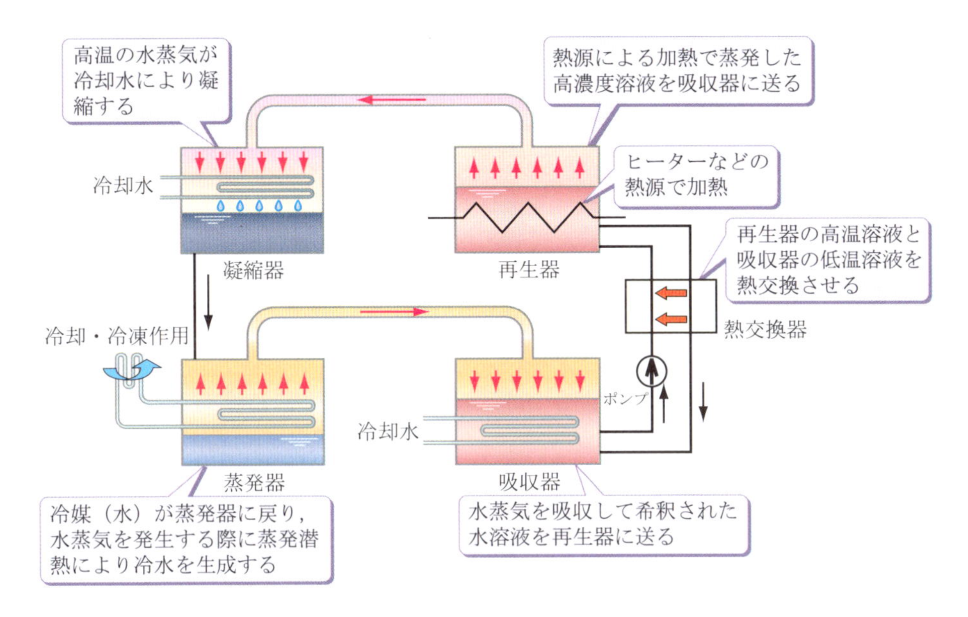

図 **10.10** 吸収式冷凍サイクルの構成図

また，水蒸気の凝縮により温度上昇を伴うが，常温の冷却水によって冷却される．

⑤ 熱交換器：再生器から吸収器に輸送する高温・高濃度の水溶液と，吸収器から再生器に輸送される低温・低濃度の水溶液を熱交換することで，それぞれを予熱，予冷している．

サイクルの構成

サイクルの循環系としては，冷媒となる水蒸気の循環系(①→②→③→④→①)と，水溶液の循環系(①→⑤→④→⑤→①)がある．水蒸気の循環系は，蒸発器において冷凍を発生させ，水溶液の循環系により吸収器の濃度を保持することにより，冷凍サイクルが完成することとなる．

次に，それぞれの構成要素での圧力，温度などの状態の変化を考えてみる．図 10.11 には，臭化リチウム水溶液の圧力，温度，濃度の関係を示したデューリング線図を示す．横軸に溶液の温度が示してあり，濃度の変化により沸点が変化して飽和蒸気圧が変わるため，各濃度における飽和蒸気圧が示されている．

図 10.12 には，吸収式冷凍サイクルの構成図を示す．構成図中の番号は，図 10.13 のデューリング線図上での状態の番号に対応している．

水蒸気の循環系($1 \to 2 \to 3 \to 4 \to 1$)および水溶液の循環系($5 \to 6 \to 7 \to 8 \to 5$)について，それぞれの状態の変化を考える．まず，冷媒である水蒸気の状態の変化は，以下のようになる．

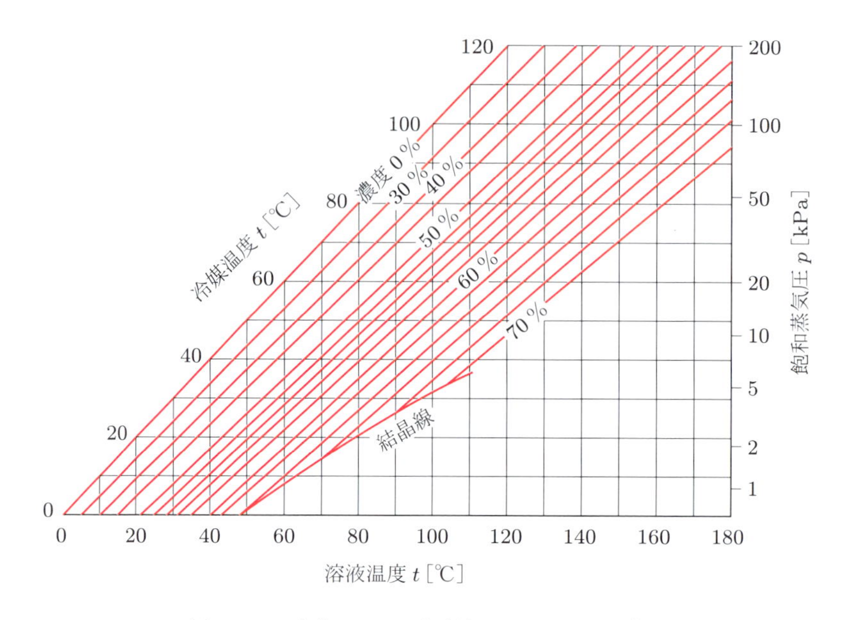

図 10.11　臭化リチウム水溶液のデューリング線図

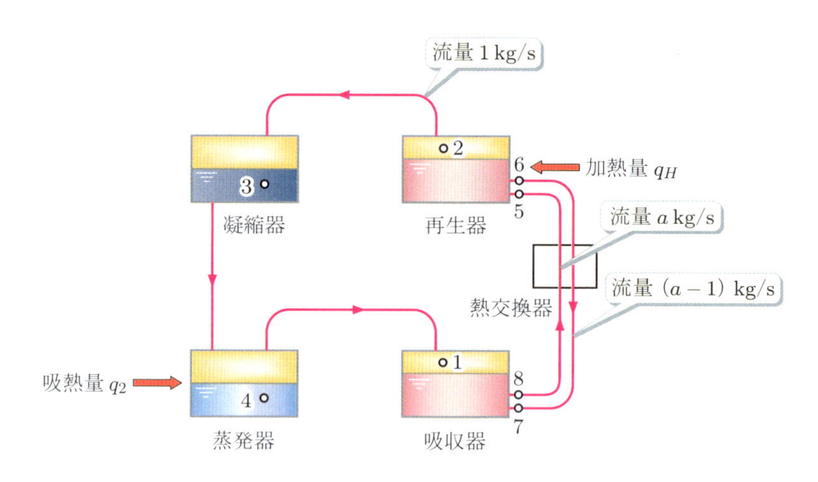

図 10.12　臭化リチウム吸収式冷凍サイクルの構成図

① 吸収器と再生器(1, 2)：吸収器で水蒸気が吸収される．再生器で加熱され蒸発することにより，圧力が上昇する．デューリング線図上では水蒸気の水溶液濃度は0%であることから，等濃度線上で変化する．

② 凝縮器(3)：凝縮器では，冷却水に熱を放出することにより飽和液となる．ここでは等圧条件のもとでの凝縮過程となる．

③ 凝縮器から蒸発器(3 → 4)：凝縮器から蒸発器に冷媒の水が輸送される．蒸発

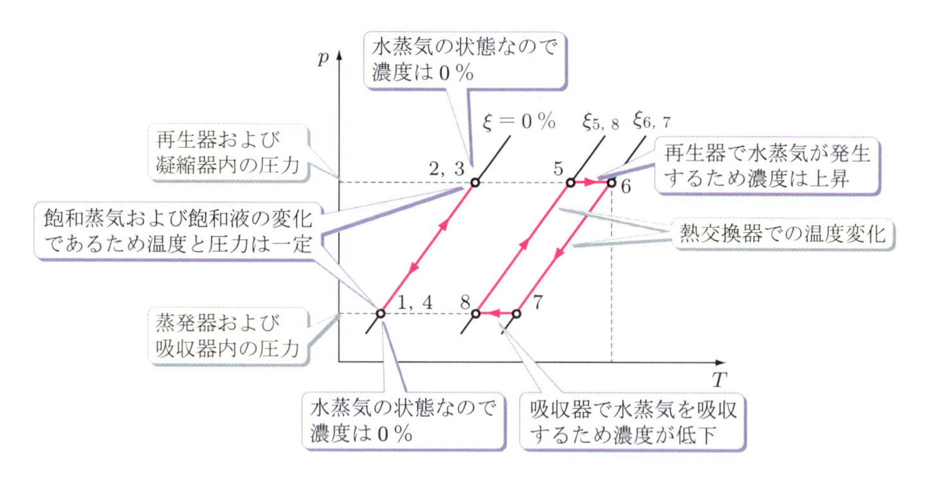

図 **10.13** 臭化リチウム水溶液のデューリング線図上の変化

器での温度が低下することにより，圧力が低下する．

④ 蒸発器(4)：凝縮器から戻った水が蒸発する際に，低温熱源(被冷却物質)から蒸発潜熱を奪い，飽和蒸気となる．ここでも等圧条件下で蒸発する．

次に，吸収剤である臭化リチウム水溶液の状態変化は，以下のとおりである．

⑤ 再生器($5 \to 6$)：ヒーターなどでの加熱によって水分が蒸発するため，水溶液は濃縮される．圧力一定での蒸発過程であり，加熱により温度が上昇する．

⑥ 熱交換器($6 \to 7$)：吸収器から再生器へ移動する水溶液と熱交換することにより，温度が低下する．

⑦ 吸収器($7 \to 8$)：水蒸気を吸収することにより濃度が低下する．水蒸気の凝縮によって温度上昇を伴うが，冷却水で冷却することによって温度を低下させ，圧力を一定に保つ．

⑧ 熱交換器($8 \to 5$)：再生器から吸収器へ移動する水溶液と熱交換することにより，温度が上昇する．

COP

以上のことから，吸収式冷凍機の熱の収支について考えてみる．熱量の変化を考える際には，図 10.14 に示す臭化リチウム水溶液の比エンタルピーと濃度の関係(h-ξ 線図)が用いられる．また，図 10.15 には，水溶液および水蒸気の h-ξ 線図上での変化を示す．

水溶液の循環用ポンプなどの動力を無視すると，加熱量 q_H は，再生器で水蒸気を発生させるための熱量である．また，加熱量は水蒸気の発生のほかに水溶液の比エン

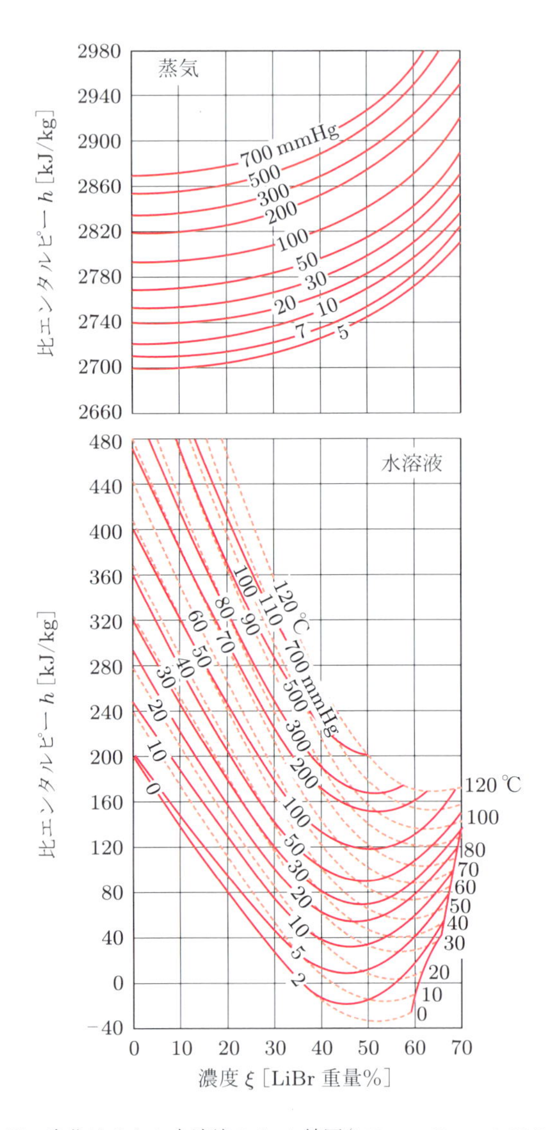

図 10.14 臭化リチウム水溶液の h-ξ 線図(760 mmHg = 0.1013 MPa)

タルピーの変化にもあてられるため，単位時間あたりの水蒸気の発生量を 1 kg/s とし，吸収器から再生器に輸送される水溶液量を a [kg/s] とすると，図 10.12 において再生器に出入りする熱量のつり合いより，加熱量 q_H は，

$$q_H = h_2 - h_5 + (a-1)(h_6 - h_5) \tag{10.16}$$

となる．また，吸熱量 q_2 は，蒸発器において冷媒(水)を蒸発させるための熱量である

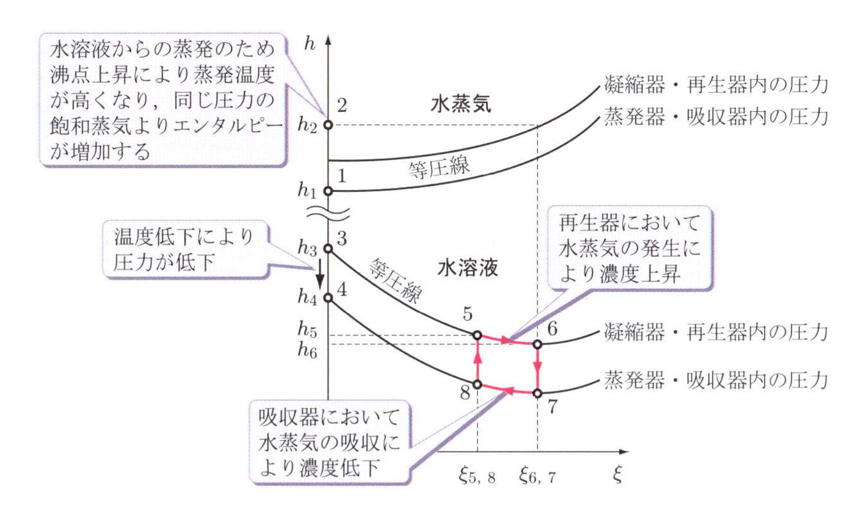

図 10.15　臭化リチウム h-ξ 線図上での変化

から，

$$q_2 = h_1 - h_4 \tag{10.17}$$

である．これより，冷凍機としての COP は，

$$\varepsilon_R = \frac{q_2}{q_H} = \frac{h_1 - h_4}{h_2 - h_5 + (a-1)(h_6 - h_5)} \tag{10.18}$$

となる．なお，単位時間あたりの水蒸気の発生量に対する吸収器から再生器に輸送される水溶液の比 a と，水蒸気吸収後の低濃度水溶液の濃度 $\xi_{5,8}$，水蒸気発生後の高濃度水溶液の濃度 $\xi_{6,7}$ の間には次の関係がある．

$$a = \frac{\xi_{6,7}}{\xi_{6,7} - \xi_{5,8}} \tag{10.19}$$

一般に，図 10.10 で示した単効用の吸収式冷凍機の COP は 1 以下であり，蒸気圧縮式冷凍サイクルと比較すると決して高くはない．また，再生器を高温と低温の二段にすることにより，より性能を向上させた二重効用の吸収式冷凍機もあるが，これでも COP は 1.2 程度である．しかし，100°C 程度の排熱などを利用して冷凍サイクルを稼働させることができるため，蒸気圧縮式の圧縮機のように，高価な電力で動作させる場合に比べて，省エネルギー効果が期待できる．

10.5 極低温の冷凍サイクル

リニアモーターカーの超伝導磁石や超伝導金属などの冷却には，4 K 程度の極低温が得られる液体ヘリウムを用いる．極低温とは約 120 K 以下の温度領域であり，工業的に種々の液化サイクルが使用されている．ガスの液化は，一般的にジュール-トムソン効果によるガスの絞りによる膨張時の温度低下を利用している．この方法によるものを**リンデサイクル**(Linde cycle)という．また，ガスを断熱的に膨張させて温度を低下させることも利用されており，これをリンデサイクルに組み合わせたものを**クロウドサイクル** (Claude cycle)という．ここでは，クロウドサイクルを用いた空気液化装置について説明する．

図 10.16 (a)にクロウドサイクルの機器構成，図(b)に T-s 線図を示す．図中の状態の番号はそれぞれ対応している．補給された空気(状態 0)は，第 1 熱交換器からの空気と混合し(状態 1)，圧縮機により圧縮され(状態 2)，その後冷却器により冷却されて(状態 3)，第 1 熱交換器に入る．熱交換器で冷却された空気(状態 4)は，その一部を膨張機で膨張させる(系の外に仕事を生み出す)．膨張により温度が低下した空気

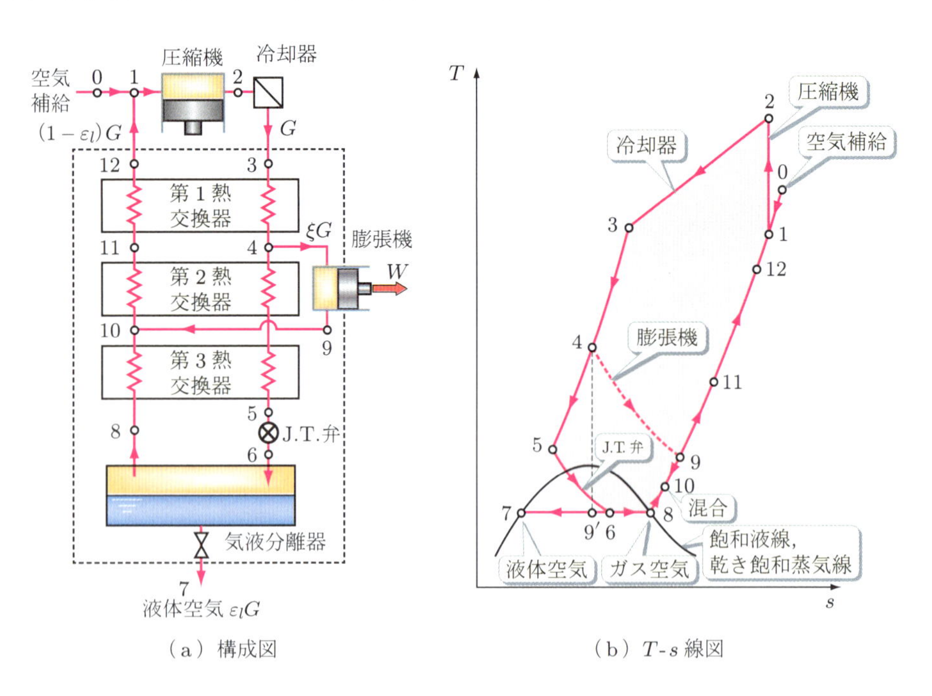

(a) 構成図

(b) T-s 線図

図 10.16 クロウドサイクルによる空気の液化

(状態 9) は，気液分離器および第 3 熱交換器からの空気と合流し (状態 10)，第 2 熱交換器に入る．高圧空気 (状態 4 → 5) は，膨張弁 (J.T. 弁：Joule-Thomson 弁) により，減圧されて状態 6 になる．状態 6 の空気は，図 10.16 (b) のように湿り領域となるため，液体空気とガス空気が混合された状態になり，気液分離器で分離することにより，液体空気を取り出す (状態 7) ことが可能となる．膨張機における断熱膨張は，理想的には図 (b) の状態 $4 \to 9'$ のように等エントロピー変化と考えられるが，実際は損失によりエントロピーが増加するため状態 $4 \to 9$ へと変化する．

いま，圧縮機に循環する空気の流量を G [kg/s]，そのうち液体空気として取り出される割合を ε_l，膨張機の仕事を W とすると，図 10.16 (a) の点線で囲まれた系の定常状態における熱量のつり合いは，図 (b) に用いられている番号を用いて比エンタルピーを表すと，

$$Gh_3 = (1 - \varepsilon_l)Gh_{12} + \varepsilon_l Gh_7 + W \tag{10.20}$$

となる．式 (10.20) の左辺は系へ入る熱量，右辺は系から出る熱量である．膨張機の仕事は，膨張機を流れる空気の流量割合を ξ とすると，

$$W = \xi G(h_4 - h_9) \tag{10.21}$$

となる．よって，圧縮機を循環するガス (空気) のうち液体空気となる割合 ε_l は，式 (10.20)，(10.21) より次式となる．

$$\varepsilon_l = \frac{h_{12} - h_3 + \xi(h_4 - h_9)}{h_{12} - h_7} \tag{10.22}$$

ξ はサイクルの運転圧力により，0.7〜1.0 の値をとる．

なお，ジュール - トムソン効果を用いて冷却する場合は，7.4 節に述べたように，そのガスの最高逆転温度以下に冷却することが必要である．

演習問題

10.1 温度が 0°C と 100°C の熱源の間で動作する逆カルノーサイクルがある．冷凍機およびヒートポンプとして動作しているときの成績係数 (COP) をそれぞれ求めよ．

10.2 R134a を冷媒とする蒸気圧縮式冷凍サイクルがある．夏期の冷房用として用いたとき，蒸発温度が 10°C，凝縮温度が 40°C であった．このときの COP を求めよ．

10.3 問題 10.2 と同様の冷凍サイクルを，冬期に暖房用として用いた．蒸発温度が −10°C，凝縮温度が 30°C で暖房運転しているときの COP を求めよ．

10.4 臭化リチウムを用いた単効用吸収式冷凍機が，蒸発器および凝縮器の圧力がそれぞれ 30 mmHg，100 mmHg，水蒸気発生後の高濃度溶液の濃度が 60%，水蒸気吸収後の低濃度水溶液が 50%で作動している．臭化リチウム水溶液の h-ξ 線図を用いて，この冷凍機の COP を求めよ．

第11章 燃焼と化学反応

熱機関では，燃料を燃焼させることにより熱エネルギーから仕事への変換を行っている．現在，熱エネルギーを発生させる主な方法は物質の燃焼によるものであり，その熱エネルギーを動力や電力に変換するなどしてさまざまな形で利用されている．発生する熱量は燃焼する物質の種類によって異なるが，それぞれの物質によってどの程度の熱量が発生するかを正確に把握することは，熱エネルギーの有効活用のためにも重要である．また，近年，二酸化炭素を排出しない新たなエネルギー変換の手段として，燃料電池が実用化されている．燃料電池は，燃料の化学反応により直接電力を生み出す装置であり，電力の発生とともに生成物として主に水しか排出しないという特徴がある．

本章では，燃焼によって発生する熱量の計算方法を理解するとともに，燃料電池を主な対象として化学反応を伴った仕事への変換について学ぶ．

11.1 燃焼による反応熱と発熱量

燃焼(combustion)は，われわれの生活でもっとも身近な化学反応であり，物質は燃焼によって熱エネルギーを発生する．熱機関ではこの熱エネルギーを仕事に変換して，発電などに利用している．燃焼は燃料と燃焼に必要な空気(酸素)の化学反応であり，必要な熱量や温度を得るためには，燃料と空気を適切な割合で反応させる必要がある．本節では，燃焼により発生する熱量，燃料と空気の割合の関係，燃焼する際の温度の計算方法などについて説明する．

11.1.1 反応熱

化学反応が起こると，熱の発生もしくは吸収が起こる．このとき，発生もしくは吸収する熱量を**反応熱**(heat of reaction)といい，熱を発生する反応を発熱反応，熱を吸収する反応を吸熱反応という．燃焼も化学反応の一つであり，一般に発熱を伴う反応である．

次の化学反応を考える．

$$\mathrm{H_2}(g) + \frac{1}{2}\mathrm{O_2}(g) \rightarrow \mathrm{H_2O}(l) \tag{11.1}$$

この反応では，水素が酸素と化合して水が生成される．分子式の後に表記される(g)は気体であることを，(l)は液体であることを示している．ここで，反応する物質を**反応物**(reactant)，反応により生成する物質を**生成物**(product)という．式(11.1)の反応において，反応物は水素(H_2)と酸素(O_2)であり，生成物は水(H_2O)となる．また，ここでの反応熱は水素 1mol あたり 285.8 kJ であり，水素の燃焼反応により 285.8 kJ

の熱が発生する．この発熱量は 25°C (298.15 K)，1 気圧(0.1013 MPa)である**標準状態**(standard reference state)の反応物から，標準状態の生成物が生成された際に発生する熱量を示しており，標準状態において反応物と生成物がそれぞれもっているエンタルピーの変化が反応熱として発生していることになる．実際の反応において発生した熱量は，生成物自身の温度上昇にあてられる場合もあるが，燃焼の条件によっては熱量を外部に取り出すことも可能である．ここでいう反応熱は，生成物の温度変化に使われるか外部に取り出されるかに関係なく，反応によって生じる熱量のことをいう．

次に，炭素(グラファイト)の次の反応を考える．

$$C + O_2(g) \rightarrow CO_2(g) \tag{11.2}$$

$$C + \frac{1}{2}O_2(g) \rightarrow CO(g) \tag{11.3}$$

式(11.2)の反応は炭素の燃焼反応であり，炭素 1 mol あたり 393.5 kJ の熱量を発生する．また，式(11.3)では炭素から一酸化炭素が生成される反応であり，炭素 1 mol あたり 110.5 kJ の熱量を発生する．これより，次式の反応熱を求めてみる．

$$CO(g) + \frac{1}{2}O_2(g) \rightarrow CO_2(g) \tag{11.4}$$

反応熱は反応物と生成物によって決定され，途中の反応経路には依存しない．これを**ヘスの法則**(Hess's law)といい，この法則から式(11.4)の反応熱は 283.0 kJ となる．図 11.1 に，ヘスの法則の概念図を示す．標準状態において物質自身のもつエンタルピーは異なり，炭素に対して一酸化炭素および二酸化炭素のもつエンタルピーが小さいため，その減少量が熱量として発生している．図 11.1 は，C (グラファイト)が式

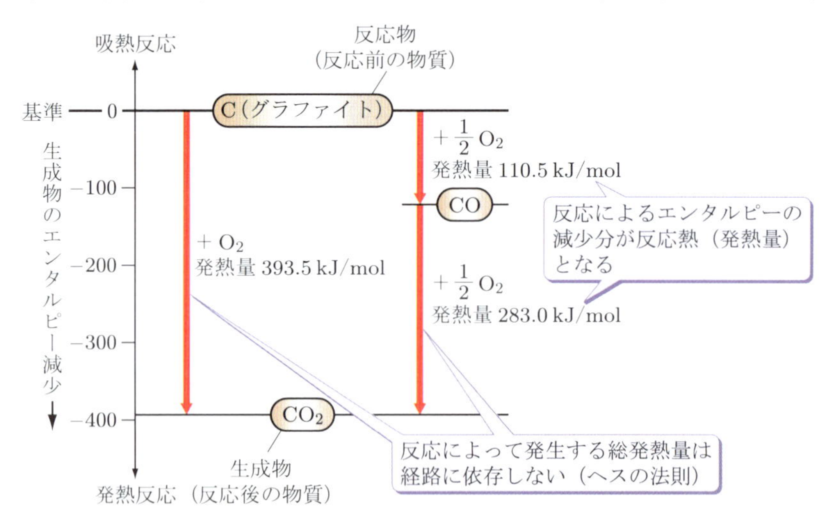

図 11.1 ヘスの法則のイメージ図

(11.2)の反応により CO_2 になる場合と，式(11.3)，(11.4)の反応により CO_2 になる場合との総発熱量が変わらないことを示している．すなわち，ヘスの法則は生成物と反応物が決定されれば，総発熱量は反応の経路に依存しないことを示している．

この関係を利用すれば，未知の反応の反応熱は，既知の反応から求めることができる．ここで，実際にヘスの法則を用いて反応熱を算出してみる．

例題 11.1　一酸化炭素，水素およびメタノールの以下の反応において，それぞれの発生する熱量が，**283.0 kJ**，**285.8 kJ** および **764.4 kJ** とわかっている．

$$\mathbf{CO}(g) + \frac{1}{2}\mathbf{O_2}(g) \rightarrow \mathbf{CO_2}(g)$$

$$\mathbf{H_2}(g) + \frac{1}{2}\mathbf{O_2}(g) \rightarrow \mathbf{H_2O}(l)$$

$$\mathbf{CH_3OH}(g) + \frac{3}{2}\mathbf{O_2}(g) \rightarrow \mathbf{CO_2}(g) + \mathbf{2H_2O}(l)$$

このとき，メタノールの合成反応である，

$$\mathbf{CO}(g) + \mathbf{2H_2}(g) \rightarrow \mathbf{CH_3OH}(g)$$

の反応熱を求めよ．

解答　一酸化炭素 1 mol と水素 2 mol の反応熱は，

$$283.0 + 2 \times 285.8 = 854.6 \quad \mathrm{kJ}$$

であるから，

$$854.6 - 764.4 = 90.2 \quad \mathrm{kJ}$$

より，メタノール 1 mol の合成によって，90.2 kJ の熱量を発生することがわかる．この反応をイメージ図で表すと，図 11.2 のようになる．

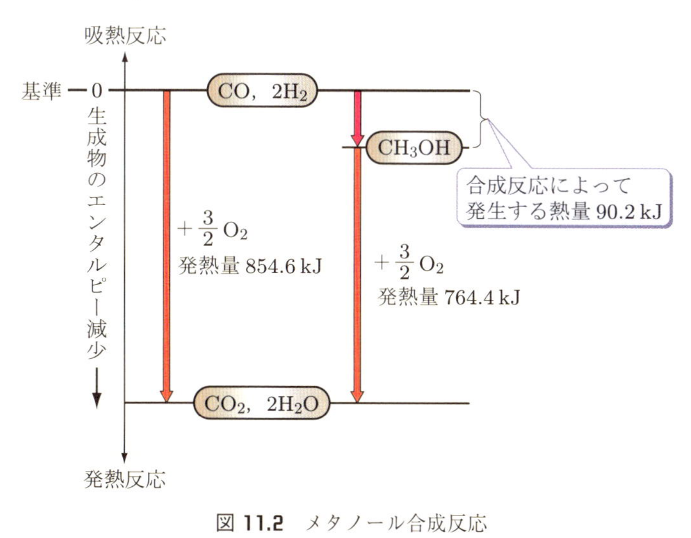

図 11.2　メタノール合成反応

11.1.2 標準生成エンタルピー

実際の燃料の燃焼反応ではさまざまな物質が生成され，その割合も燃焼の条件により異なる．そのため，それぞれの反応における反応熱を把握するためには，無数の組み合わせの反応式とそれに対応する反応熱の値を把握する必要がある．そこで，基準となる物質を設定し，各生成物質の標準状態におけるエンタルピーを求めておくことにより，さまざまな化学反応により得られる熱量を算出することができる．基準となる物質から生成物 1 mol を生成するために必要なエンタルピーを，**標準生成エンタルピー**(standard enthalpy of formation) ΔH_f° という．基準となる標準物質は，標準状態(298.15 K, 0.1013 MPa)の H_2，O_2，N_2，C（グラファイト）などであり，標準物質では $\Delta H_f^\circ = 0$ である．

先に示した水素および炭素(グラファイト)の燃焼反応を考えてみる．

$$H_2(g) + \frac{1}{2}O_2(g) \to H_2O(l) \tag{11.5}$$

$$C + O_2(g) \to CO_2(g) \tag{11.6}$$

それぞれの反応による反応熱は，生成物 1 mol あたり 285.8 kJ および 393.5 kJ であり，反応物は標準物質であることから，$H_2O(l)$ および $CO_2(g)$ の標準生成エンタルピーは −285.8 kJ/mol および −393.5 kJ/mol となる．ここで，標準生成エンタルピーの値は，標準物質から生成される際に発熱反応となる場合に負，吸熱反応となる場合に正の符号をとる．つまり，反応により生成物のエンタルピーが低下したことにより，余剰のエンタルピーを熱量として放出することを示している．表 11.1 に，主な物質の標準生成エンタルピーを示す．

次に，標準物質以外の反応物により生成物が生じる場合について考えてみる．たとえば，メタンの燃焼での反応式は，

表 11.1 主な物質の標準生成エンタルピー [1]

物　質	化学式	ΔH_f° [kJ/mol]	物　質	化学式	ΔH_f° [kJ/mol]
水(水蒸気)	$H_2O(g)$	−241.8	メタン	$CH_4(g)$	−74.9
水	$H_2O(l)$	−285.8	エタン	$C_2H_6(g)$	−84.7
一酸化炭素	$CO(g)$	−110.5	プロパン	$C_3H_8(g)$	−103.9
二酸化炭素	$CO_2(g)$	−393.5	ブタン	$C_4H_{10}(g)$	−126.2
アンモニア	$NH_3(g)$	−45.9	メタノール(ガス)	$CH_3OH(g)$	−200.7
一酸化窒素	$NO(g)$	+90.3	メタノール(液)	$CH_3OH(l)$	−238.7
二酸化窒素	$NO_2(g)$	+33.1	エタノール(ガス)	$C_2H_5OH(g)$	−235.1
二酸化硫黄	$SO_2(g)$	−296.8	エタノール(液)	$C_2H_5OH(l)$	−277.7

$$\mathrm{CH_4}(g) + 2\mathrm{O_2}(g) \to \mathrm{CO_2}(g) + 2\mathrm{H_2O}(g) \tag{11.7}$$

となる．ここで，反応物および生成物の標準生成エンタルピーは，

$\mathrm{CH_4}(g)$　$\Delta H^{\circ}_{f,\mathrm{CH_4}} = -74.9$　kJ/mol

$\mathrm{O_2}(g)$　$\Delta H^{\circ}_{f,\mathrm{O_2}} = 0$　kJ/mol

$\mathrm{CO_2}(g)$　$\Delta H^{\circ}_{f,\mathrm{CO_2}} = -393.5$　kJ/mol

$\mathrm{H_2O}(g)$　$\Delta H^{\circ}_{f,\mathrm{H_2O}} = -241.8$　kJ/mol

である．ここでは生成物の H_2O は水蒸気であることに注意する．これらを用いて，次のように反応熱の算出ができる．

$$\begin{aligned}\Delta H^{\circ}_r &= \left(\Delta H^{\circ}_{f,\mathrm{CO_2}} + 2\Delta H^{\circ}_{f,\mathrm{H_2O}}\right) - \left(\Delta H^{\circ}_{f,\mathrm{CH_4}} + 2\Delta H^{\circ}_{f,\mathrm{O_2}}\right) \\ &= [-393.5 + 2 \times (-241.8)] - (-74.9 + 2 \times 0) \\ &= -802.2 \quad \mathrm{kJ/molF}\end{aligned} \tag{11.8}$$

ここに，燃料 1 mol の単位を [molF] としている．これより，メタン 1 mol の燃焼によって 802.2 kJ の熱量を発生することがわかる．ここで示した ΔH°_r は，**標準反応エンタルピー**(standard enthalpy of reaction)もしくは**標準反応熱**(standard heat of reaction)といい，標準状態での反応熱を示している．

一般的に，1 mol の燃料(反応物) A と i [mol] の反応物 B から m [mol] の生成物 C および n [mol] の生成物 D が生成される反応

$$1 \times \mathrm{A} + i\mathrm{B} \to m\mathrm{C} + n\mathrm{D} \tag{11.9}$$

では，次式のように反応熱 ΔH°_r を計算することができる．

$$\Delta H^{\circ}_r = \left(m\Delta H^{\circ}_{f,\mathrm{C}} + n\Delta H^{\circ}_{f,\mathrm{D}}\right) - \left(\Delta H^{\circ}_{f,\mathrm{A}} + i\Delta H^{\circ}_{f,\mathrm{B}}\right) \tag{11.10}$$

さらに一般的な表記をすれば，標準反応エンタルピーは，生成物の標準生成エンタルピー $\Delta H^{\circ}_{f,\mathrm{prod}}$ と，反応物の標準生成エンタルピー $\Delta H^{\circ}_{f,\mathrm{reac}}$ を用いて，次式のように表される．

$$\Delta H^{\circ}_r = \sum j\Delta H^{\circ}_{f,\mathrm{prod}} - \sum k\Delta H^{\circ}_{f,\mathrm{reac}} \tag{11.11}$$

図 11.3 には，標準生成エンタルピーと標準反応エンタルピーの関係を示す．

ここで，表 11.1 に示した標準生成エンタルピーを用いて，反応熱を計算してみる．

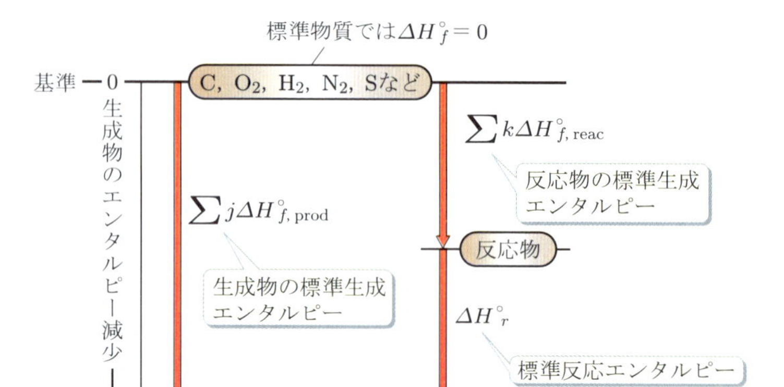

図 **11.3** 標準生成エンタルピーと標準反応エンタルピー

例題 11.2 以下のプロパンの燃焼反応に伴う反応熱を求めよ．

$$\mathbf{C_3H_8}(g) + \mathbf{5O_2}(g) \rightarrow \mathbf{3CO_2}(g) + \mathbf{4H_2O}(g)$$

解答 プロパン，二酸化炭素および水蒸気の標準生成エンタルピーは，表 11.1 より，それぞれ -103.9 kJ/mol，-393.5 kJ/mol および -241.8 kJ/mol である．また，酸素は標準物質であるので，$\Delta H^\circ_f = 0$．式(11.10)より，

$$\Delta H^\circ_r = [3 \times (-393.5) + 4 \times (-241.8)] - (-103.9 + 5 \times 0) = -2043.8 \quad \mathrm{kJ/molF}$$

であり，プロパン 1 mol の燃焼によって 2043.8 kJ の発熱がある．

ここで，生成物である H_2O が，

$$C_3H_8(g) + 5O_2(g) \rightarrow 3CO_2(g) + 4H_2O(l)$$

のように反応後に水(液体)として存在する場合には，水蒸気(気体)として存在する場合に比べて，凝縮潜熱の分だけ多くの熱量を発生することになる．そこで，水が生成されるとして得られる発熱量を**高発熱量**(higher heating value)，水蒸気が生成されるとして得られる発熱量を**低発熱量**(lower heating value)という．上記の計算結果は H_2O を気体とした低発熱量であり，液体とした高発熱量としては，標準状態における水蒸気($4H_2O$)の凝縮潜熱 176.0 kJ/molF を加えて 2219.8 kJ/molF となる．

一般に，内燃機関のように燃焼ガスの中に水蒸気として存在するような場合には低発熱量を用い，凝縮を伴う熱量も利用する場合には高発熱量を用いる．

11.1.3 燃焼による発熱

燃焼反応は，燃料と空気中の酸素が反応することにより発熱する反応である．燃料は，原油を原料とするガソリンなどの液体燃料や，天然ガスなどを原料とする気体燃料などに分類されるが，種類によって，燃焼のために必要な酸素の量は異なる．たとえば，次のエタノールの燃焼反応を考える．

$$C_2H_5OH(l) + 3O_2(g) \rightarrow 2CO_2(g) + 3H_2O(g) \tag{11.12}$$

エタノールの燃焼反応では，エタノール 1 mol に対して，酸素分子 3 mol が必要となる．エタノールの分子量は 46.07，酸素の分子量は 32 であるから，エタノール 1 kg に対して 2.08 kg の酸素が必要となる．また，空気の主成分は窒素(N_2) と酸素(O_2) であり，その質量比は 76.8：23.2 であることから必要な空気の量 A_0 [kg] は，

$$A_0 = \frac{1}{0.232} \times 2.08 = 8.97 \quad \text{kg}$$

であることがわかる．ここで，A_0 を**理論空気量**(theoretical air) といい，気体燃料の場合には 1 m^3N の燃料，液体および固体燃料の場合には 1 kg の燃料を燃焼させるのに必要な空気の量で，標準状態(0°C，0.1013 MPa)における質量または体積で示される．ここで，標準状態における体積の単位を [m^3N] と表している．

燃焼反応において，理論空気量以上の空気が供給され，燃料の炭素および水素が完全に二酸化炭素および水蒸気に反応する場合を**完全燃焼**(complete combustion)という．一方，空気の供給が不十分な場合や燃料が十分に反応できない場合には，燃料が燃焼せずに残存してしまう．この場合を**不完全燃焼**(incomplete combustion)という．ここで，理論空気量 A_0 に対する実際の空気量 A の比を**空気比**(air ratio)，または**空気過剰率**(air excess ratio)といい，次式で表される．

$$\lambda = \frac{A}{A_0} \tag{11.13}$$

また，空気に対する燃料の割合として**当量比**(equivalence ratio)があり，当量比は空気比の逆数として次式のように表される．

$$\phi = \frac{1}{\lambda} \tag{11.14}$$

当量比が 1 より小さい場合には，空気に対して燃料が希薄な状態であり，1 より大きな場合には，燃料が過剰な状態を示している．実際の燃焼においては，不完全燃焼のないように，空気比は 1 より大きく，当量比は 1 より小さく設定される．

理論火炎温度

燃料の燃焼により発生する熱量は，標準生成エンタルピーを用いることで計算できることはすでに述べた．燃焼反応により生じた熱量が，燃焼により生成した生成物の温度上昇のみにあてられた場合の生成物の温度を**理論火炎温度**(theoretical flame temperature)，または**理論燃焼温度**(theoretical combustion temperature)という．発生する熱量は，反応物および生成物の標準生成エンタルピーから求めることができることから，生成物の比熱などを考慮することにより，理論火炎温度を求めることができる．メタンの燃焼反応を例にして理論火炎温度を求めてみる．

メタンの燃焼反応式は，

$$\mathrm{CH_4}(g) + 2\mathrm{O_2}(g) \rightarrow \mathrm{CO_2}(g) + 2\mathrm{H_2O}(g) \tag{11.15}$$

であり，メタン 1 mol の燃焼により 802.2 kJ の熱量が発生することは，先に述べたとおりである．実際の燃焼では空気中の酸素と反応するため，燃焼ガスには窒素も含まれている．そのため，酸素と窒素のモル比を 1 : 3.76 とすると，

$$\mathrm{CH_4} + 2 \times (\mathrm{O_2} + 3.76\mathrm{N_2}) \rightarrow \mathrm{CO_2} + 2\mathrm{H_2O} + 7.52\mathrm{N_2} \tag{11.16}$$

となり，燃焼により発生した熱量は，式(11.16)で示した生成物の温度上昇にあてられる．すなわち，生成物の比熱がわかれば，理論火炎温度を計算できる．反応熱 ΔH_r° により，比熱 C_p，モル数 n_b の生成物(ガス)を T_0 から T_b まで温度上昇させたとすると，理論火炎温度 T_b は次式で計算できる．

$$-\Delta H_r^\circ = n_b C_p (T_b - T_0) \tag{11.17}$$

ここに，発熱反応の反応熱 ΔH_r° は負の値をもつことに注意しなければならない．比熱は温度とともに変化するため，比熱を把握するためには理論火炎温度が必要となる．近似的な方法として，理論火炎温度を仮定して生成物の平均の比熱を求め，その値を用いて理論火炎温度を得る方法がある．

実際にメタンの理論火炎温度を求めてみる．標準状態のメタンと空気によって燃焼反応が起こるとする．メタン 1 mol が燃焼することによって 802.2 kJ の熱量が発生する．この際，燃焼ガスのモル数は，式(11.16)より $n_b = 10.52$ mol/molF であり，燃焼ガスの定圧比熱 C_p [J/(mol·K)] は，組成のモル数で重みづけて計算すると，

$$C_p = \frac{1 \times C_{p,\mathrm{CO_2}} + 2 \times C_{p,\mathrm{H_2O}} + 7.52 \times C_{p,\mathrm{N_2}}}{10.52} \tag{11.18}$$

となる．ここで，各物質の定圧比熱は，理論火炎温度 T_b を 2400 K と仮定すると，標準状態から 2400 K の間の平均定圧比熱が表 11.2 のようにわかっている．これより平均定圧比熱を，

表 11.2 標準状態から温度 T [K] までの平均定圧比熱 [J/(mol·K)][1]

T [K]	CO_2	H_2O	O_2	N_2
1000	47.58	37.05	32.35	30.58
1200	49.31	38.26	33.00	31.17
1400	50.73	39.47	33.54	31.71
1600	51.90	40.64	34.00	32.19
1800	52.89	41.74	34.41	32.61
2000	53.73	42.77	34.77	32.99
2200	54.45	43.72	35.11	33.32
2400	55.08	44.60	35.42	33.61
2600	55.64	45.40	35.72	33.87
2800	56.13	46.15	36.00	34.10
3000	56.57	46.84	36.28	34.32

$$C_p = \frac{1 \times 55.08 + 2 \times 44.60 + 7.52 \times 33.61}{10.52} = 37.74 \quad \mathrm{J/(mol \cdot K)}$$

のように求めることができ，理論火炎温度は，

$$T_b = T_0 - \frac{\Delta H_r^\circ}{n_b C_p} = 298.15 - \frac{-802.2 \times 10^3}{10.52 \times 37.74} = 2318.7 \quad \mathrm{K}$$

となることがわかる．

先にも述べたとおり，実際の燃焼では不完全燃焼を防ぐために，空気比は 1 より大きく設定される．燃料 1 mol に対して理論空気量のモル数を n_0 [mol] としたとき，実際に供給される空気のモル数が n [mol] である場合の空気比は，

$$\lambda = \frac{n}{n_0} \tag{11.19}$$

のように表すこともでき，その値は質量比などで表した場合の式(11.13)と同じとなる．メタンの燃焼において，空気比 λ で燃焼させた場合の反応式は式(11.16)より，

$$\begin{aligned} & CH_4 + \lambda \times 2 \times (O_2 + 3.76N_2) \\ & \quad \rightarrow CO_2 + 2H_2O + (2\lambda - 2) \times O_2 + \lambda \times 7.52N_2 \end{aligned} \tag{11.20}$$

となる．

ここで，空気比が 1 より大きな条件での燃焼による発熱量，理論火炎温度などを計算してみる．

例題 11.3 メタノール $\mathbf{CH_3OH}(l)$ を空気比 **1.2** で燃焼させた場合の発熱量，および理論火炎温度を求めよ．ただし，燃焼反応によって水蒸気が発生するものとする．

解答　メタノールの燃焼反応は，

$$CH_3OH(l) + \frac{3}{2}O_2(g) \rightarrow CO_2(g) + 2H_2O(g)$$

であるから，表 11.1 の反応物および生成物の標準生成エンタルピーより，発熱量は，

$$\Delta H_r^\circ = -393.5 + 2 \times (-241.8) - (-238.7) = -638.4 \quad \text{kJ/molF}$$

であり，メタノール 1 mol あたり 638.4 kJ の熱量を発生する．

また，空気比が 1.2，酸素と窒素のモル比が 1 : 3.76 であるから，

$$CH_3OH(l) + 1.2 \times \frac{3}{2}(O_2(g) + 3.76N_2(g))$$

$$\rightarrow CO_2(g) + 2H_2O(g) + 0.3O_2(g) + 6.77N_2(g)$$

となり，燃焼ガスのモル数は $n_b = 10.07$ mol/molF となる．ここで理論火炎温度を 2000 K と仮定して，燃焼ガスの組成で重みづけて表 11.2 から定圧比熱を計算すると，

$$C_p = \frac{1 \times 53.73 + 2 \times 42.77 + 0.3 \times 34.77 + 6.77 \times 32.99}{10.07} = 37.05 \quad \text{J/(mol·K)}$$

であるから，理論火炎温度は式(11.17)より次のように求められる．

$$T_b = T_0 - \frac{\Delta H_r^\circ}{n_b C_p} = 298.15 - \frac{-638.4 \times 10^3}{10.07 \times 37.05} = 2009.2 \quad \text{K}$$

11.2 化学反応によるエネルギー

前節では，燃焼によって発生する発熱量について学習した．燃焼反応は，熱機関を代表とするエネルギー変換過程として重要な現象であり，熱力学ではこの熱量を仕事に変換する場合の熱効率などを取り扱っている．一方，近年新たなエネルギー変換の方法として，燃料電池が実用化されている．燃料電池は，燃焼反応とは異なる化学反応によって化学的なエネルギーを電力に変換している．本節では，燃料電池を対象として化学反応による仕事への変換の基礎原理について学ぶ．

11.2.1 化学反応による仕事と燃料電池

水素の燃焼反応では，

$$H_2(g) + \frac{1}{2}O_2(g) \rightarrow H_2O(l) \tag{11.21}$$

の反応が起こり，水素 1 mol あたり 285.8 kJ の発熱がある．**燃料電池**(fuel cell) では，式(11.21)と同じ反応であっても，生み出す仕事は燃焼反応とは異なる．

まず，燃料電池の動作原理について説明する．図 11.4 に燃料電池の構成図を示す．

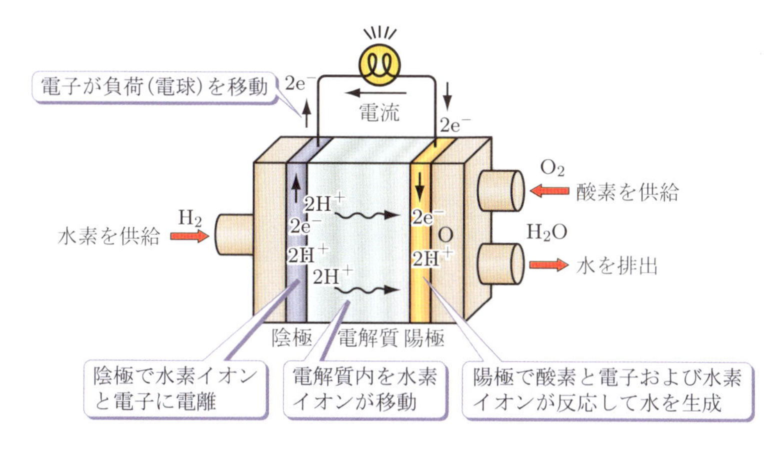

図 11.4　燃料電池の動作原理

電解質を挟んで二つの電極が向かい合っており，陰極に水素，陽極に酸素が供給されている．陰極に供給された水素は，そのままでは電解質を通過できないため，水素イオンに電離し，水素イオンは電解質内を通過するが，電子は陽極と陰極をつないだ負荷側を通過し，電流が発生することとなる．その後，陽極に供給された酸素と，電子および電解質内を通過した水素イオンとが反応して水が生成される．ここでの反応は，陰極，陽極それぞれ，

$$\text{陰極}\quad H_2 \rightarrow 2H^+ + 2e^- \tag{11.22}$$

$$\text{陽極}\quad \frac{1}{2}O_2 + 2H^+ + 2e^- \rightarrow H_2O \tag{11.23}$$

となり，これらを合わせると，式(11.21)の反応と同じとなる．

Coffee Break　もっとも身近な化学エネルギー変換装置

燃料電池は，排出物が主に水だけであり，化学エネルギーから電気エネルギーに変換する環境にやさしい装置として，実用化されています．なかでも燃料電池車は，静粛で水しか排出しないという特長があります．乾電池も，化学エネルギーを蓄えて電気エネルギーに変換しているものであり，化学エネルギーを利用した機器は，われわれの生活に密接したものといえます．

さて，化学エネルギーを変換するもっとも「身近な」ものといえば，何を思い浮かべるでしょうか．それは私たちの「体」です．私たちの体は，炭水化物などを摂取して，それから化学エネルギーを取り出して，筋肉のはたらきや脳の思考などに利用しているのです．炭水化物が多くの反応を伴いながらさまざまな物質に変換され，そこから化学エネルギーが取り出されますが，最終的には水と二酸化炭素が排出されます．炭水化物の一つであるブトウ糖（グルコース，**180.2 g/mol**）から，水と二酸化炭素へのギブス自由エネルギーの変化量は，約

2880 kJ/mol と計算できます．効率の判断は簡単にはできませんが，炭水化物から，筋肉を動かして運動したり，思考したりと，さまざまな形で仕事に変換している私たちの「体」は，本当に優れたエネルギー変換装置だといえるでしょう．

11.2.2 標準生成ギブス自由エネルギー

11.1.2 項では，標準物質を与えることにより，さまざまな物質の標準生成エンタルピーの値を決定し，反応物から生成物への変化によって，どれだけの熱量が生成されるかが容易に計算することができた．

化学反応によって生じる最大仕事も，標準物質を基準として，反応によって生成される生成物のギブス自由エネルギーを求めておくことにより，化学反応の前後におけるギブス自由エネルギーの変化を計算することが可能となる．標準生成エンタルピーの場合と同様，標準物質は，標準状態(298.15 K, 0.1013 MPa)の H_2，O_2，N_2，C (グラファイト)などであり，標準状態における生成物 1 mol あたりのギブス自由エネルギーを**標準生成ギブス自由エネルギー**(standard Gibbs free energy of formation) ΔG_f° という．表 11.3 に主な物質の標準生成ギブス自由エネルギーを示す．また，標準状態における反応物と生成物のギブス自由エネルギーの差を**標準反応ギブス自由エネルギー**(standard Gibbs free energy of reaction) ΔG_r° といい，標準状態における化学反応によって得られる最大仕事を与える．

化学反応における標準反応ギブス自由エネルギー ΔG_r° は，一般的に，式(11.7)の燃料 1 mol の反応を考えた場合，標準生成ギブス自由エネルギーを用いて，次のように計算することができる．

$$\Delta G_r^\circ = \left(m\Delta G_{f,\mathrm{C}}^\circ + n\Delta G_{f,\mathrm{D}}^\circ\right) - \left(\Delta G_{f,\mathrm{A}}^\circ + i\Delta G_{f,\mathrm{B}}^\circ\right) \tag{11.24}$$

さらに一般的な表記をすれば，標準反応ギブス自由エネルギーは，生成物の標準生成ギブス自由エネルギー $\Delta G_{f,\mathrm{prod}}^\circ$ と，反応物の標準生成ギブス自由エネルギー $\Delta G_{f,\mathrm{reac}}^\circ$

表 11.3 主な物質の標準生成ギブス自由エネルギー[1]

物質	化学式	ΔG_f° [kJ/mol]	物質	化学式	ΔG_f° [kJ/mol]
水(水蒸気)	$H_2O(g)$	−228.6	メタン	$CH_4(g)$	−50.8
水	$H_2O(l)$	−237.1	エタン	$C_2H_6(g)$	−32.8
一酸化炭素	$CO(g)$	−137.2	プロパン	$C_3H_8(g)$	−23.5
二酸化炭素	$CO_2(g)$	−394.4	ブタン	$C_4H_{10}(g)$	−17.0
アンモニア	$NH_3(g)$	−16.4	メタノール(ガス)	$CH_3OH(g)$	−162.0
一酸化窒素	$NO(g)$	+86.6	メタノール(液)	$CH_3OH(l)$	−166.3
二酸化窒素	$NO_2(g)$	+51.3	エタノール(ガス)	$C_2H_5OH(g)$	−168.5
二酸化硫黄	$SO_2(g)$	−300.2	エタノール(液)	$C_2H_5OH(l)$	−174.8

を用いて，次式のように表示できる．

$$\Delta G_r^\circ = \sum j\Delta G_{f,\mathrm{prod}}^\circ - \sum k\Delta G_{f,\mathrm{reac}}^\circ \tag{11.25}$$

さて，第5章で述べたギブスの自由エネルギーは，等温・等圧条件下における化学反応で生じる最大仕事を与えている．つまり，化学反応によって得られる仕事を考える場合，反応物と生成物のギブスの自由エネルギーの差を考えてやればよい．燃料電池での仕事を考える場合にも，このギブスの自由エネルギーの変化量を考えることになる．

ギブスの自由エネルギー G は，エンタルピー H，温度 T，エントロピー S により，次のように定義されている(5.3.2 項参照)．

$$G = H - TS \tag{11.26}$$

等温，等圧条件を考えると，ギブスの自由エネルギーの変化 ΔG_r° は，エンタルピーの変化 ΔH_r°，温度 T，エントロピーの変化 ΔS を用いて，次のように表すことができる．

$$\Delta G_r^\circ = \Delta H_r^\circ - T\Delta S \tag{11.27}$$

ここで，ΔH_r° は燃焼反応で発生する熱量である反応熱に相当する．また，発熱反応においては ΔG_r° および ΔH_r° は負の値をとる．つまり，図 11.5 に示すように，化学反応によって生じるエンタルピー変化 ΔH_r° のうち，仕事として利用できない $T\Delta S$ を差し引いた分が，化学反応によって生じる最大仕事となる．

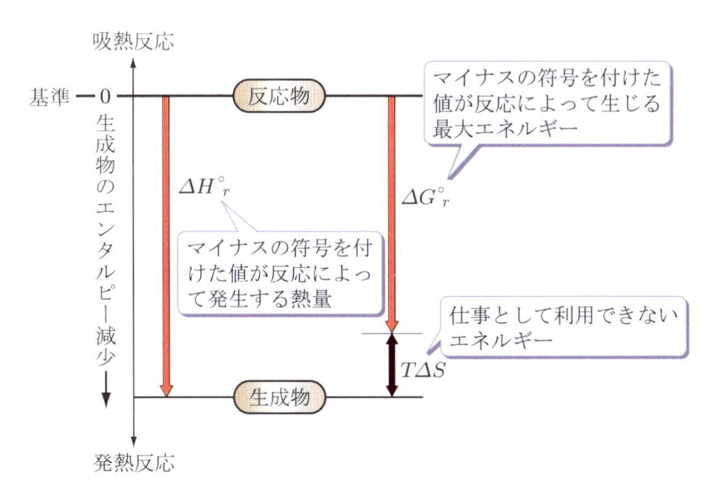

図 11.5 ギブス自由エネルギーの変化と仕事の概念図

燃料電池への応用

標準状態において，式(11.21)の反応によって生成される水 1 mol あたりのギブス自由エネルギーの変化は，表 11.3 より 237.1 kJ/mol である．すなわち，燃料電池により得られる最大仕事は，水素 1 mol あたり 237.1 kJ であることがわかる．なお，水素の燃焼反応によって得られる発熱量は，285.8 kJ/mol であり，燃料電池により得られる最大仕事との差である 48.7kJ/mol は，仕事として利用することはできず，熱量として発生することになる．これより，式(11.21)の反応が生じる場合，熱機関の理論熱効率に相当する燃料電池の理論変換効率は，

$$\eta = \frac{\Delta G_r^\circ}{\Delta H_r^\circ} = \frac{-237.1}{-285.8} = 0.830 \tag{11.28}$$

となる．

次に，水素と酸素によって動作する燃料電池の電圧を求めてみる．ギブスの自由エネルギーの変化と，電圧の関係は以下の式となる．

$$-\Delta G_r^\circ = n_e F E \tag{11.29}$$

ここで，n_e は移動する電子の数 [mol/molF]，F はファラデー定数(9.65×10^4 C/mol)，E は電圧である．水素 1 mol と酸素の反応では $\Delta G_r^\circ = -237.1$ kJ/molF であり，移動する電子の数は，式(11.22)より 2 mol/molF であるので，理論的な電圧として，

$$E = -\frac{\Delta G_r^\circ}{n_e F} = -\frac{-237.1 \times 10^3}{2 \times 9.65 \times 10^4} = 1.23 \quad \mathrm{V} \tag{11.30}$$

となり，電流の流れない開放電圧として 1.23 V が得られることとなる．実際には，電池内の損失があるだけでなく，電流が流れることにより電圧は低下する．実際の燃料電池では，図 11.4 で示した一組の電極と電解質によって構成されたセルを，多段にすることにより大きな電圧を発生させている．

最後に，燃料電池の一つであるダイレクトメタノール燃料電池の起電力などを計算してみる．

例題 11.4　ダイレクトメタノール燃料電池では，陰極および陽極において以下の反応が生じている．

陰極　$\mathbf{CH_3OH}(l) + \mathbf{H_2O}(l) \to \mathbf{CO_2}(g) + \mathbf{6H^+} + \mathbf{6e^-}$

陽極　$\mathbf{\frac{3}{2}O_2}(g) + \mathbf{6H^+} + \mathbf{6e^-} \to \mathbf{3H_2O}(l)$

このとき，反応によって生じる標準反応ギブス自由エネルギーと起電力を求めよ．

解答　陰極および陽極の反応から，全反応は，

$$CH_3OH(l) + \frac{3}{2}O_2(g) \rightarrow CO_2(g) + 2H_2O(l)$$

であるから，表 11.3 の反応物および生成物の標準生成ギブス自由エネルギーより，

$$\Delta G_r^\circ = (-394.4 - 2 \times 237.1) - (-166.3) = -702.3 \quad \text{kJ/molF}$$

となり，標準反応ギブス自由エネルギーは，メタノール 1 mol あたり −702.3 kJ である．

また，起電力は式(11.30)より，次のようになる．

$$E = -\frac{\Delta G_r^\circ}{n_e F} = -\frac{-702.3 \times 10^3}{6 \times 9.65 \times 10^4} = 1.21 \quad \text{V}$$

演習問題

11.1 水素製造法の一つである以下の一酸化炭素と水蒸気の反応における反応熱を求めよ．

$$CO(g) + H_2O(g) \rightarrow CO_2(g) + H_2(g)$$

11.2 エタンを燃焼させたとき，不完全燃焼によって一酸化炭素と二酸化炭素が発生した．一酸化炭素と二酸化炭素のモル比が 1：4 であるとき，この反応熱を求めよ．

11.3 メタンを空気比 1.2 で燃焼させた場合の理論火炎温度を求めよ．

11.4 アンモニアが酸化され，酸化窒素および水が生成される場合の標準反応ギブス自由エネルギーを求めよ．

参考文献

[1] JANAF : Thermochemical Tables, Third edition, Published by the American Chemical Society, and the American Institute of Physics for the National Bureau of Standards, 1985., P. W. Atkins (千原秀昭，稲葉章訳)：物理化学要論，東京化学同人，2003.

演習問題解答

第1章

1.1 水の初期温度を t_w とすると，$5 \times 4.186 \times (10 - t_w) = 0.5 \times 0.473 \times (500 - 10)$ より，水の温度上昇は $(10 - t_w) = 5.54^\circ\mathrm{C}$.

1.2 $-10^\circ\mathrm{C}$ の氷を $0^\circ\mathrm{C}$ の水にするために必要な熱量は，$3 \times 2.09 \times [0 - (-10)] + 3 \times 334 = 1064.7$ kJ. $30^\circ\mathrm{C}$ の水が $0^\circ\mathrm{C}$ になる顕熱量は，$6 \times 4.186 \times (30 - 0) = 753.5$ kJ. よって，氷は全部溶けない. (a) 氷は水の顕熱に相当する分だけ融解するから，融解量を m [kg] とすると，$3 \times 2.09 \times [0 - (-10)] + 334m = 753.5$ より，$m = 2.07$ kg 溶ける. (b) 水と氷が共存しているので，平衡温度は $0^\circ\mathrm{C}$.

1.3 (a) $dq = c\,dT$　(b) $q_{12} = c(T_2 - T_1)$

第2章

2.1 $W = F(z_2 - z_1) = mg\Delta z$ より $W = 1176$ J.

2.2 停車するまでの運動エネルギーは $mc^2/2 = 167$ kJ. 温度上昇は $167 = 5 \times 0.9 \times \Delta t$ より $\Delta t = 37^\circ\mathrm{C}$.

2.3 第一法則より 30 kJ 増加した.

2.4 $W = p(V_2 - V_1)$ より $W = 1680$ kJ.

2.5 圧力一定のもとでの圧縮であるから $Q_{12} = U_2 - U_1 + p(V_2 - V_1)$ より，$U_2 - U_1 = Q_{12} - p(V_2 - V_1) = -6500 - 0.4 \times 10^3 \times (0.5 - 5.5) = -4500$ kJ.

2.6 第一法則より $U_2 - U_1 = Q_{12} - W_{12} = -12 + 20 = 8$ kJ，$u_2 - u_1 = (U_2 - U_1)/m = 26.7$ kJ/kg.

2.7 圧縮機内での比エンタルピーの変化は，$h_2 - h_1 = u_2 - u_1 + p_2 v_2 - p_1 v_1 = 80 + 700 \times 0.16 - 100 \times 0.8 = 112$ kJ/kg.
　圧縮機動力は式(2.37)より，$-\dot{W}_{t12} = \dot{m}(h_2 - h_1) - \dot{Q}_{12} = 0.25 \times 112 + 50 = 78$ kW.

第3章

3.1 表3.1より $R = 0.2598$ kJ/(kg·K) であるから，$pV = mRT$ より $m = 3.81$ kg. 容積は $V = 2.67$ m^3.

3.2 $\rho = 1/v = m/V$ より，$R = pV/mT = p/\rho T = 517.4$ J/(kg·K).

3.3 エンタルピーの定義式 $h = u + pv$ より求める. $v = V/m = 0.15$ m^3/kg であるから $h = 455$ kJ/kg.

3.4 (a) $dH = mc_p\,dT$ を積分すると，c_p は一定であるから $\Delta H = H_2 - H_1 = mc_p(T_2 - T_1)$. 表3.1より $c_p = 1.005$ kJ/(kg·K) を代入すると，$\Delta H = 100.5$ kJ. (b) $R = 0.2872$ kJ/(kg·K) であるから，$V_2 - V_1 = mR(T_2/p_2 - T_1/p_1) = -0.206$ m^3.

3.5 (a) 表3.1より $\kappa = 1.4$ であるから，式(3.50)より $U_2 - U_1 = -W_{12} = -\frac{p_1 V_1}{\kappa - 1}\left[1 - \left(\frac{V_1}{V_2}\right)^{\kappa - 1}\right] = 3.78$ MJ. (b) 同様に式(3.51)より，$H_2 - H_1 = -\kappa W_{12} = 5.29$ MJ.

3.6 (a) V の指数が 1.25 であり，酸素の値 $\kappa = 1.397$ と異なるので，$n = 1.25$ のポリトロープ変化である. (b) 式(3.55)より $p_2/p_1 = (T_2/T_1)^{n/(n-1)}$ であるから，$p_2 = 5.013 \times 10^5$ Pa. (c) $V_1 = mRT_1/p_1 = 2.856$ m^3. (d) 式(3.54)より $V_2/V_1 = (T_1/T_2)^{1/(n-1)}$ であるから，$V_2 = 0.658$ m^3. (e) $U_2 - U_1 = mc_v(T_2 - T_1) = 255.5$ kJ.

3.7 露点温度における絶対湿度を求める. $24^\circ\mathrm{C}$ における飽和蒸気圧力は，付表1より $p_s = 0.0029856$ MPa. 式(3.80)において $\varphi = 1$ であるから，$x = 0.622p_s/(p - p_s) = 0.01889$ kg/kg$'$. $30^\circ\mathrm{C}$ における飽

和蒸気圧は $p_s = 0.0042467$ MPa であるから，式(3.81)より，$\varphi = xp/[p_s(0.622 + x)] = 0.703$. よって，相対湿度は 70.3%. 図 3.13 からも同様な値を読み取ることができる.

第 4 章

4.1 氷から水蒸気までの熱量は，融解熱，顕熱，蒸発熱を加えて，$Q = 1 \times [334 + 4.19 \times (100 - 0) + 2260] = 3013$ kJ. 式(4.45)，(4.46)より，ΔS_1(融解時) $= mr_p/T_p = 1 \times 334/273.15 = 1.223$ kJ/K. ΔS_2(顕熱時) $= mc\ln(T_2/T_1) = 1 \times 4.19 \times \ln(373.15/273.15) = 1.307$ kJ/K. ΔS_3(蒸発時) $= mr_p/T_p = 1 \times 2260/373.15 = 6.057$ kJ/K. $\Delta S_1 + \Delta S_2 + \Delta S_3 = 8.59$ kJ/K.

4.2 式(4.51)を用いると，$S_2 - S_1 = m[c_p \ln(T_2/T_1) - R\ln(p_2/p_1)] = 2 \times [1.005 \times \ln(323.15/973.15) - 0.287 \times \ln(0.2/1.0)] = -1.292$ kJ/K.

4.3 熱効率 $\eta_C = 1 - T_2/T_1 = 1 - 303.15/973.15 = 0.688$. 放熱量は式(4.28)より，$Q_2 = (T_2/T_1)Q_1 = 124.6$ kJ. 放熱時のエントロピーは式(4.40)より，$S_1 - S_2 = -Q_2/T_2 = -0.411$ kJ/K.

4.4 熱平衡温度を求めると，$0.25 \times 0.4 \times (100 - t_m) = 0.20 \times 4.19 \times (t_m - 10)$ より $t_m = 19.59$°C. 式(4.45)より，(a) ΔS(銅) $= 0.25 \times 0.4 \times \ln(292.74/373.15) = -0.0243$ kJ/K. ΔS(水) $= 0.2 \times 4.19 \times \ln(292.74/283.15) = 0.0279$ kJ/K. (b) 全体では 0.0036 kJ/K のエントロピー増加となる.

4.5 式(4.55)より $S_2 - S_1 = mc_p \ln(v_2/v_1) = 5 \times 1.005 \times \ln(3.6/1.2) = 5.52$ kJ/K.

4.6 式(4.53)より $S_2 - S_1 = mR\ln(v_2/v_1) = mR\ln[(V_1 + 0.5)/V_1]$ となるから $V_1 = 0.0329$ m^3. $p_1V_1 = mRT_1$ より $p_1 = 1.28$ MPa.

第 5 章

5.1 加熱量は $Q = mc_v(T_2 - T_1) = 705.6$ kJ. 周囲環境温度は 25°C であるから，無効エネルギーの増加は式(5.8)より $Q_0 = mc_vT_0\ln(T_2/T_1) = 315.3$ kJ. よって，有効エネルギーの増加は 390.3 kJ.

5.2 20°C の水を 180°C の水に加熱する過程では，加熱量は $Q_1 = mc(T_2 - T_1) = 672.0$ kJ. 無効エネルギーの増加は式(5.8)より，$Q_{0,1} = mcT_0\ln(T_2/T_1) = 545.4$ kJ. 有効エネルギーの増加は，$Q_{a,1} = Q_1 - Q_{0,1} = 126.6$ kJ. 180°C の水を蒸気にする過程では，加熱量は $Q_2 = mr = 2014$ kJ. 無効エネルギーの増加は式(4.46)より，$Q_{0,2} = T_0\Delta S = T_0(mr/T_2) = 1325.1$ kJ. 有効エネルギーの増加は $Q_{a,2} = Q_2 - Q_{0,2} = 688.9$ kJ. よって，全体の有効エネルギー増加量は，$Q_{a,1} + Q_{a,2} = 815.5$ kJ. 全加熱量は $Q_1 + Q_2 = 2686.0$ kJ であるから 30.4%.

5.3 式(5.26)を用いて求める. 周囲環境温度は 25°C であるから $H_1 - H_0 = mc_p(T_1 - T_0) = 98.0$ MJ. エントロピー変化は，式(4.51)より周囲環境圧力が 0.101325 MPa であるから，$S_1 - S_0 = mc_p\ln(T_1/T_0) - mR\ln(p_1/p_0) = 80.2$ kJ/K. よって，$W_a = H_1 - H_0 - T_0(S_1 - S_0) = 74.1$ MJ. なお，式(5.17)を用いれば閉じた系としての値が求められる.

5.4 熱効率は $\eta_{th} = 300/800 = 0.375$. 有効エネルギーは，式(5.5)を積分して代入すると，$Q_a = [1 - (T_0/T_1)]Q_1 = 665.5$ kW となるから，エクセルギー効率は $\eta_e = 300/665.5 = 0.451$.

第 6 章

6.1 初期状態における比エントロピーは付表 3 より，$s = 7.1290$ kJ/(kg·K) であり，膨張後も比エントロピーは変わらない. 付表 2 より，0.1 MPa において $s' = 1.30256$ kJ/(kg·K)，$s'' = 7.35881$ kJ/(kg·K) であるから，$x = (s - s')/(s'' - s') = 0.962$.

6.2 エンタルピーの定義より，$h = u + pv$ であるから，$u_2 - u_1 = h'' - h' - p(v'' - v') = r - p(v'' - v') = 2256.47 \times 10^3 - 0.10142 \times 10^6 \times (1.67186 - 0.00104346) = 2087.0$ kJ/kg.

6.3 圧縮水と過熱蒸気の比エンタルピーはそれぞれ付表 3 より，$h_1 = 84.86$ kJ/kg，$h_2 = 3264.39$ kJ/kg であるから，$h_2 - h_1 = 3179.5$ kJ/kg.

6.4 噴入すべき飽和水の量を m [kg] とすると，混合前後の熱量バランスより $1 \times h_{600} + mh' = (1 + m)h_{500}$

となる．$h' = 1407.87$ kJ/kg，$h_{500} = 3375.06$ kJ/kg，$h_{600} = 3625.84$ kJ/kg を代入すると，$m = 0.127$ kg.

6.5 初期状態の比容積は $v_1 = v' + x(v'' - v') = 0.12517$ m^3/kg．容積一定の変化であるから $v_2 = v_1$．よって，$x = (v_1 - v')/(v'' - v') = 0.519$.

6.6 初期状態の比容積は $v_1 = v' + x_1(v'' - v') = 0.04546$ m^3/kg．$v_2 = 2v_1 = 0.09092$ m^3/kg であるから $v_2 < v''$．よって，加熱後の状態は湿り蒸気であるから，蒸気温度はその圧力における飽和温度 212.38°C となる．加熱後の乾き度は $x_2 = 0.912$ となるから，$h_2 - h_1 = (x_2 - x_1)r = 873.1$ kJ/kg.

第 7 章

7.1 過熱蒸気表より 0.2 MPa では，190°C において $s = 7.4650$ kJ/(kg·K)，210°C において $s = 7.5502$ kJ/(kg·K) であるから，式(7.29)は近似的に次のようになる．

$$c_p = T\left(\frac{\partial s}{\partial T}\right)_p \cong T\frac{\Delta s}{\Delta T} = 473.15 \times \frac{7.5502 - 7.4650}{210 - 190} = 2.016 \quad \text{kJ/(kg·K)}$$

7.2 過熱蒸気表より 0.5 MPa では，240°C において $v = 0.46468$ m^3/kg，250°C において $v = 0.47443$ m^3/kg，260°C において $v = 0.48414$ m^3/kg であるから，式(7.44)は近似的に，

$$\mu = \frac{1}{c_p}\left[T\left(\frac{\partial v}{\partial T}\right)_p - v\right] \cong \frac{1}{c_p}\left[T\frac{\Delta v}{\Delta T} - v\right]$$
$$= \frac{1}{c_p}\left[523.15 \times \frac{0.48414 - 0.46468}{260 - 240} - 0.47443\right] = \frac{0.0346}{c_p}$$

となる．$\mu > 0$ であるから温度は下がる．

7.3 式(7.52)を融解現象に対して表すと，$\dfrac{dp}{dT} = \dfrac{r}{T_s(v_l - v_s)}$．また，融解現象では $r > 0$ であるから，

$$\frac{dp}{dT} = \frac{334 \times 10^3}{273.15 \times (0.001 - 0.00109)} = -1.359 \times 10^7 \quad \text{Pa/K}$$

よって，$\dfrac{dT}{dp} = -0.0736$ K/MPa.

7.4 式(7.44)において $\mu = 0$ とおくと，$\left(\dfrac{\partial v}{\partial T}\right)_p = \dfrac{v}{T}$ であるから，式(6.14)のファン・デル・ワールスの状態式 $T = \dfrac{1}{R}\left(p + \dfrac{a}{v^2}\right)(v - b)$ を微分すると，$\left(\dfrac{\partial T}{\partial v}\right)_p = \dfrac{1}{R}\left(p - \dfrac{a}{v^2} + \dfrac{2ab}{v^3}\right)$．上式に代入すると，逆転温度は $T = \dfrac{1}{R}\left(pv - \dfrac{a}{v} + \dfrac{2ab}{v^2}\right)$.

第 8 章

8.1 この熱機関の熱効率は，式(8.1)より 0.65 であり，同じ温度条件で動作するカルノーサイクルの効率を超えることはないため，低温熱源の温度を T_2 とすると，$0.65 < (1000 - T_2)/1000$ の関係から，低温熱源の温度条件は，$T_2 < 350$ K となる．

8.2 (a) 式(8.24)より，$\eta_{th} = 1 - \dfrac{1}{\varepsilon^{\kappa-1}}\dfrac{\sigma^\kappa - 1}{\kappa(\sigma - 1)} = 0.647$．(b) 最高温度は，等圧加熱後の温度であるから，式(8.23)の $T_4/T_3 = (\sigma/\varepsilon)^{\kappa-1}$ より $T_3 = 1256$ K．(c) 最高圧力となるのは断熱圧縮後の圧力となるので，式(8.25)より $p_2 = p_1\varepsilon^\kappa = 6.63$ MPa.

8.3 (a) 図 8.9 よりサイクル中の最高温度は燃焼後の温度 T_4 となるので，式(8.26)，(8.27)および式(8.30)より，次のようになる．

$$T_2 = T_1\left(\frac{v_1}{v_2}\right)^{\kappa-1} = T_1\varepsilon^{\kappa-1} = 909.4 \text{ K}, \qquad T_3 = \left(\frac{q_{1v}}{c_v}\right) + T_2 = 1188.3 \text{ K}$$

$$T_4 = \left(\frac{q_{1p}}{c_p}\right) + T_3 = 1287.8\ \text{K}$$

(b) サイクル中の最高圧力は，p_3 または p_4 であるから，

$$p_2 = p_1 \left(\frac{v_1}{v_2}\right)^{\kappa} = p_1 \varepsilon^{\kappa} = 4.85\ \text{MPa}$$

であり，式(8.28)より，次のようになる．

$$p_3 = p_2 \frac{T_3}{T_2} = 6.34\ \text{MPa}$$

(c) $\varepsilon = 16$，$\sigma = \dfrac{v_4}{v_3} = \dfrac{T_4}{T_3} = 1.084$，$\alpha = \dfrac{p_3}{p_2} = \dfrac{T_3}{T_2} = 1.307$ であるから，式(8.35) より，次のようになる．

$$\eta_{th} = 1 - \frac{1}{\varepsilon^{\kappa-1}} \frac{\alpha\sigma^{\kappa} - 1}{\alpha - 1 + \alpha\kappa(\sigma - 1)} = 0.668$$

8.4 (a) 式(8.47)より，$\eta_{th} = 1 - \dfrac{1}{\varphi^{(k-1)/k}} = 0.482$.

(b) 最高温度は燃焼後の温度となるので，式(8.45)より，

$$T_3 = T_4 \left(\frac{p_2}{p_1}\right)^{(\kappa-1)/\kappa} = T_4 \varphi^{(\kappa-1)/\kappa} = 1158\ \text{K}.$$

8.5 式(8.47)，(8.51)より，$1 - \dfrac{1}{\varphi^{(\kappa-1)/\kappa}} < 1 - \left(\dfrac{T_1}{T_3}\right)\varphi^{(\kappa-1)/\kappa}$ となるためには $\varphi < 11.3$.

第 9 章

9.1 図 9.2 の状態番号で示すと，蒸気表より $h_5 = 3434.48$ kJ/kg．$s_6 = s_5 = 6.9778$ kJ/(kg·K) であるから，圧力 5 kPa における $(h_6 - h')/(h'' - h') = (s_6 - s')/(s'' - s')$ の関係より，$h_6 = 2127.4$ kJ/kg．$w_T = h_5 - h_6$ であるから，タービン出力は $W_t = m w_T \eta_T / 3600 = 617.2$ kW.

9.2 図 9.2 の状態番号で示すと，蒸気表より $h_1 = 137.77$ kJ/kg，$h_5 = 3526.9$ kJ/kg，$s_5 = 6.7885$ kJ/(kg·K)．問題 9.1 と同様な計算により，$h_6 = 2069.5$ kJ/kg．$w_p = h_2 - h_1 = v'(p_2 - p_1)$ より $h_2 = 147.8$ kJ/kg．(a) $q_1 = h_5 - h_2 = 3379.1$ kJ/kg，(b) $w_T = h_5 - h_6 = 1457.4$ kJ/kg，(c) $q_2 = h_6 - h_1 = 1931.7$ kJ/kg，(d) $w_p = h_2 - h_1 = 10.0$ kJ/kg，(e) 式(9.8)より $\eta_R = 0.428$.

9.3 図 9.2 の状態番号で示すと，蒸気表より $s_1 = s_2 = 0.47625$ kJ/(kg·K)，$s_5 = 6.7885$ kJ/(kg·K) より，(a) $\Delta s = s_5 - s_2 = 6.3123$ kJ/(kg·K)，(b) $q_0 = T_0 \Delta s = 298.15 \times 6.3123 = 1882.0$ kJ/kg，(c) 問題 9.2 より $q_1 = 3379.1$ kJ/kg であるから，$q_a = q_1 - q_0 = 1497.1$ kJ/kg，(d) 問題 9.2 より $w_T = 1457.4$ kJ/kg，$w_p = 10.0$ kJ/kg であるから，$\eta_e = (w_T - w_p)/q_a = 0.967$.

9.4 図 9.7 (b)の状態番号で示すと，蒸気表より，$h_1 = 137.77$ kJ/kg，$h_5 = 3425.57$ kJ/kg，$s_5 = 6.3744$ kJ/(kg·K)，$h_7 = 3601.15$ kJ/kg，$s_7 = 7.5992$ kJ/(kg·K)．h_6 は 2 MPa の過熱蒸気域にあるので内挿法により求める．212.38°C のとき $h'' = 2798.38$ kJ/kg，$s'' = 6.33916$ kJ/(kg·K)，220°C のとき $h = 2821.67$ kJ/kg，$s = 6.3868$ kJ/(kg·K) であるから，$s_6 = s_5$ を考慮すると内挿法により $h_6 = 2815.6$ kJ/kg．また，$h_8 = 2317.6$ kJ/kg．よって，式(9.15)より $\eta_{\text{reh}} = 0.465$.

第 10 章

10.1 式(10.9)，(10.10)より，冷凍機の COP は $\varepsilon_R = T_2/(T_1 - T_2) = 2.73$，ヒートポンプの COP は $\varepsilon_H = T_1/(T_1 - T_2) = 3.73$ となる．

10.2 図 10.7 のモリエ線図より，$h_1 = 404$ kJ/kg，$h_2 = 423$ kJ/kg，$h_3 = h_4 = 256$ kJ/kg である．冷房運転していることから，冷凍機の COP の定義より，$\varepsilon_R = 7.79$ となる．

10.3 問題 10.2 と同様にモリエ線図より，$h_1 = 393$ kJ/kg，$h_2 = 420$ kJ/kg，$h_3 = h_4 = 242$ kJ/kg である．暖房運転していることから，ヒートポンプの COP の定義より，$\varepsilon_H = 6.59$ となる．

10.4 図 10.15 の状態番号で示すと，図 10.14 より，$h_1 = 2752$ kJ/kg，$h_2 = 2873$ kJ/kg，$h_4 = 320$ kJ/kg，$h_5 = 117$ kJ/kg，$h_6 = 133$ kJ/kg である．また，式(10.19)より $a = 6$ なので，式(10.18)より COP は $\varepsilon_R = 0.86$ となる．

第 11 章

11.1 表 11.1 より一酸化炭素，水蒸気，二酸化炭素の標準生成エンタルピーを用いれば，

$$\Delta H_r^\circ = -393.5 - (-110.5 - 241.8) = -41.2 \ \text{kJ/molF}$$

となる．41.2 kJ の熱量を発生する．

11.2 一酸化炭素と二酸化炭素のモル比が 1：4 であることから，反応式は，

$$C_2H_6(g) + 3.3O_2(g) \to 0.4CO(g) + 1.6CO_2(g) + 3H_2O(g)$$

となる．表 11.1 の反応物および生成物の標準生成エンタルピーから，

$$\Delta H_r^\circ = -(0.4 \times 110.5 + 1.6 \times 393.5 + 3 \times 241.8) - (-84.7) = -1314.5 \ \text{kJ/molF}$$

となる．反応熱が 1314.5 kJ の発熱反応となる．

11.3 メタン 1 mol の燃焼により発生する熱量は式(11.8)より 802.2 kJ であり，空気比が 1.2 の燃焼反応であるから，反応式は，

$$CH_4(g)+1.2\times(2O_2(g)+7.52N_2(g)) \to CO_2(g)+2H_2O(g)+0.4O_2(g)+9.02N_2(g)$$

となる．燃焼温度を 2000 K と仮定する．平均比熱は表 11.2 を用いて計算すると，

$$C_p = \frac{1 \times 53.73 + 2 \times 42.77 + 0.4 \times 34.77 + 9.02 \times 32.99}{12.42} = 36.29 \ \text{J/(mol·K)}$$

であるから，理論火炎温度は，

$$T_b = T_0 - \frac{\Delta H_r^\circ}{n_b C_p} = 298.15 - \frac{-802.2 \times 10^3}{12.42 \times 36.29} = 2078.0 \ \text{K}$$

となる．

11.4 アンモニアが酸化する際の反応式は，$NH_3(g) + \frac{5}{4}O_2(g) \to NO(g) + \frac{3}{2}H_2O(g)$ であり，表 11.3 の反応物および生成物の標準生成ギブス自由エネルギーより，

$$\Delta G_r^\circ = (86.6 - 1.5 \times 228.6) - (-16.4) = -239.9 \ \text{kJ/molF}$$

となる．

付表 1　水の温度基準飽和表

（「日本機械学会編：蒸気表(1999)，日本機械学会，2005.」より抜粋）

温　度 [℃]	飽和圧力 [MPa]	比容積 [m^3/kg]		比エンタルピー [kJ/kg]			比エントロピー [kJ/(kg·K)]	
t	p	v'	v''	h'	h''	$r = h'' - h'$	s'	s''
†0	0.00061121	0.00100021	206.140	−0.04	2500.89	2500.93	−0.00015	9.15576
0.01	0.00061166	0.00100021	205.997	0.00	2500.91	2500.91	0.00000	9.15549
1	0.00065709	0.00100015	192.445	4.18	2502.73	2498.55	0.01526	9.12909
2	0.00070599	0.00100011	179.764	8.39	2504.57	2496.17	0.03061	9.10267
3	0.00075808	0.00100008	168.014	12.60	2506.40	2493.80	0.04589	9.07649
4	0.00081355	0.00100007	157.121	16.81	2508.24	2491.42	0.06110	9.05056
5	0.00087257	0.00100008	147.017	21.02	2510.07	2489.05	0.07625	9.02486
6	0.00093535	0.00100011	137.638	25.22	2511.91	2486.68	0.09134	8.99940
7	0.0010021	0.00100014	128.928	29.43	2513.74	2484.31	0.10637	8.97417
8	0.0010730	0.00100020	120.834	33.63	2515.57	2481.94	0.12133	8.94917
9	0.0011483	0.00100027	113.309	37.82	2517.40	2479.58	0.13624	8.92439
10	0.0012282	0.00100035	106.309	42.02	2519.23	2477.21	0.15109	8.89985
12	0.0014028	0.00100055	93.7243	50.41	2522.89	2472.48	0.18061	8.85141
14	0.0015989	0.00100080	82.7981	58.79	2526.54	2467.75	0.20990	8.80384
16	0.0018188	0.00100110	73.2915	67.17	2530.19	2463.01	0.23898	8.75712
18	0.0020647	0.00100145	65.0029	75.55	2533.83	2458.28	0.26785	8.71122
20	0.0023392	0.00100184	57.7615	83.92	2537.47	2453.55	0.29650	8.66612
22	0.0026452	0.00100228	51.4225	92.29	2541.10	2448.81	0.32495	8.62182
24	0.0029856	0.00100275	45.8626	100.66	2544.73	2444.08	0.35320	8.57828
26	0.0033637	0.00100327	40.9768	109.02	2548.35	2439.33	0.38126	8.53550
28	0.0037828	0.00100382	36.6754	117.38	2551.97	2434.59	0.40912	8.49345
30	0.0042467	0.00100441	32.8816	125.75	2555.58	2429.84	0.43679	8.45211
32	0.0047592	0.00100504	29.5295	134.11	2559.19	2425.08	0.46428	8.41148
34	0.0053247	0.00100570	26.5624	142.47	2562.79	2420.32	0.49158	8.37154
36	0.0059475	0.00100639	23.9318	150.82	2566.38	2415.56	0.51871	8.33226
38	0.0066324	0.00100712	21.5954	159.18	2569.96	2410.78	0.54566	8.29365
40	0.0073844	0.00100788	19.5170	167.54	2573.54	2406.00	0.57243	8.25567
42	0.0082090	0.00100867	17.6652	175.90	2577.11	2401.21	0.59903	8.21832
44	0.0091118	0.00100949	16.0126	184.26	2580.67	2396.42	0.62547	8.18158
46	0.010099	0.00101034	14.5355	192.62	2584.23	2391.61	0.65174	8.14544
48	0.011176	0.00101123	13.2132	200.98	2587.77	2386.80	0.67785	8.10989
50	0.012351	0.00101214	12.0279	209.34	2591.31	2381.97	0.70379	8.07491
52	0.013631	0.00101308	10.9637	217.70	2594.84	2377.14	0.72958	8.04049
54	0.015022	0.00101404	10.0069	226.06	2598.35	2372.30	0.75522	8.00662
56	0.016532	0.00101504	9.14543	234.42	2601.86	2367.44	0.78070	7.97328
58	0.018171	0.00101606	8.36879	242.79	2605.36	2362.57	0.80603	7.94047
60	0.019946	0.00101711	7.66766	251.15	2608.85	2357.69	0.83122	7.90817
62	0.021866	0.00101819	7.03384	259.52	2612.32	2352.80	0.85625	7.87638
64	0.023942	0.00101929	6.46015	267.89	2615.78	2347.89	0.88115	7.84507
66	0.026183	0.00102042	5.94021	276.27	2619.23	2342.97	0.90590	7.81424
68	0.028599	0.00102158	5.46840	284.64	2622.67	2338.03	0.93052	7.78389
70	0.031201	0.00102276	5.03973	293.02	2626.10	2333.08	0.95499	7.75399
72	0.034000	0.00102396	4.64980	301.40	2629.51	2328.11	0.97933	7.72453
74	0.037009	0.00102520	4.29469	309.78	2632.91	2323.13	1.00354	7.69552
76	0.040239	0.00102645	3.97090	318.17	2636.29	2318.13	1.02762	7.66694
78	0.043703	0.00102773	3.67535	326.56	2639.66	2313.11	1.05157	7.63877
80	0.047415	0.00102904	3.40527	334.95	2643.01	2308.07	1.07539	7.61102
82	0.051387	0.00103037	3.15818	343.34	2646.35	2303.01	1.09909	7.58366
84	0.055636	0.00103173	2.93190	351.74	2649.67	2297.93	1.12266	7.55670
86	0.060174	0.00103311	2.72445	360.15	2652.98	2292.83	1.14611	7.53012
88	0.065017	0.00103451	2.53406	368.56	2656.26	2287.70	1.16944	7.50391
90	0.070182	0.00103594	2.35915	376.97	2659.53	2282.56	1.19266	7.47807
92	0.075685	0.00103740	2.19830	385.38	2662.78	2277.39	1.21575	7.45259
94	0.081542	0.00103887	2.05025	393.81	2666.01	2272.20	1.23874	7.42746
96	0.087771	0.00104038	1.91383	402.23	2669.22	2266.98	1.26161	7.40267
98	0.094390	0.00104190	1.78801	410.66	2672.40	2261.74	1.28437	7.37821
99.974	0.101325	0.00104344	1.67330	418.99	2675.53	2256.54	1.30672	7.35439
100	0.10142	0.00104346	1.67186	419.10	2675.57	2256.47	1.30701	7.35408
102	0.10887	0.00104503	1.56454	427.54	2678.72	2251.18	1.32956	7.33026
104	0.11678	0.00104663	1.46529	435.99	2681.84	2245.85	1.35199	7.30676
106	0.12515	0.00104826	1.37342	444.44	2684.94	2240.50	1.37432	7.28356
108	0.13401	0.00104991	1.28831	452.90	2688.02	2235.12	1.39655	7.26066
110	0.14338	0.00105158	1.20939	461.36	2691.07	2229.70	1.41867	7.23805

† この行に示す状態では準安定な過冷却液体である．この温度と圧力で安定的な状態は水である．

付表 1　つづき

温　度 [℃]	飽和圧力 [MPa]	比容積 [m³/kg]		比エンタルピー [kJ/kg]			比エントロピー [kJ/(kg·K)]	
t	p	v'	v''	h'	h''	$r=h''-h'$	s'	s''
115	0.16918	0.00105587	1.03594	482.55	2698.58	2216.03	1.47354	7.18274
120	0.19867	0.00106033	0.891304	503.78	2705.93	2202.15	1.52782	7.12909
125	0.23222	0.00106494	0.770112	525.06	2713.11	2188.04	1.58150	7.07701
130	0.27026	0.00106971	0.668084	546.39	2720.09	2173.70	1.63463	7.02641
135	0.31320	0.00107465	0.581802	567.77	2726.87	2159.10	1.68722	6.97719
140	0.36150	0.00107976	0.508519	589.20	2733.44	2144.24	1.73929	6.92927
145	0.41563	0.00108504	0.446019	610.69	2739.80	2129.10	1.79086	6.88258
150	0.47610	0.00109050	0.392502	632.25	2745.92	2113.67	1.84195	6.83703
155	0.54342	0.00109615	0.346503	653.88	2751.80	2097.92	1.89259	6.79256
160	0.61814	0.00110199	0.306818	675.57	2757.43	2081.86	1.94278	6.74910
165	0.70082	0.00110802	0.272462	697.35	2762.80	2065.45	1.99255	6.70659
170	0.79205	0.00111426	0.242616	719.21	2767.89	2048.69	2.04192	6.66495
175	0.89245	0.00112071	0.216604	741.15	2772.70	2031.55	2.09091	6.62413
180	1.0026	0.00112739	0.193862	763.19	2777.22	2014.03	2.13954	6.58407
185	1.1233	0.00113429	0.173918	785.32	2781.43	1996.10	2.18782	6.54471
190	1.2550	0.00114144	0.156377	807.57	2785.31	1977.74	2.23578	6.50600
195	1.3986	0.00114885	0.140905	829.92	2788.86	1958.94	2.28343	6.46788
200	1.5547	0.00115651	0.127222	852.39	2792.06	1939.67	2.33080	6.43030
205	1.7240	0.00116446	0.115089	874.99	2794.90	1919.90	2.37790	6.39319
210	1.9074	0.00117271	0.104302	897.73	2797.35	1899.62	2.42476	6.35652
215	2.1055	0.00118127	0.0946886	920.61	2799.41	1878.80	2.47139	6.32022
220	2.3193	0.00119016	0.0861007	943.64	2801.05	1857.41	2.51782	6.28425
225	2.5494	0.00119940	0.0784111	966.84	2802.26	1835.42	2.56406	6.24854
230	2.7968	0.00120901	0.0715102	990.21	2803.01	1812.80	2.61015	6.21306
235	3.0622	0.00121902	0.0653038	1013.77	2803.28	1789.52	2.65610	6.17774
240	3.3467	0.00122946	0.0597101	1037.52	2803.06	1765.54	2.70194	6.14253
245	3.6509	0.00124035	0.0546583	1061.49	2802.31	1740.82	2.74769	6.10738
250	3.9759	0.00125174	0.0500866	1085.69	2801.01	1715.33	2.79339	6.07222
255	4.3227	0.00126365	0.0459413	1110.13	2799.13	1689.01	2.83905	6.03702
260	4.6921	0.00127613	0.0421755	1134.83	2796.64	1661.82	2.88472	6.00169
265	5.0851	0.00128923	0.0387479	1159.81	2793.51	1633.70	2.93041	5.96618
270	5.5028	0.00130301	0.0356224	1185.09	2789.69	1604.60	2.97618	5.93042
275	5.9463	0.00131752	0.0327672	1210.70	2785.14	1574.44	3.02205	5.89433
280	6.4165	0.00133285	0.0301540	1236.67	2779.82	1543.15	3.06807	5.85783
285	6.9145	0.00134907	0.0277579	1263.02	2773.67	1510.65	3.11430	5.82083
290	7.4416	0.00136629	0.0255568	1289.80	2766.63	1476.84	3.16077	5.78323
295	7.9990	0.00138463	0.0235311	1317.03	2758.63	1441.60	3.20757	5.74492
300	8.5877	0.00140422	0.0216631	1344.77	2749.57	1404.80	3.25474	5.70576
305	9.2092	0.00142524	0.0199370	1373.07	2739.38	1366.30	3.30238	5.66562
310	9.8647	0.00144788	0.0183389	1402.00	2727.92	1325.92	3.35058	5.62430
315	10.556	0.00147239	0.0168557	1431.63	2715.08	1283.45	3.39945	5.58162
320	11.284	0.00149906	0.0154759	1462.05	2700.67	1238.62	3.44912	5.53732
325	12.051	0.00152830	0.0141887	1493.37	2684.48	1191.11	3.49975	5.49108
330	12.858	0.00156060	0.0129840	1525.74	2666.25	1140.51	3.55156	5.44248
335	13.707	0.00159667	0.0118522	1559.34	2645.60	1086.26	3.60483	5.39100
340	14.600	0.00163751	0.0107838	1594.45	2622.07	1027.62	3.65995	5.33591
345	15.540	0.00168460	0.00976983	1631.44	2595.01	963.57	3.71749	5.27629
350	16.529	0.00174007	0.00880093	1670.86	2563.59	892.73	3.77828	5.21089
352	16.939	0.00176545	0.00842433	1687.54	2549.56	862.02	3.80385	5.18275
354	17.358	0.00179303	0.00805123	1704.81	2534.45	829.63	3.83025	5.15311
356	17.785	0.00182330	0.00768134	1722.80	2518.13	795.33	3.85765	5.12178
358	18.221	0.00185687	0.00731320	1741.63	2500.40	758.77	3.88626	5.08846
360	18.666	0.00189451	0.00694494	1761.49	2480.99	719.50	3.91636	5.05273
361	18.893	0.00191521	0.00676001	1771.88	2470.53	698.65	3.93207	5.03378
362	19.121	0.00193739	0.00657404	1782.62	2459.49	676.87	3.94831	5.01398
363	19.352	0.00196131	0.00638653	1793.78	2447.79	654.01	3.96515	4.99323
364	19.586	0.00198725	0.00619689	1805.41	2435.34	629.93	3.98269	4.97136
365	19.822	0.00201561	0.00600436	1817.59	2422.00	604.41	4.00105	4.94818
366	20.061	0.00204691	0.00580793	1830.43	2407.62	577.19	4.02040	4.92346
367	20.302	0.00208187	0.00560630	1844.09	2391.98	547.89	4.04098	4.89685
368	20.546	0.00212152	0.00539757	1858.77	2374.76	515.99	4.06309	4.86787
369	20.793	0.00216741	0.00517900	1874.78	2355.51	480.72	4.08722	4.83584
370	21.043	0.00222209	0.00494620	1892.64	2333.50	440.86	4.11415	4.79962
371	21.296	0.00229020	0.00469140	1913.25	2307.45	394.20	4.14529	4.75726
372	21.553	0.00238170	0.00439848	1938.54	2274.69	336.15	4.18358	4.70463
373	21.813	0.00252643	0.00402122	1974.14	2227.55	253.42	4.23772	4.62992
373.946	22.064	0.00310559	0.00310559	2087.55	2087.55	0	4.41202	4.41202

付表 2　水の圧力基準飽和表

（「日本機械学会編：蒸気表(1999)，日本機械学会，2005.」より抜粋）

圧力 [MPa]	飽和温度 [℃]	比容積 [m^3/kg]		比エンタルピー [kJ/kg]			比エントロピー [kJ/(kg·K)]	
p	t	v'	v''	h'	h''	$r=h''-h'$	s'	s''
0.001	6.970	0.00100014	129.183	29.30	2513.68	2484.38	0.10591	8.97493
0.002	17.495	0.00100136	66.9896	73.43	2532.91	2459.48	0.26058	8.72272
0.003	24.080	0.00100277	45.6550	100.99	2544.88	2443.89	0.35433	8.57656
0.004	28.962	0.00100410	34.7925	121.40	2553.71	2432.31	0.42245	8.47349
0.005	32.875	0.00100532	28.1863	137.77	2560.77	2423.00	0.47625	8.39391
0.006	36.160	0.00100645	23.7342	151.49	2566.67	2415.17	0.52087	8.32915
0.007	39.001	0.00100749	20.5252	163.37	2571.76	2408.39	0.55908	8.27456
0.008	41.510	0.00100847	18.0994	173.85	2576.24	2402.39	0.59253	8.22741
0.009	43.762	0.00100939	16.1997	183.26	2580.25	2396.99	0.62233	8.18592
0.010	45.808	0.00101026	14.6706	191.81	2583.89	2392.07	0.64922	8.14889
0.012	49.420	0.00101187	12.3586	206.91	2590.29	2383.37	0.69628	8.08500
0.014	52.548	0.00101334	10.6915	219.99	2595.80	2375.81	0.73662	8.03116
0.016	55.314	0.00101470	9.43088	231.55	2600.66	2369.11	0.77198	7.98466
0.018	57.799	0.00101596	8.44331	241.95	2605.01	2363.06	0.80349	7.94375
0.020	60.059	0.00101714	7.64815	251.40	2608.95	2357.55	0.83195	7.90723
0.022	62.133	0.00101826	6.99376	260.08	2612.55	2352.47	0.85792	7.87427
0.024	64.054	0.00101932	6.44552	268.12	2615.88	2347.76	0.88182	7.84424
0.026	65.843	0.00102033	5.97934	275.61	2618.96	2343.36	0.90396	7.81665
0.028	67.518	0.00102130	5.57793	282.62	2621.85	2339.22	0.92460	7.79116
0.030	69.095	0.00102222	5.22856	289.23	2624.55	2335.32	0.94394	7.76745
0.032	70.586	0.00102311	4.92164	295.47	2627.10	2331.63	0.96214	7.74531
0.034	72.000	0.00102396	4.64982	301.40	2629.51	2328.11	0.97933	7.72454
0.036	73.345	0.00102479	4.40734	307.04	2631.80	2324.76	0.99563	7.70497
0.038	74.629	0.00102559	4.18965	312.42	2633.97	2321.56	1.01113	7.68649
0.040	75.857	0.00102636	3.99311	317.57	2636.05	2318.48	1.02590	7.66897
0.042	77.034	0.00102711	3.81474	322.50	2638.04	2315.53	1.04002	7.65232
0.044	78.165	0.00102784	3.65212	327.25	2639.94	2312.69	1.05354	7.63646
0.046	79.254	0.00102855	3.50323	331.82	2641.77	2309.95	1.06652	7.62133
0.048	80.303	0.00102924	3.36638	336.22	2643.52	2307.30	1.07899	7.60684
0.050	81.317	0.00102991	3.24015	340.48	2645.21	2304.74	1.09101	7.59296
0.052	82.297	0.00103057	3.12334	344.59	2646.85	2302.25	1.10259	7.57964
0.054	83.246	0.00103121	3.01493	348.58	2648.42	2299.85	1.11378	7.56682
0.056	84.166	0.00103184	2.91404	352.44	2649.95	2297.51	1.12461	7.55448
0.058	85.058	0.00103246	2.81989	356.19	2651.42	2295.23	1.13509	7.54259
0.060	85.926	0.00103306	2.73183	359.84	2652.85	2293.02	1.14524	7.53110
0.062	86.769	0.00103365	2.64928	363.38	2654.24	2290.86	1.15510	7.51999
0.064	87.590	0.00103422	2.57173	366.83	2655.59	2288.76	1.16468	7.50925
0.066	88.390	0.00103479	2.49874	370.20	2656.90	2286.70	1.17398	7.49884
0.068	89.170	0.00103535	2.42991	373.48	2658.18	2284.70	1.18304	7.48875
0.070	89.932	0.00103589	2.36490	376.68	2659.42	2282.74	1.19186	7.47895
0.072	90.675	0.00103643	2.30339	379.81	2660.63	2280.82	1.20046	7.46944
0.074	91.401	0.00103696	2.24509	382.86	2661.81	2278.94	1.20885	7.46019
0.076	92.111	0.00103748	2.18978	385.85	2662.96	2277.11	1.21703	7.45119
0.078	92.805	0.00103799	2.13721	388.78	2664.08	2275.30	1.22502	7.44243
0.080	93.485	0.00103849	2.08719	391.64	2665.18	2273.54	1.23283	7.43389
0.082	94.151	0.00103899	2.03953	394.44	2666.25	2271.81	1.24047	7.42557
0.084	94.804	0.00103948	1.99408	397.19	2667.30	2270.11	1.24794	7.41745
0.086	95.444	0.00103996	1.95067	399.89	2668.33	2268.44	1.25526	7.40953
0.088	96.071	0.00104043	1.90917	402.53	2669.33	2266.80	1.26242	7.40179
0.090	96.687	0.00104090	1.86946	405.13	2670.31	2265.19	1.26944	7.39423
0.092	97.292	0.00104136	1.83142	407.68	2671.28	2263.60	1.27632	7.38683
0.094	97.885	0.00104182	1.79495	410.18	2672.22	2262.04	1.28306	7.37960
0.096	98.469	0.00104227	1.75995	412.64	2673.15	2260.51	1.28968	7.37252
0.098	99.042	0.00104271	1.72634	415.06	2674.06	2259.00	1.29618	7.36559
0.100	99.606	0.00104315	1.69402	417.44	2674.95	2257.51	1.30256	7.35881
0.101325	99.974	0.00104344	1.67330	418.99	2675.53	2256.54	1.30672	7.35439
0.105	100.98	0.00104422	1.61846	423.22	2677.11	2253.89	1.31802	7.34242
0.110	102.29	0.00104526	1.54955	428.77	2679.18	2250.40	1.33284	7.32681
0.115	103.56	0.00104628	1.48645	434.13	2681.16	2247.03	1.34707	7.31190
0.120	104.78	0.00104727	1.42845	439.30	2683.06	2243.76	1.36075	7.29763
0.125	105.97	0.00104823	1.37493	444.30	2684.89	2240.59	1.37394	7.28396
0.130	107.11	0.00104917	1.32541	449.13	2686.65	2237.52	1.38666	7.27082
0.135	108.22	0.00105009	1.27944	453.82	2688.35	2234.53	1.39896	7.25819
0.140	109.29	0.00105098	1.23665	458.37	2689.99	2231.62	1.41085	7.24602
0.145	110.34	0.00105186	1.19671	462.78	2691.58	2228.79	1.42237	7.23428

付表 2 つづき

圧力 [MPa]	飽和温度 [℃]	比容積 [m³/kg]		比エンタルピー [kJ/kg]			比エントロピー [kJ/(kg·K)]	
p	t	v'	v''	h'	h''	$r = h'' - h'$	s'	s''
0.15	111.35	0.00105272	1.15936	467.08	2693.11	2226.03	1.43355	7.22294
0.16	113.30	0.00105440	1.09143	475.34	2696.04	2220.71	1.45494	7.20137
0.17	115.15	0.00105601	1.03124	483.18	2698.81	2215.62	1.47517	7.18112
0.18	116.91	0.00105756	0.977534	490.67	2701.42	2210.75	1.49437	7.16203
0.19	118.60	0.00105906	0.929299	497.82	2703.89	2206.07	1.51265	7.14398
0.20	120.21	0.00106052	0.885735	504.68	2706.24	2201.56	1.53010	7.12686
0.25	127.41	0.00106722	0.718697	535.35	2716.50	2181.15	1.60722	7.05241
0.30	133.53	0.00107318	0.605785	561.46	2724.89	2163.44	1.67176	6.99157
0.35	138.86	0.00107858	0.524196	584.31	2731.97	2147.65	1.72747	6.94008
0.40	143.61	0.00108356	0.462392	604.72	2738.06	2133.33	1.77660	6.89542
0.5	151.84	0.00109256	0.374804	640.19	2748.11	2107.92	1.86060	6.82058
0.6	158.83	0.00110061	0.315575	670.50	2756.14	2085.64	1.93110	6.75917
0.7	164.95	0.00110797	0.272764	697.14	2762.75	2065.61	1.99208	6.70698
0.8	170.41	0.00111479	0.240328	721.02	2768.30	2047.28	2.04599	6.66154
0.9	175.36	0.00112118	0.214874	742.72	2773.04	2030.31	2.09440	6.62124
1.0	179.89	0.00112723	0.194349	762.68	2777.12	2014.44	2.13843	6.58498
1.1	184.07	0.00113299	0.177436	781.20	2780.67	1999.47	2.17886	6.55199
1.2	187.96	0.00113850	0.163250	798.50	2783.77	1985.27	2.21630	6.52169
1.3	191.61	0.00114380	0.151175	814.76	2786.49	1971.73	2.25118	6.49365
1.4	195.05	0.00114892	0.140768	830.13	2788.89	1958.76	2.28388	6.46752
1.5	198.30	0.00115387	0.131702	844.72	2791.01	1946.29	2.31468	6.44305
1.6	201.38	0.00115868	0.123732	858.61	2792.88	1934.27	2.34381	6.42002
1.7	204.31	0.00116336	0.116668	871.89	2794.53	1922.64	2.37146	6.39825
1.8	207.12	0.00116792	0.110362	884.61	2795.99	1911.37	2.39779	6.37760
1.9	209.81	0.00117238	0.104698	896.84	2797.26	1900.42	2.42294	6.35794
2.0	212.38	0.00117675	0.0995805	908.62	2798.38	1889.76	2.44702	6.33916
2.1	214.87	0.00118103	0.0949339	919.99	2799.36	1879.37	2.47013	6.32120
2.2	217.26	0.00118524	0.0906953	930.98	2800.20	1869.22	2.49236	6.30395
2.3	219.56	0.00118937	0.0868125	941.63	2800.92	1859.30	2.51377	6.28737
2.4	221.80	0.00119343	0.0832421	951.95	2801.54	1849.58	2.53444	6.27140
2.5	223.96	0.00119744	0.0799474	961.98	2802.04	1840.06	2.55443	6.25597
2.6	226.05	0.00120139	0.0768973	971.74	2802.45	1830.71	2.57377	6.24106
2.7	228.09	0.00120528	0.0740653	981.24	2802.78	1821.54	2.59252	6.22662
2.8	230.06	0.00120913	0.0714285	990.50	2803.02	1812.51	2.61073	6.21261
2.9	231.99	0.00121294	0.0689671	999.54	2803.18	1803.63	2.62841	6.19901
3.0	233.86	0.00121670	0.0666641	1008.37	2803.26	1794.89	2.64562	6.18579
3.2	237.46	0.00122411	0.0624748	1025.45	2803.24	1777.79	2.67871	6.16037
3.4	240.90	0.00123139	0.0587614	1041.83	2802.96	1761.14	2.71019	6.13619
3.6	244.19	0.00123855	0.0554463	1057.57	2802.47	1744.90	2.74025	6.11309
3.8	247.33	0.00124560	0.0524678	1072.76	2801.78	1729.02	2.76903	6.09097
4.0	250.36	0.00125257	0.0497766	1087.43	2800.90	1713.47	2.79665	6.06971
4.5	257.44	0.00126966	0.0440593	1122.14	2798.00	1675.85	2.86133	6.01980
5.0	263.94	0.00128641	0.0394463	1154.50	2794.23	1639.73	2.92075	5.97370
5.5	269.97	0.00130291	0.0356422	1184.92	2789.72	1604.79	2.97588	5.93065
6.0	275.59	0.00131927	0.0324487	1213.73	2784.56	1570.83	3.02744	5.89007
6.5	280.86	0.00133557	0.0297276	1241.17	2778.83	1537.66	3.07600	5.85151
7.0	285.83	0.00135186	0.0273796	1267.44	2772.57	1505.13	3.12199	5.81463
7.5	290.54	0.00136820	0.0253313	1292.70	2765.82	1473.12	3.16578	5.77916
8.0	295.01	0.00138466	0.0235275	1317.08	2758.61	1441.53	3.20765	5.74485
8.5	299.27	0.00140129	0.0219258	1340.70	2750.96	1410.26	3.24785	5.71152
9.0	303.35	0.00141812	0.0204929	1363.65	2742.88	1379.23	3.28657	5.67901
9.5	307.25	0.00143522	0.0192026	1386.02	2734.38	1348.37	3.32400	5.64717
10.0	311.00	0.00145262	0.0180336	1407.87	2725.47	1317.61	3.36029	5.61589
11.0	318.08	0.00148855	0.0159939	1450.28	2706.39	1256.12	3.42995	5.55453
12.0	324.68	0.00152633	0.0142689	1491.33	2685.58	1194.26	3.49646	5.49412
13	330.86	0.00156649	0.0127851	1531.40	2662.89	1131.49	3.56058	5.43388
14	336.67	0.00160971	0.0114889	1570.88	2638.09	1067.21	3.62300	5.37305
15	342.16	0.00165696	0.0103401	1610.15	2610.86	1000.71	3.68445	5.31080
16	347.36	0.00170954	0.00930813	1649.67	2580.80	931.13	3.74568	5.24627
17	352.29	0.00176934	0.00836934	1690.04	2547.41	857.38	3.80767	5.17850
18	356.99	0.00183949	0.00749867	1732.02	2509.53	777.51	3.87167	5.10553
19	361.47	0.00192545	0.00667261	1776.89	2465.41	688.52	3.93965	5.02457
20	365.75	0.00203865	0.00585828	1827.10	2411.39	584.29	4.01538	4.92990
21	369.83	0.00221186	0.00498768	1889.40	2337.54	448.15	4.10926	4.80624
22	373.71	0.00275039	0.00357662	2021.92	2164.18	142.27	4.31087	4.53080
22.064	373.946	0.00310559	0.00310559	2087.55	2087.55	0	4.41202	4.41202

付表 3　圧縮水と過熱蒸気の表

（「日本機械学会編：蒸気表(1999)，日本機械学会，2005.」より抜粋）

温度 [℃]	0.1 MPa			0.2 MPa			0.5 MPa		
	v [m^3/kg]	h [kJ/kg]	s [kJ/(kg·K)]	v [m^3/kg]	h [kJ/kg]	s [kJ/(kg·K)]	v [m^3/kg]	h [kJ/kg]	s [kJ/(kg·K)]
0	0.0010002	0.06	−0.0001	0.0010001	0.16	−0.0001	0.00099995	0.47	−0.0001
10	0.0010003	42.12	0.1511	0.0010003	42.21	0.1511	0.0010001	42.51	0.1510
20	0.0010018	84.01	0.2965	0.0010018	84.11	0.2965	0.0010016	84.39	0.2964
30	0.0010044	125.83	0.4368	0.0010043	125.92	0.4367	0.0010042	126.20	0.4366
40	0.0010078	167.62	0.5724	0.0010078	167.71	0.5724	0.0010077	167.98	0.5722
50	0.0010121	209.41	0.7038	0.0010121	209.50	0.7037	0.0010119	209.76	0.7036
60	0.0010171	251.22	0.8321	0.0010170	251.31	0.8311	0.0010169	251.56	0.8310
70	0.0010227	293.07	0.9550	0.0010227	293.16	0.9549	0.0010225	293.40	0.9547
80	0.0010290	334.99	1.0754	0.0010290	335.07	1.0753	0.0010288	335.31	1.0751
90	0.0010359	376.99	1.1926	0.0010359	377.07	1.1926	0.0010357	377.30	1.1923
100	1.6960	2675.77	7.3610	0.0010434	419.17	1.3069	0.0010433	419.40	1.3067
110	1.7448	2696.32	7.4154	0.0010516	461.40	1.4186	0.0010514	461.62	1.4184
120	1.7932	2716.61	7.4676	0.0010603	503.79	1.5278	0.0010602	504.00	1.5275
130	1.8413	2736.72	7.5181	0.91041	2727.25	7.1796	0.0010696	546.54	1.6344
140	1.8891	2756.70	7.5671	0.93528	2748.31	7.2312	0.0010797	589.29	1.7391
150	1.9367	2776.59	7.6147	0.95989	2769.09	7.2809	0.0010905	632.27	1.8419
160	1.9841	2796.42	7.6610	0.98430	2789.66	7.3290	0.38366	2767.38	6.8655
170	2.0314	2816.21	7.7062	1.0085	2810.09	7.3756	0.39425	2790.19	6.9176
180	2.0785	2835.97	7.7503	1.0326	2830.39	7.4209	0.40466	2812.45	6.9672
190	2.1256	2855.72	7.7934	1.0566	2850.62	7.4650	0.41491	2834.32	7.0150
200	2.1725	2875.48	7.8356	1.0805	2870.78	7.5081	0.42503	2855.90	7.0611
210	2.2194	2895.24	7.8769	1.1043	2890.90	7.5502	0.43506	2877.24	7.1057
220	2.2661	2915.02	7.9174	1.1281	2911.00	7.5914	0.44500	2898.40	7.1491
230	2.3129	2934.83	7.9572	1.1517	2931.08	7.6317	0.45487	2919.41	7.1912
240	2.3596	2954.66	7.9962	1.1753	2951.17	7.6712	0.46468	2940.31	7.2324
250	2.4062	2974.54	8.0346	1.1989	2971.26	7.7100	0.47443	2961.13	7.2726
260	2.4528	2994.45	8.0723	1.2224	2991.37	7.7481	0.48414	2981.88	7.3119
270	2.4994	3014.40	8.1094	1.2459	3011.50	7.7855	0.49380	3002.59	7.3503
280	2.5459	3034.40	8.1458	1.2694	3031.66	7.8223	0.50343	3023.28	7.3881
290	2.5924	3054.45	8.1818	1.2928	3051.85	7.8584	0.51303	3043.94	7.4251
300	2.6389	3074.54	8.2171	1.3162	3072.08	7.8940	0.52260	3064.60	7.4614
320	2.7318	3114.89	8.2863	1.3630	3112.67	7.9636	0.54167	3105.93	7.5323
340	2.8246	3155.45	8.3536	1.4097	3153.43	8.0312	0.56067	3147.32	7.6010
360	2.9173	3196.24	8.4190	1.4563	3194.40	8.0970	0.57959	3188.83	7.6676
380	3.0101	3237.27	8.4828	1.5028	3235.58	8.1610	0.59847	3230.48	7.7323
400	3.1027	3278.54	8.5451	1.5493	3276.98	8.2235	0.61729	3272.29	7.7954
420	3.1954	3320.06	8.6059	1.5958	3318.62	8.2844	0.63608	3314.29	7.8569
440	3.2879	3361.83	8.6653	1.6423	3360.50	8.3440	0.65484	3356.49	7.9169
460	3.3805	3403.86	8.7234	1.6887	3402.62	8.4022	0.67357	3398.90	7.9756
480	3.4731	3446.15	8.7803	1.7351	3445.00	8.4593	0.69227	3441.54	8.0329
500	3.5656	3488.71	8.8361	1.7814	3487.64	8.5151	0.71095	3484.41	8.0891
520	3.6581	3531.53	8.8907	1.8278	3530.53	8.5699	0.72961	3527.52	8.1442
540	3.7506	3574.63	8.9444	1.8741	3573.69	8.6236	0.74825	3570.87	8.1981
560	3.8430	3618.00	8.9971	1.9204	3617.12	8.6764	0.76688	3614.48	8.2511
580	3.9355	3661.65	9.0489	1.9667	3660.82	8.7282	0.78549	3658.34	8.3031
600	4.0279	3705.57	9.0998	2.0130	3704.79	8.7792	0.80410	3702.46	8.3543
650	4.2590	3816.60	9.2234	2.1287	3815.93	8.9029	0.85056	3813.91	8.4784
700	4.4900	3929.38	9.3424	2.2444	3928.80	9.0220	0.89696	3927.05	8.5977
750	4.7210	4043.92	9.4571	2.3600	4043.41	9.1368	0.94333	4041.87	8.7128
800	4.9520	4160.21	9.5681	2.4755	4159.76	9.2479	0.98967	4158.40	8.8240

部分は圧縮水を表す．

付表 3　つづき

温度 [℃]	1 MPa			2 MPa			5 MPa		
	v [m³/kg]	h [kJ/kg]	s [kJ/(kg·K)]	v [m³/kg]	h [kJ/kg]	s [kJ/(kg·K)]	v [m³/kg]	h [kJ/kg]	s [kJ/(kg·K)]
0	0.00099970	0.98	−0.0001	0.00099919	1.99	0.0000	0.00099768	5.03	0.0001
10	0.00099987	42.99	0.1510	0.00099939	43.97	0.1509	0.00099797	46.88	0.1506
20	0.0010014	84.86	0.2963	0.0010009	85.80	0.2961	0.00099956	88.61	0.2955
30	0.0010040	126.65	0.4365	0.0010035	127.56	0.4362	0.0010022	130.29	0.4353
40	0.0010074	168.42	0.5720	0.0010070	169.31	0.5717	0.0010057	171.96	0.5705
50	0.0010117	210.19	0.7033	0.0010113	211.05	0.7029	0.0010099	213.63	0.7015
60	0.0010167	251.98	0.8307	0.0010162	252.82	0.8302	0.0010149	255.33	0.8286
70	0.0010223	293.81	0.9544	0.0010219	294.63	0.9538	0.0010205	297.08	0.9520
80	0.0010286	335.71	1.0748	0.0010281	336.50	1.0741	0.0010267	338.89	1.0721
90	0.0010355	377.69	1.1920	0.0010350	378.46	1.1913	0.0010335	380.78	1.1891
100	0.0010430	419.77	1.3063	0.0010425	420.53	1.3055	0.0010410	422.78	1.3032
110	0.0010511	461.99	1.4179	0.0010506	462.71	1.4171	0.0010490	464.90	1.4146
120	0.0010599	504.35	1.5271	0.0010593	505.05	1.5262	0.0010577	507.17	1.5235
130	0.0010693	546.88	1.6339	0.0010687	547.56	1.6329	0.0010669	549.60	1.6301
140	0.0010794	589.61	1.7386	0.0010787	590.26	1.7376	0.0010769	592.22	1.7345
150	0.0010902	632.57	1.8414	0.0010895	633.19	1.8403	0.0010875	635.06	1.8369
160	0.0011017	675.80	1.9423	0.0011010	676.38	1.9411	0.0010988	678.14	1.9376
170	0.0011141	719.32	2.0417	0.0011133	719.87	2.0404	0.0011110	721.52	2.0366
180	0.19442	2777.43	6.5857	0.0011265	763.69	2.1382	0.0011240	765.22	2.1341
190	0.20032	2803.52	6.6426	0.0011408	807.91	2.2347	0.0011380	809.29	2.2303
200	0.20600	2828.27	6.6955	0.0011561	852.57	2.3301	0.0011530	853.80	2.3254
210	0.21154	2852.20	6.7455	0.0011726	897.76	2.4246	0.0011693	898.80	2.4195
220	0.21697	2875.55	6.7934	0.10217	2821.67	6.3868	0.0011868	944.38	2.5129
230	0.22230	2898.45	6.8393	0.10539	2850.17	6.4440	0.0012059	990.64	2.6057
240	0.22755	2920.98	6.8837	0.10849	2877.21	6.4972	0.0012268	1037.68	2.6983
250	0.23274	2943.22	6.9266	0.11148	2903.23	6.5474	0.0012499	1085.66	2.7909
260	0.23787	2965.23	6.9683	0.11440	2928.47	6.5952	0.0012755	1134.77	2.8839
270	0.24296	2987.05	7.0088	0.11725	2953.09	6.6410	0.040568	2819.84	6.0211
280	0.24800	3008.71	7.0484	0.12005	2977.21	6.6850	0.042275	2858.08	6.0909
290	0.25300	3030.25	7.0870	0.12279	3000.90	6.7274	0.043856	2893.00	6.1535
300	0.25798	3051.70	7.1247	0.12550	3024.25	6.7685	0.045347	2925.64	6.2109
320	0.26785	3094.40	7.1979	0.13082	3070.16	6.8472	0.048130	2986.18	6.3148
340	0.27763	3136.93	7.2685	0.13602	3115.28	6.9221	0.050726	3042.36	6.4080
360	0.28734	3079.39	7.3366	0.14115	3159.89	6.9937	0.053188	3095.62	6.4934
380	0.29699	3221.86	7.4026	0.14620	3204.16	7.0625	0.055552	3146.83	6.5731
400	0.30659	3264.39	7.4668	0.15121	3248.23	7.1290	0.057840	3196.59	6.6481
420	0.31616	3307.01	7.5292	0.15617	3292.18	7.1933	0.060068	3245.31	6.7194
440	0.32569	3349.76	7.5900	0.16109	3336.09	7.2558	0.062249	3293.27	6.7877
460	0.33519	3392.66	7.6493	0.16598	3380.02	7.3165	0.064391	3340.68	6.8532
480	0.34466	3435.74	7.7073	0.17084	3424.01	7.3757	0.066501	3387.71	6.9165
500	0.35411	3479.00	7.7640	0.17568	3468.09	7.4335	0.068583	3434.48	6.9778
520	0.36354	3522.47	7.8195	0.18050	3512.30	7.4899	0.070642	3481.06	7.0373
540	0.37296	3566.15	7.8739	0.18530	3556.64	7.5451	0.072681	3527.54	7.0952
560	0.38235	3610.05	7.9272	0.19009	3601.15	7.5992	0.074703	3573.96	7.1516
580	0.39174	3654.19	7.9795	0.19486	3645.84	7.6522	0.076709	3620.38	7.2066
600	0.40111	3698.56	8.0309	0.19961	3690.71	7.7042	0.078703	3666.83	7.2604
650	0.42450	3810.55	8.1557	0.21146	3803.79	7.8301	0.083637	3783.28	7.3901
700	0.44783	3924.12	8.2755	0.22326	3918.24	7.9509	0.088515	3900.45	7.5137
750	0.47112	4039.31	8.3909	0.23501	4034.16	8.0670	0.093350	4018.59	7.6321
800	0.49438	4156.14	8.5024	0.24674	4151.59	8.1791	0.098151	4137.87	7.7459

部分は圧縮水を表す.

付表 **3**　つづき

温度 [℃]	10 MPa			15 MPa			20 MPa		
	v [m^3/kg]	h [kJ/kg]	s [kJ/(kg·K)]	v [m^3/kg]	h [kJ/kg]	s [kJ/(kg·K)]	v [m^3/kg]	h [kJ/kg]	s [kJ/(kg·K)]
0	0.00099520	10.07	0.0003	0.00099276	15.07	0.0004	0.00099035	20.03	0.0005
10	0.00099564	51.72	0.1501	0.00099334	56.52	0.1495	0.00099107	61.30	0.1489
20	0.00099732	93.29	0.2944	0.00099510	97.94	0.2932	0.00099292	102.57	0.2921
30	0.00099999	134.83	0.4337	0.00099782	139.35	0.4322	0.00099569	143.86	0.4306
40	0.0010035	176.37	0.5685	0.0010014	180.78	0.5666	0.00099924	185.17	0.5646
50	0.0010078	217.93	0.6992	0.0010056	222.23	0.6969	0.0010035	226.51	0.6946
60	0.0010127	259.53	0.8259	0.0010105	263.71	0.8233	0.0010084	267.89	0.8207
70	0.0010182	301.17	0.9491	0.0010160	305.25	0.9462	0.0010138	309.33	0.9433
80	0.0010244	342.87	1.0689	0.0010221	346.85	1.0657	0.0010199	350.83	1.0625
90	0.0010312	384.66	1.1856	0.0010288	388.54	1.1821	0.0010265	392.42	1.1786
100	0.0010385	426.55	1.2994	0.0010361	430.32	1.2956	0.0010337	434.10	1.2918
110	0.0010464	468.56	1.4105	0.0010439	472.22	1.4064	0.0010414	475.89	1.4024
120	0.0010549	510.70	1.5190	0.0010523	514.25	1.5147	0.0010496	517.81	1.5104
130	0.0010640	553.00	1.6253	0.0010612	556.43	1.6206	0.0010585	559.88	1.6160
140	0.0010738	595.49	1.7294	0.0010708	598.79	1.7244	0.0010679	602.11	1.7195
150	0.0010842	638.18	1.8315	0.0010810	641.34	1.8262	0.0010779	644.52	1.8209
160	0.0010954	681.11	1.9318	0.0010920	684.12	1.9261	0.0010886	687.15	1.9205
170	0.0011072	724.31	2.0304	0.0011036	727.14	2.0243	0.0011000	730.02	2.0183
180	0.0011200	767.81	2.1274	0.0011160	770.46	2.1209	0.0011122	773.16	2.1146
190	0.0011336	811.66	2.2232	0.0011293	814.10	2.2162	0.0011251	816.60	2.2094
200	0.0011482	855.92	2.3177	0.0011435	858.12	2.3102	0.0011390	860.39	2.3030
210	0.0011639	900.63	2.4112	0.0011587	902.56	2.4032	0.0011538	904.58	2.3954
220	0.0011808	945.87	2.5039	0.0011751	947.49	2.4952	0.0011697	949.22	2.4868
230	0.0011992	991.73	2.5959	0.0011929	992.99	2.5865	0.0011868	994.38	2.5775
240	0.0012192	1038.30	2.6876	0.0012121	1039.13	2.6774	0.0012053	1040.14	2.6675
250	0.0012412	1085.72	2.7791	0.0012330	1086.04	2.7679	0.0012254	1086.58	2.7572
260	0.0012653	1134.13	2.8708	0.0012560	1133.83	2.8584	0.0012472	1133.83	2.8466
270	0.0012923	1183.74	2.9629	0.0012813	1182.68	2.9491	0.0012713	1182.01	2.9362
280	0.0013226	1234.82	3.0561	0.0013096	1232.79	3.0406	0.0012978	1231.29	3.0261
290	0.0013574	1287.75	3.1510	0.0013416	1284.45	3.1331	0.0013275	1281.91	3.1167
300	0.0013980	1343.10	3.2484	0.0013783	1338.06	3.2275	0.0013611	1334.14	3.2087
320	0.019272	2782.66	5.7131	0.0014733	1453.85	3.4260	0.0014449	1445.30	3.3993
340	0.021490	2882.06	5.8780	0.0016311	1592.27	3.6553	0.0015693	1571.52	3.6085
360	0.023327	2962.61	6.0073	0.012582	2769.56	5.5654	0.0018247	1740.13	3.8787
380	0.024952	3033.11	6.1170	0.014289	2884.61	5.7445	0.0082578	2659.19	5.3144
400	0.026439	3097.38	6.2139	0.015671	2975.55	5.8817	0.0099496	2816.84	5.5525
420	0.027829	3157.45	6.3019	0.016875	3053.94	5.9965	0.011199	2928.51	5.7160
440	0.029147	3214.57	6.3831	0.017965	3124.58	6.0970	0.012246	3020.26	5.8466
460	0.030410	3269.53	6.4591	0.018974	3190.02	6.1875	0.013170	3100.57	5.9577
480	0.031629	3322.89	6.5310	0.019924	3251.76	6.2706	0.014011	3173.45	6.0558
500	0.032813	3375.06	6.5993	0.020828	3310.79	6.3479	0.014793	3241.19	6.1445
520	0.033968	3426.31	6.6648	0.021696	3367.79	6.4207	0.015530	3305.21	6.2263
540	0.035098	3476.87	6.7277	0.022535	3423.22	6.4897	0.016231	3366.45	6.3026
560	0.036208	3526.90	6.7885	0.023350	3477.46	6.5556	0.016904	3425.57	6.3744
580	0.037300	3576.52	6.8474	0.024144	3530.75	6.6188	0.017554	3483.05	6.4426
600	0.038377	3625.84	6.9045	0.024921	3583.31	6.6797	0.018184	3539.23	6.5077
650	0.041016	3748.32	7.0409	0.026803	3712.41	6.8235	0.019694	3675.59	6.6596
700	0.043594	3870.27	7.1696	0.028619	3839.48	6.9576	0.021133	3808.15	6.7994
750	0.046127	3992.28	7.2918	0.030387	3965.56	7.0839	0.022520	3938.52	6.9301
800	0.048624	4114.73	7.4087	0.032118	4091.33	7.2039	0.023869	4067.73	7.0534

部分は圧縮水を表す.

索　引

た　行

な　行

は　行

ま　行

や　行

ら　行

著 者 略 歴

平田 哲夫（ひらた・てつお）
1976 年 北海道大学大学院工学研究科博士課程機械工学第二専攻単位取得退学
1977 年 カナダ，アルバータ州立大学博士研究員
1994 年 信州大学工学部教授
2012 年 信州大学名誉教授
現在に至る 工学博士（北海道大学）

田中 誠（たなか・まこと）
1975 年 北海道大学大学院工学研究科博士課程機械工学第二専攻単位取得退学
1998 年 通商産業省機械技術研究所研究室長
2001 年 日本大学理工学部教授
2013 年 日本大学理工学部特任教授
2015 年 日本大学理工学部退職
現在に至る 工学博士（北海道大学）

熊野 寛之（くまの・ひろゆき）
1994 年 東京工業大学工学部機械工学科卒業
1994 年 東京工業大学工学部助手
2006 年 信州大学工学部助教授
2007 年 信州大学工学部准教授
2012 年 青山学院大学理工学部准教授
2016 年 青山学院大学理工学部教授
現在に至る 博士（工学）（東京工業大学）

編集担当 加藤義之（森北出版）
編集責任 藤原祐介（森北出版）
組 版 アベリー / プレイン
印 刷 丸井工文社
製 本 同

例題でわかる工業熱力学（第 2 版）

2008 年 9 月 18 日 第 1 版第 1 刷発行
2019 年 2 月 20 日 第 1 版第11刷発行
2019 年 10 月 7 日 第 2 版第 1 刷発行
2025 年 2 月 28 日 第 2 版第 7 刷発行

著 者 平田哲夫・田中 誠・熊野寛之
発 行 者 森北博巳
発 行 所 森北出版株式会社
東京都千代田区富士見 1-4-11（〒102-0071）
電話 03-3265-8341／FAX 03-3264-8709
https://www.morikita.co.jp/
日本書籍出版協会・自然科学書協会 会員

Printed in Japan／ISBN978-4-627-67342-7

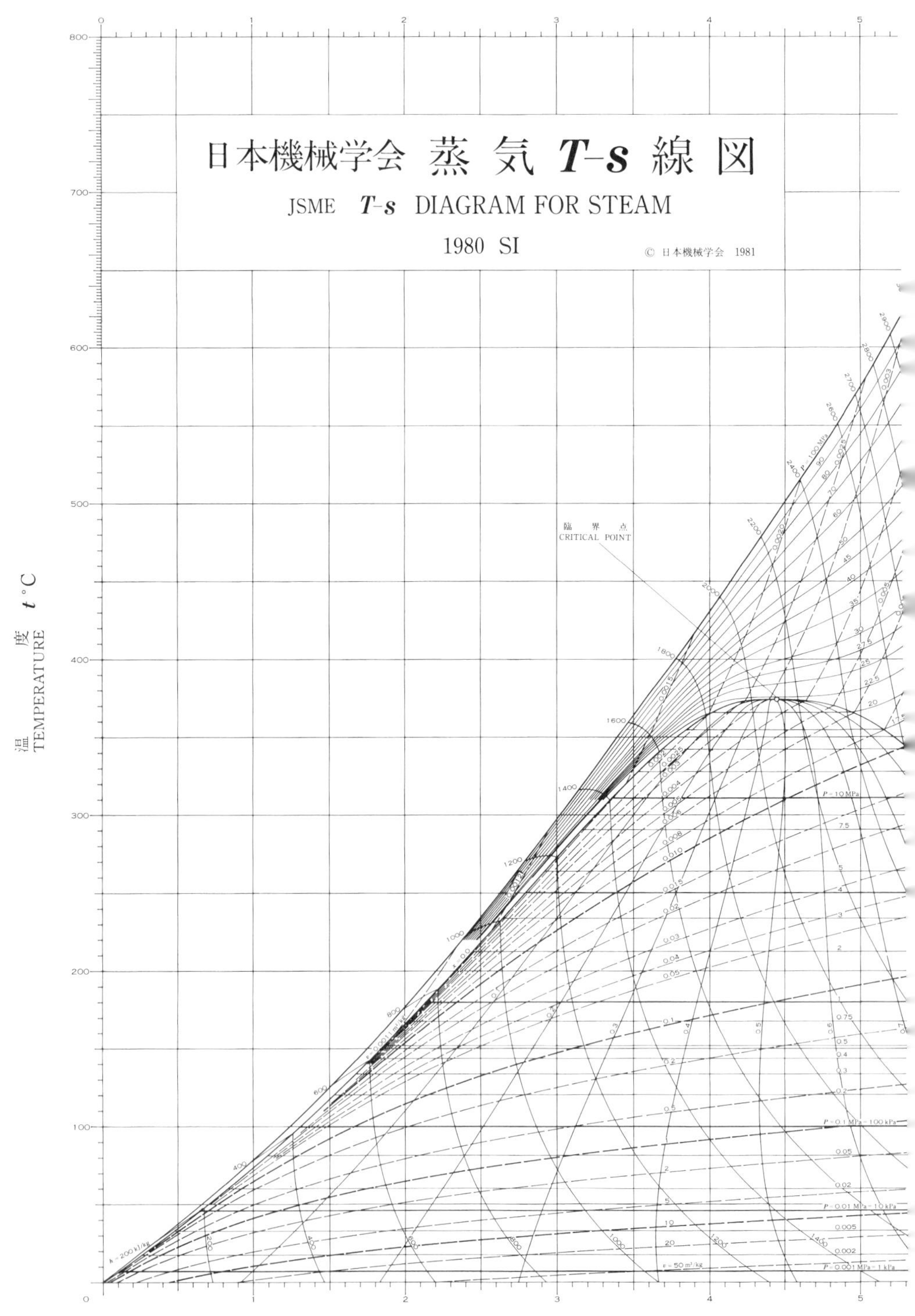

日本機械学会 蒸 気 T–s 線 図
JSME T–s DIAGRAM FOR STEAM
1980 SI
© 日本機械学会 1981
臨 界 点
CRITICAL POINT
温 度 TEMPERATURE t °C
比 エ ン ト ロ ピ
SPECIFIC ENTROPY s
P = 10 MPa
P = 0.1 MPa = 100 kPa
P = 0.01 MPa = 10 kPa
P = 0.001 MPa = 1 kPa
h = 200 kJ/kg
v = 50 m³/kg